职业教育“十三五”规划新形态教材

网络设备安装与调试（神州数码）（第2版）

张文库 ◎主 编

田鑫瑶 彭家龙 ◎副主编

中国铁道出版社有限公司

CHINA RAILWAY PUBLISHING HOUSE CO., LTD.

内 容 简 介

本书以企业网络组建实际工作中的任务为主线，以实例操作为主体，遵循以学生为中心的理念编写。全书分为5个项目，主要讲解了构建基础网络平台、运用交换机构建小型企业网络、运用路由器构建中型企业网络、构建安全的企业网络、企业网络综合实训，并在每一个项目的项目实训中综合应用前面的知识点。通过项目引领、任务驱动，变学生被动接受式学习为主动探究式学习。

本书附带数字资源，可以通过扫描书中的二维码观看部分任务的操作视频。

本书适合作为职业院校计算机网络专业的教材，也可作为相关技能大赛参赛者以及相关技术人员的参考用书。

图书在版编目（CIP）数据

网络设备安装与调试：神州数码/张文库主编. —2版. —北京：中国铁道出版社有限公司，2020.8（2024.1重印）
职业教育“十三五”规划新形态教材
ISBN 978-7-113-27103-9

Ⅰ.①网… Ⅱ.①张… Ⅲ.①计算机网络-通信设备-设备安装-职业教育-教材 ②计算机网络-通信设备-调试方法-职业教育-教材 Ⅳ.①TN915.05

中国版本图书馆CIP数据核字（2020）第130285号

书　　名： 网络设备安装与调试（神州数码）
作　　者： 张文库

策　　划： 邬郑希　　**编辑部电话：**（010）83527746
责任编辑： 邬郑希
封面设计： 刘　颖
责任校对： 张玉华
责任印制： 樊启鹏

出版发行： 中国铁道出版社有限公司（100054，北京市西城区右安门西街8号）
网　　址： http://www.tdpress.com/51eds/
印　　刷： 三河市宏盛印务有限公司
版　　次： 2011年4月第1版　2020年8月第2版　2024年1月第2次印刷
开　　本： 787 mm×1 092 mm 1/16　**印张：** 13.5　**字数：** 334千
书　　号： ISBN 978-7-113-27103-9
定　　价： 36.00元

前　言

随着近年来信息技术的不断发展，各企业、各单位的网络也在不断地升级扩大，由此也引发了网络管理人才的紧缺，因此，加大网络管理人才的培养力度成为解决各企业、各单位网络管理技术人才不足的关键。为此，我们总结了多年计算机网络管理和职业教育培训的经验，根据大量的社会调研与反馈信息，组织曾多次指导学生在广东省和全国职业技能大赛中获得优异成绩的老师精心编写了本书。

本书分为 5 个项目。项目一以构建基础网络平台为出发点，讲解了组建简单局域网所需的技能；项目二以运用交换机构建小型企业网络为出发点，讲解了使用两层交换机和三层交换机来搭建小型园区网络；项目三以运用路由器构建中型企业网络为出发点，讲解了通过路由器的基本配置、路由协议、地址转发等技术实现 Internet 连接；项目四以构建安全的企业网络为出发点，讲解了交换机、路由器以及防火墙安全知识；项目五以某公司的真实网络环境为背景讲解了企业网络综合应用。本书为第二版，相较于第一版，我们将服务器操作系统更新为 Windows 7，增加了 VRRP、MSTP 等部分案例和微课视频，以帮助学生更好地理解和掌握本书内容。

本书每个项目都标有“应知内容”和“应会知识”（“应知内容”即了解本知识内容，“应会知识”的知识点则表明该知识点应熟练掌握），每个项目都由若干任务构成，让学生在开始每一项目的学习前都能够通过感兴趣的任务进行检索或通过提供的资料进行相关的知识了解，为学生开启了自主学习之门。每个任务的最后都提供了供学生自己拓展训练的习题，既是对各项目任务知识点的一个补充，更是学生对自主学习能力效果的检验。在每个项目后面都设置了项目实训，让学生可以综合运用本项目中的知识点将所学知识融会贯通，项目实训中实训评价表的使用方法可参考以下表格:

等级说明表

等　级	说　明
3	能高质、高效地完成此学习目标的全部内容，并能解决遇到的特殊问题
2	能高质、高效地完成此学习目标的全部内容
1	能圆满完成此学习目标的全部内容，不需任何帮助和指导

评价说明表

评　价	说　明
优　秀	达到 3 级水平
良　好	达到 2 级水平
合　格	全部项目都达到 1 级水平
不合格	不能达到 1 级水平

本书在编写过程中既注重遵循职业院校学生的学习特点和规律，同时又考虑到职业院校学生的客观需要，大胆简化计算机网络理论方面的内容，不注重知识求证过程，而注重实践性知识的运用。理论知识内容深入浅出，相关知识点组成模块，自成体系。

本书参考课时为120学时，可以根据学生的接受能力与专业需求灵活选择，具体课时参考下面表格:

课时参考分配表

评　价	说　明	课时分配		
		讲　授	实　训	合　计
项目一	构建基础网络平台	4	8	12
项目二	运用交换机构建小型企业网络	12	24	36
项目三	运用路由器构建中型企业网络	8	12	20
项目四	构建安全的企业网络	12	24	36
项目五	企业网络综合实训	4	12	16
合　计		40	80	120

本书由张文库任主编，田鑫瑶、彭家龙任副主编。编写分工如下：林旭钿、沈茂华编写项目一，张文库编写项目二，田鑫瑶、冯闯编写项目三，戴金辉编写项目四，蒋月华、彭家龙编写项目五。

由于编者水平有限，编写时间比较仓促，不足之处在所难免，敬请各位专家、读者批评指正，以不断完善本书。在此，我们表示真诚的感谢！

编　者

2020年5月

目　录

项目一 构建基础网络平台

计算机网络已经深入渗透到人类社会的各个角落，成为现代社会不可或缺的一部分。如何构建和管理计算机网络就顺理成章地成为广大网络技术人员关心的问题，本项目将介绍如何构建最基本的网络平台。

能力目标

通过本项目的学习，学生应掌握双绞线电缆的制作；能组建简单的对等网络；能通过 IP 子网划分提高网络的管理效率。

应会内容

- 双绞线水晶头端接
- T568A/T568B 标准
- 协议的添加与 IP 地址设置
- 简单网络故障的排查
- 常见的网络命令
- IP 地址的表示
- IP 地址的分类
- IP 地址的子网划分
- IP 子网的划分

应知内容

- 双绞线常见的种类与相关参数
- 双绞线的有效传输距离
- 二进制与十进制之间的转换

任务一　搭建最小的计算机网络

任务描述

某办公室现有 2 台计算机，其中有 1 台安装有打印机，为了使办公室的同事能够共享打印机进行文件打印，需要把它们连接成网络。

任务分析

鉴于目前办公室只有 2 台计算机，要把它们连接成网络，最经济可靠的办法是采用交叉双绞线进行“双机对连”，为了使打印机能被网络上计算机访问，则必须添加相应的网络协议，同时为相应的用户指派适当的权限。

本任务需要完成的几个主要步骤如下：

（1）交叉双绞线的制作。

（2）设备安装与设置。

（3）网络连通性测试与故障排查。

所需设备：

PC 2 台（配备网卡）、打印机 1 台、非屏蔽超五类双绞线（UTP 5e）若干、水晶头 2 个、压线钳 1 把、剥线刀 1 把、测线器 1 台。

实验拓扑（见图 1-1）：

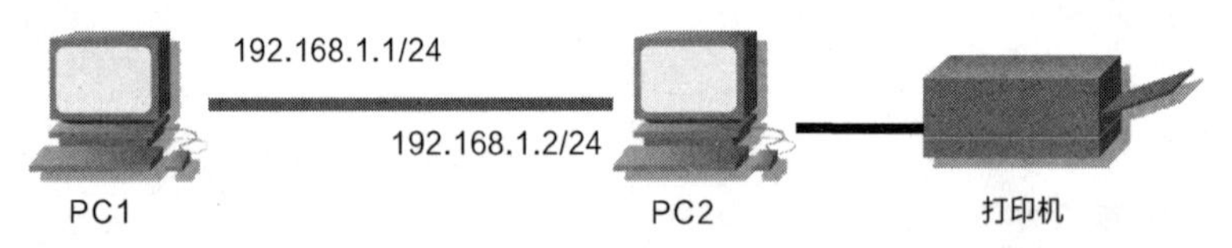

图 1-1　简单对等网络的网络拓扑

任务实施

步骤一：交叉双绞线的制作。

（1）剪线：利用压线钳的剪线刀口剪取适当长度的双绞线。注意：实际应用中双绞线的长度通常不超过 95 m，否则很难确保通信质量。

（2）剥线：使用剥线刀将双绞线的外保护套管剥开（注意操作时不要将护套内的双绞线绝缘层划伤），刀口距线的端头长度为 7～10 cm，如图 1-2 所示。

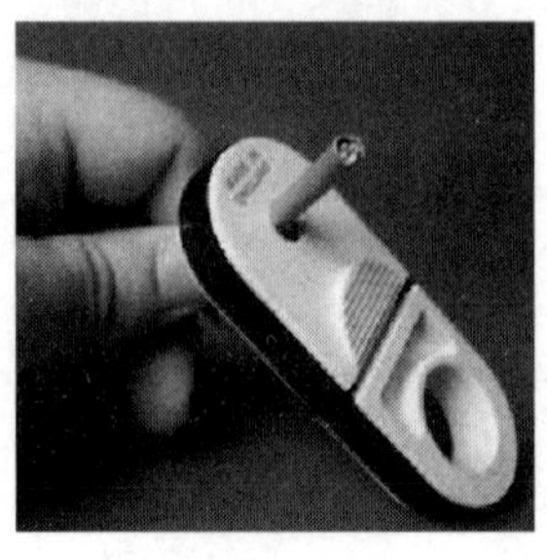
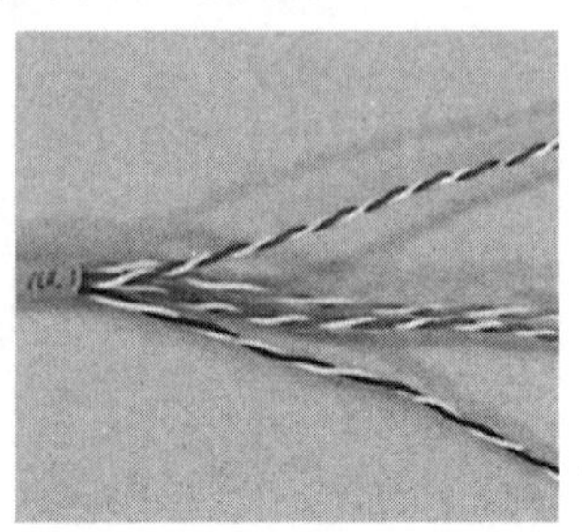

图 1-2　剥线

（3）理线：双绞线的两端分别按 T568A 和 T568B 标准进行排序并剪齐。T568A 和 T568B 标准线序如图 1-3 和图 1-4 所示。

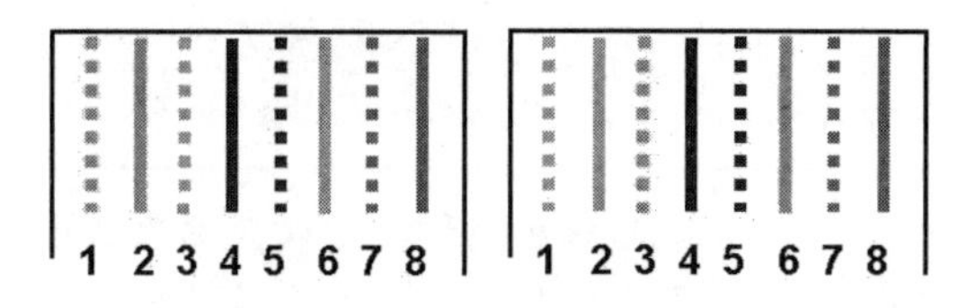

图 1-3　T568A（左）和 T568B（右）标准线序

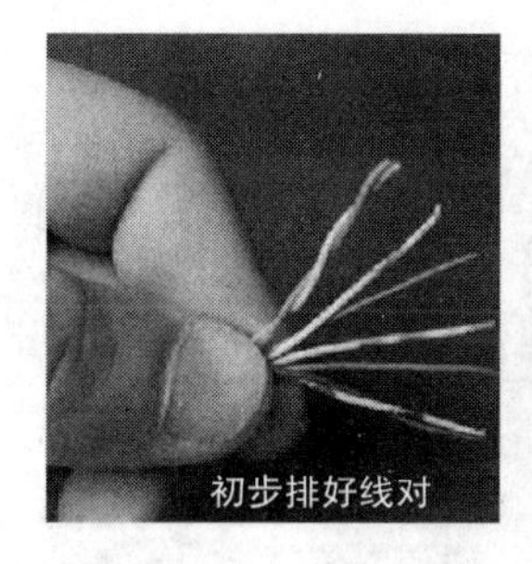

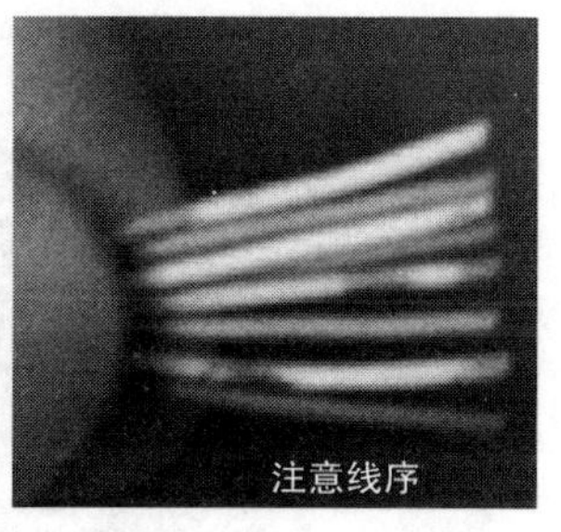

图 1-4　理线

双绞线制作标准

目前，在 10BaseT、100BaseT 以及 1000BaseT 网络中，最常使用的布线标准有两个，即 EIA/TIA 568A 标准和 EIA/TIA 568B 标准。EIA/TIA 568A 标准描述的线序从左到右依次为白绿、绿、白橙、蓝、白蓝、橙、白棕、棕；EIA/TIA 568B 标准描述的线序从左到右依次为白橙、橙、白绿、蓝、白蓝、绿、白棕、棕，如表 1-1 所示。

表 1-1　T568A 标准和 T568B 标准线序表

标准	1	2	3	4	5	6	7	8
T568A	白绿	绿	白橙	蓝	白蓝	橙	白棕	棕
T568B	白橙	橙	白绿	蓝	白蓝	绿	白棕	棕
绕对	同一绕对		与 6 同一绕对	同一绕对		与 3 同一绕对	同一绕对	

一条网线两端 RJ-45 水晶头中的线序排列完全相同的网线，称为直通线（Straight Cable），直通线一般均采用 EIA/TIA 568B 标准，通常只适用于计算机到集线设备之间的连接。当使用双绞线直接连接两台计算机或连接两台集线设备时，另一端的线序应作相应的调整，即第 1、3 线对调，2、6 线对调，称作为交叉线（Crossover Cable），采用 EIA/TIA 568A 标准。

（4）插线：一手以拇指和中指捏住水晶头，使有塑料弹片的一侧向下，针脚一方朝向远离自己的方向，并用食指抵住；另一手捏住双绞线外面的胶皮，缓缓用力将 8 条导线同时沿 RJ-45 水晶头内的 8 个线槽插入，一直插到线槽的顶端，如图 1-5 所示。注意，插线过程中必须确认 RJ-45 水晶头 1 号引脚与 T568A 标准或 T568B 标准线序中的 1 号线对应。

(5)压制线头:确认所有导线都到位,并透过水晶头检查线序无误后,可用压线钳压制 RJ-45 水晶头。将 RJ-45 水晶头从压线钳“无牙”的一侧推入压线钳夹槽后,用力握紧线钳,如图 1-6 所示。

小贴士

为避免用力过猛导致水晶头爆裂或触电变形,建议分两次压制,即首次压制时使用较小的力量,使触点发生轻微位移后再进行第二次压制,第二次应使用较大力量将触点压制到位。

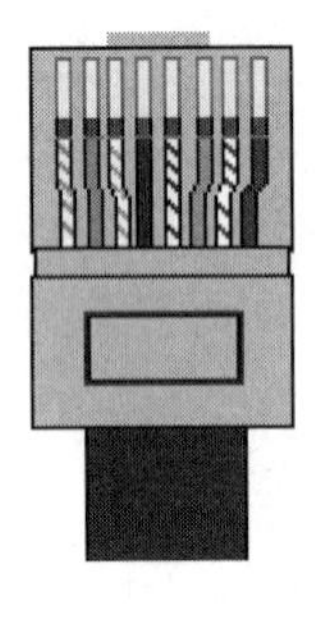

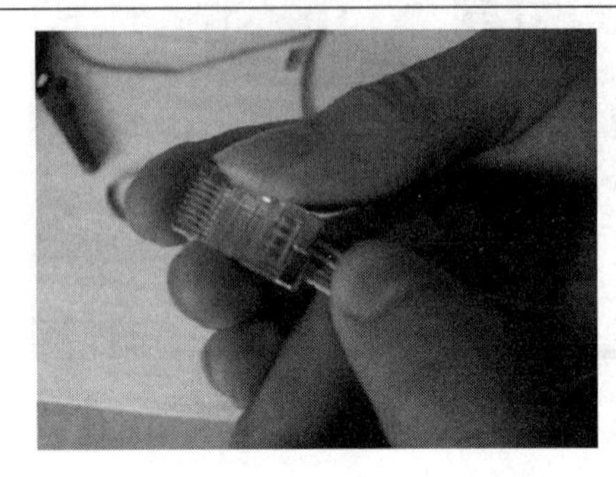

图 1-5 插线

图 1-6 压制水晶头

(6)测线:将交叉双绞线电缆的两端分别插入测线器的“主测试仪”和“远端测试仪”的 RJ-45 接口上,启动电源进行测试,如图 1-7 所示。观察测线器的两个测线端指示灯点亮的顺序是否正确。

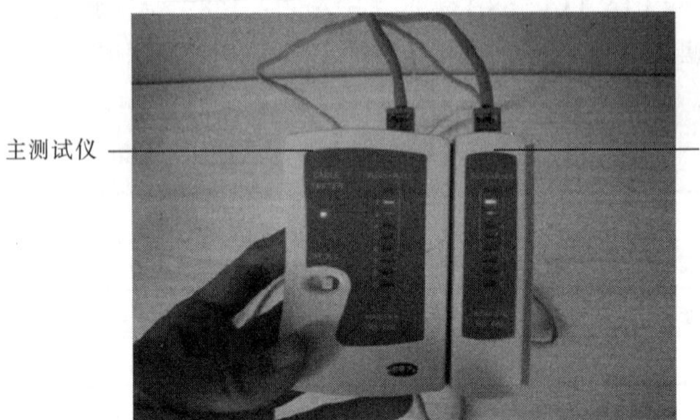

图 1-7 测线

小贴士

通过测线器的指示灯判断线缆连接是否正确

(1)直通线连线的测试:测试直通连线时,主测试仪的指示灯应该从 1 到 8 逐个顺序闪亮,而远程测试端的指示灯也应该从 1 到 8 逐个顺序闪亮。

(2)交叉线连线的测试:测试交叉线缆时,主测试仪的指示灯也应该从 1 到 8 逐个顺序闪亮,而远程测试端的指示灯应该是按照 3、6、1、4、5、2、7、8 的顺序逐个闪亮。

步骤二：设备安装与设置。

本任务所需安装和设置的设备主要有网络接口卡即网卡（NIC），下面将以 Windows 7 为例演示这些设备的安装和相应的设置（如主板集成网卡芯片，可跳过安装步骤）。

1. 硬件安装（以 PCI 网卡为例）

关闭计算机电源，打开机箱盖，把网卡（见图 1-8）插入主板 PCI 插槽（见图 1-9）中，并用螺钉将网卡固定在机箱相应的位置上，盖好主机机箱盖，硬件安装完毕。

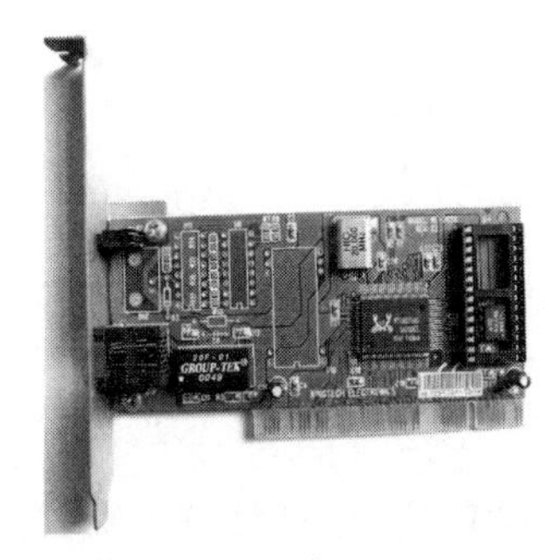

图 1-8　网卡

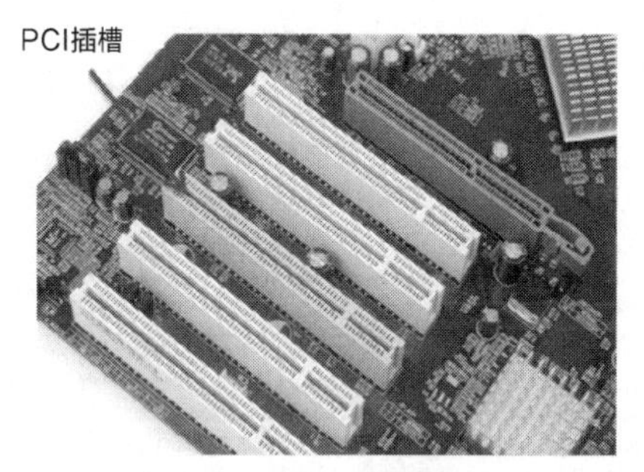

图 1-9　主板上的 PCI 插槽

2. 安装网卡驱动程序

安装驱动程序要使用专业的工具软件，像驱动人生、驱动精灵和鲁大师等。它们都是可以提供计算机驱动下载和安装自动化的工具软件，用户能够通过工具软件一键安装显卡驱动、网卡驱动、声卡驱动、打印机驱动、万能网卡驱动等多种计算机所需的驱动程序。这里以驱动精灵为例来安装网卡驱动程序。

（1）硬件安装完毕后，启动计算机，系统会自动发现网卡，在任务栏处提示“正在安装设备驱动程序软件”，如图 1-10 所示。

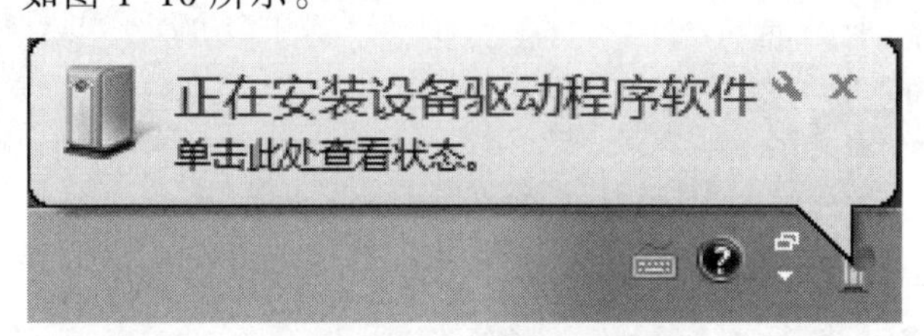

图 1-10　系统发现网卡

自动安装设备驱动程序后，系统提示“未能成功安装设备驱动程序”，如图 1-11 所示。

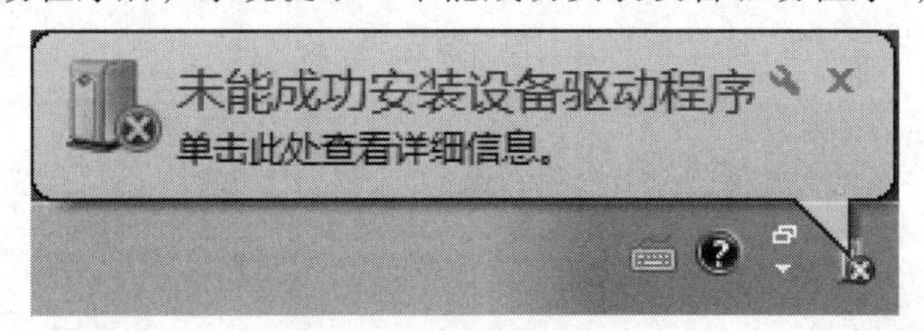

图 1-11　系统提示

（2）在桌面上，右击“计算机”图标，选择“属性”→“设备管理器”→“其他设备”，可以看到“以太网控制器”确实无法正常使用，如图 1-12 所示。

图 1-12 设备管理器窗口

(3)将在互联网上下载的“驱动精灵万能网卡版”复制到 U 盘，在此计算机安装，双击“驱动精灵”安装程序，单击“一键安装”按钮，如图 1-13 所示。

图 1-13 准备安装驱动精灵窗口

提示驱动精灵正在安装，如图 1-14 所示。

图 1-14 正在安装驱动精灵窗口

安装完成后，会提示软件安装完成。

（4）单击“立即体验”按钮，如图 1-15 所示。

图 1-15　安装完成窗口

（5）单击“立即检测”按钮，即可对计算机中的硬件进行检测，如图 1-16 所示。

图 1–16　查看所安装的网卡驱动

（6）软件检测到“电脑未安装网卡驱动，无法上网”和网卡的型号，单击“立即安装”按钮，即可对网卡安装驱动程序，如图 1–17 所示。

图 1–17　检测到未安装的网卡驱动

驱动精灵软件正在为网卡安装驱动程序，如图 1–18 所示。

图 1–18　正在安装网卡驱动

提示网卡驱动程序完成安装，如图 1–19 所示。

图 1–19　网卡驱动安装完成

在任务栏处也会提示“成功安装了设备驱动程序”，如图 1–20 所示。

图 1–20　成功安装网卡驱动

（7）展开“设备管理器”中的“网络适配器”选项，也可以看到“以太网控制器”可以正常使用，如图 1–21 所示。

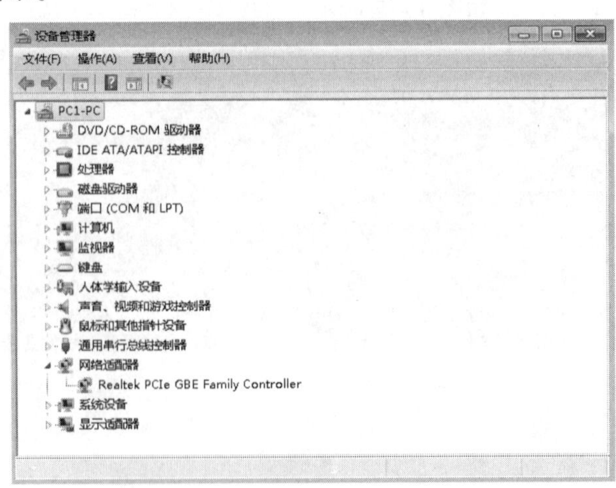

图 1–21　安装驱动后的网卡状态

3. 网卡设置

设置本机的 IP 地址。

（1）在桌面上，右击“网络”，在弹出的快捷菜单中选择“属性”命令，在弹出的窗口中选择“更改适配器设置”选项，打开图 1-22 所示的“网络连接”窗口。

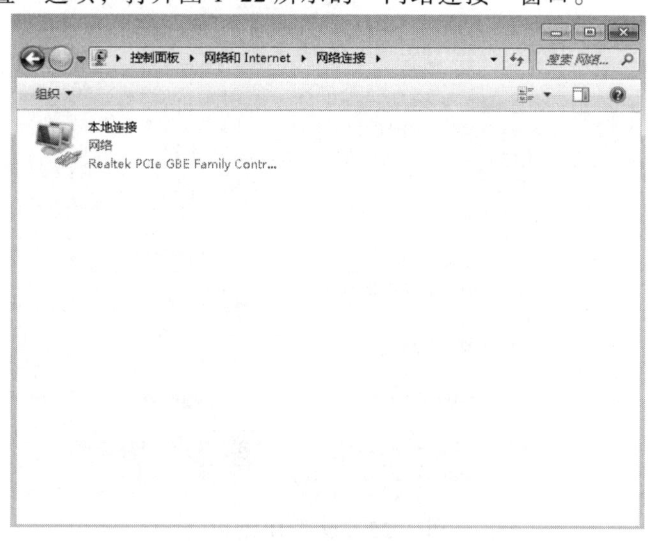

图 1-22　“网络连接”窗口

（2）右击“网络”窗口中的“本地连接”图标，在弹出的快捷菜单中选择“属性”命令，打开图 1-23 所示的“本地连接 属性”对话框。

（3）单击“此连接使用下列项目”列表框中的“Internet 协议（TCP/IP）”选项，再单击“属性”按钮，或者双击“Internet 协议（TCP/IP）”，打开图 1-24 所示的“Internet 协议（TCP/IP）属性”对话框。

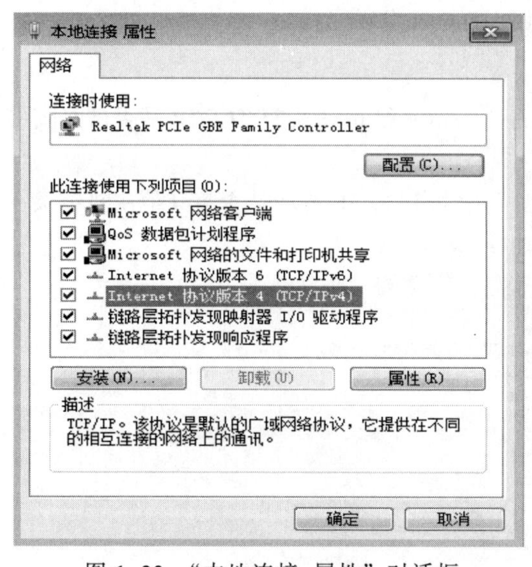

图 1-23　“本地连接 属性”对话框

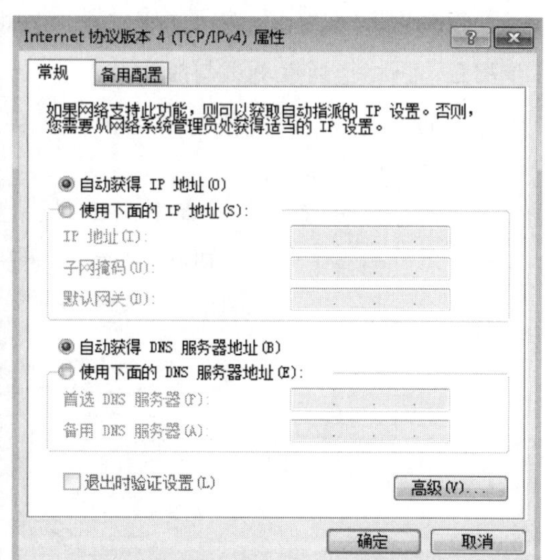

图 1-24　“Internet 协议（TCP/IP）属性”对话框

（4）选择“使用下面的 IP 地址”单选按钮，并在 IP 地址和子网掩码中输入相应的数据，如图 1-25 所示。

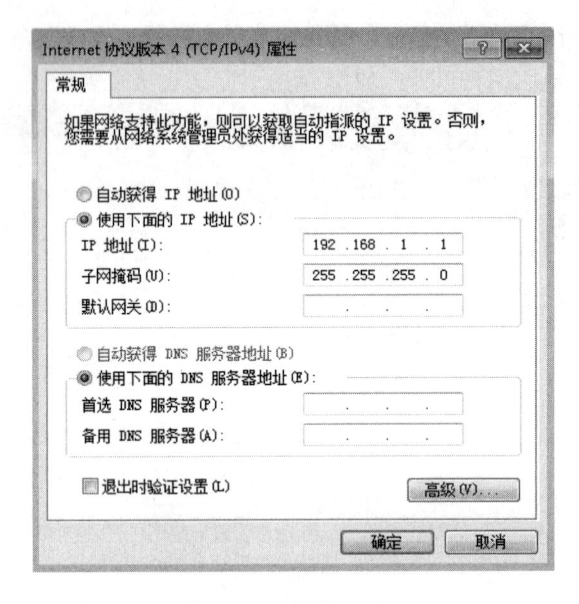

图 1-25　设置 IP 地址

注 意

本任务拓扑图中有 2 台 PC，其中 PC1 的 IP 地址为 192.168.1.1，子网掩码为 255.255.255.0；PC2 的 IP 地址为 192.168.1.2，子网掩码为 255.255.255.0。由于本任务暂时未使用到网关和 DNS 服务器，故可暂时不做设置。

（5）连续单击“确定”按钮完成设置，至此，IP 地址设置完成。

步骤三：网络连通性测试与故障排查。

IP 地址设置完成后，应使用 TCP/IP 工具程序 ipconfig 和 ping 检查 TCP/IP 是否已经安装并准确配置。具体操作如下：

（1）执行 ipconfig 命令，检查 TCP/IP 是否已经正常启动，IP 地址是否与其他主机冲突。选择“开始”→“运行”命令，输入“cmd”，如图 1-26 所示。

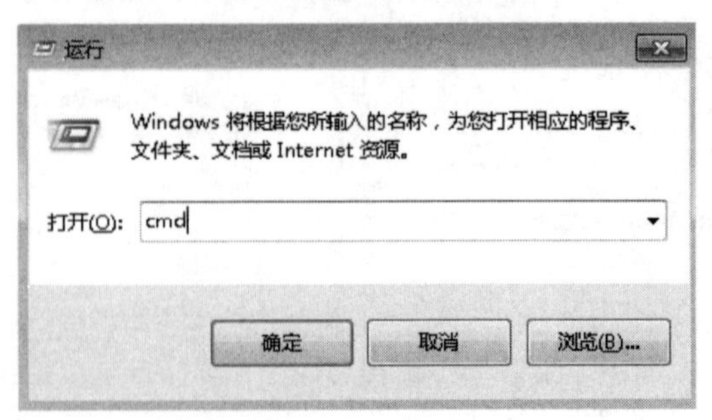

图 1-26　运行 cmd 命令

在“cmd”命令窗口中输入“ipconfig”并按【Enter】键，弹出图 1-27 所示窗口。如果正常，则会出现用户的 IP 地址、子网掩码等信息。如果提示 IP 地址和子网掩码均为 0.0.0.0，则表示 IP 地址与网络上的其他主机冲突。如果使用自动获取 IP 地址，但找不到 DHCP 服务器，则会出现一个“专用的 IP 地址”。

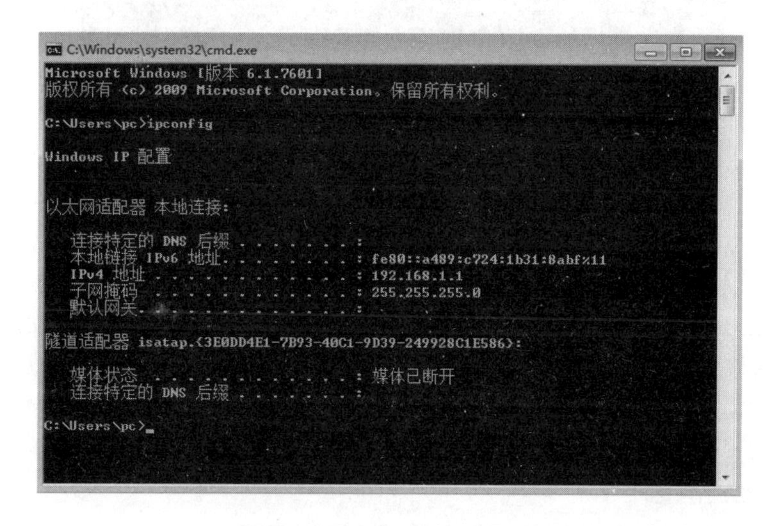

图 1-27　ipconfig 执行结果

（2）使用 ping 命令检测网络连通性。

① 使用 ping 命令测试 lookback 地址 127.0.0.1，验证网卡是否可以正常传送 TCP/IP 数据。可在 cmd 命令窗口中输入 ping 127.0.0.1 进行回环测试，其数据直接由输出缓冲区传回输入缓冲区，并没有离开网卡。通过命令可以检查网卡驱动程序是否正常运行，如果正常则出现图 1-28 所示结果。

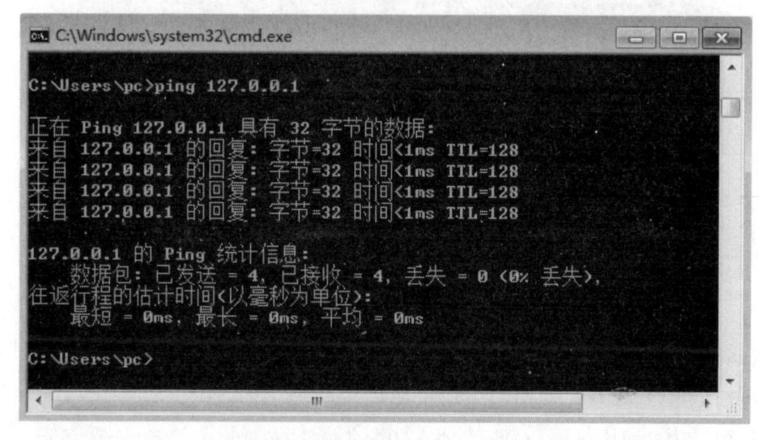

图 1-28　ping 命令检测网卡、TCP/IP 协议运行正常结果

如果应答信息中出现“request time out”，则说明计算机网卡、TCP/IP 配置有问题，需重新检查网卡和 TCP/IP 的配置。

② ping 网络中其他主机。若出现图 1-29 所示的信息，则表示本主机与网络中的主机（本例 IP 地址为 192.168.1.2 的主机）能够正常通信。

```
C:\Windows\system32\cmd.exe

C:\Users\pc>ping 192.168.1.2

正在 Ping 192.168.1.2 具有 32 字节的数据:
来自 192.168.1.2 的回复: 字节=32 时间<1ms TTL=128
来自 192.168.1.2 的回复: 字节=32 时间<1ms TTL=128
来自 192.168.1.2 的回复: 字节=32 时间<1ms TTL=128
来自 192.168.1.2 的回复: 字节=32 时间=1ms TTL=128

192.168.1.2 的 Ping 统计信息:
    数据包: 已发送 = 4, 已接收 = 4, 丢失 = 0 (0% 丢失),
往返行程的估计时间(以毫秒为单位):
    最短 = 0ms, 最长 = 1ms, 平均 = 0ms

C:\Users\pc>
```

图 1-29　ping 网络中的主机

注 意

若 ping 网络中的其他主机时出现通信故障（见图 1-30），则首先应该检查网络硬件连接是否正常，然后检查网卡驱动程序、TCP/IP 是否已经安装并配置正确，尤其是两台主机上的 IP 地址配置是否正确。当然，有时系统防火墙的阻挡也可能造成 ping 异常，此时只需对防火墙进行相应设置即可。

图 1-30　ping 局域网内其他主机时出现通信异常

拓展与提高

1. 网关

前文提到默认网关，那么网关到底是什么呢？网关实质上是一个网络通向其他网络的 IP 地址。比如，有网络 A 和网络 B，网络 A 的 IP 地址范围为 192.168.1.1～192.168.1.254，子网掩码为 255.255.255.0；网络 B 的 IP 地址范围为 192.168.2.1～192.168.2.254，子网掩码为 255.255.255.0。在没有路由器的情况下，两个网络之间是不能进行 TCP/IP 通信的，即使是两个网络连接在同一台交换机（或集线器）上，TCP/IP 也会根据子网掩码（255.255.255.0）判定两个网络中的主机处在不同的网络里。而要实现这两个网络之间的通信，则必须通过网关。如果网络 A 中的主机发现数据包的目的主机不在本地网络中，就把数据包转发给它自己的网关，再由网关转发给网络 B 的网关，网络 B 的网关再转发给网络 B 的某个主机。网络 B 向网络 A 转发数据包的过程也是如此。所以说，只有设置好网关的 IP 地址，TCP/IP 才能实现不同网络之间的相互通信。那么这个 IP 地址是哪台机器的 IP 地址呢？网关的 IP 地址是具有路由功能的设备的 IP 地址，具有路由功能的设备有路由器、启用了路由协议的服务器（实质上相当于一台路由器）、代理服务器（也相当于一台路由器）。

2. 常见命令使用的技巧

在使用命令进行网络状态查询、故障排除时，通常会利用命令的特定参数来解决特定的问题。例如，ipconfig 命令在不加任何参数时仅能查看网卡和TCP/IP配置的基本信息，但如果想得到更加详细的信息，则可在ipconfig命令后加上“/all”参数，即“ipconfig /all”，如图1-31所示。

```
C:\Windows\system32\cmd.exe

C:\Users\pc>ipconfig /all

Windows IP 配置

   主机名  . . . . . . . . . . . . . : pc-PC
   主 DNS 后缀 . . . . . . . . . . . :
   节点类型  . . . . . . . . . . . . : 混合
   IP 路由已启用 . . . . . . . . . . : 否
   WINS 代理已启用 . . . . . . . . . : 否

以太网适配器 本地连接:

   连接特定的 DNS 后缀 . . . . . . . :
   描述. . . . . . . . . . . . . . . : Intel(R) PRO/1000 MT Network Connection
   物理地址. . . . . . . . . . . . . : 00-0C-29-1E-77-BF
   DHCP 已启用 . . . . . . . . . . . : 否
   自动配置已启用. . . . . . . . . . : 是
   本地链接 IPv6 地址. . . . . . . . : fe80::a489:c724:1b31:8abf%11(首选)
   IPv4 地址 . . . . . . . . . . . . : 192.168.1.1(首选)
   子网掩码  . . . . . . . . . . . . : 255.255.255.0
   默认网关. . . . . . . . . . . . . :
   DHCPv6 IAID . . . . . . . . . . . : 184552489
   DHCPv6 客户端 DUID  . . . . . . . : 00-01-00-01-26-44-28-E1-00-0C-29-1E-77-BF

   DNS 服务器  . . . . . . . . . . . : fec0:0:0:ffff::1%1
                                       fec0:0:0:ffff::2%1
                                       fec0:0:0:ffff::3%1
   TCPIP 上的 NetBIOS  . . . . . . . : 已启用
```

图 1-31　ipconfig 查询详细配置

命令通常有许多不同的参数，详情可在命令后加上参数“/?”查询，如“ping /?”可查询 ping 命令的详细参数和用法，如图1-32所示。

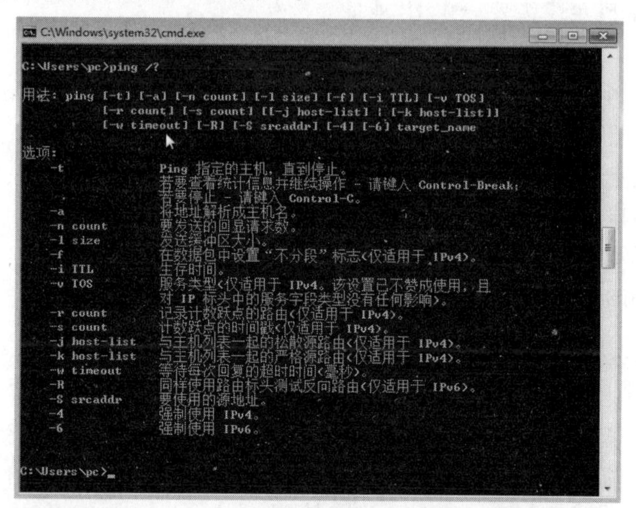

图 1-32　查询 ping 命令各参数的用法

思考与练习

当前的大多数笔记本式计算机都已经标配了无线网卡和有线网卡，如果本任务的 PC1、PC2

均为同时配置了无线网卡和有线网卡的笔记本式计算机，本任务是否还有更为简便的实施方案？若有，如何进行？

提 示

无线网络的连接与前文介绍的实施方案基本相同，差别是不需要制作网线，只是创建无线连接时必须将其配置成 HOC 方式并确保无线网络正常工作。

任务二　部门间 IP 地址规划

任务描述

某公司内设研发部、市场部、人事部三个部门，每个部门均有 25 台计算机且 ISP 已分配地址段 192.168.1.0/24 给该公司使用，请充分考虑网络的性能以及管理效率等因素，对该网络的 IP 地址进行规划。

任务分析

从任务描述中可得知，公司的 3 个部门计算机数量均为 25 台，且从 ISP 处获得一个 C 类 IP 地址段。从网络性能方面考虑，应尽量缩减网络流量，把部门内部通信业务尽量“圈定”在部门内部进行；从日常管理的角度考虑，把一个较大的网络分成相对较小的网络有利于隔离和排除故障。因此，可以考虑通过合理的子网划分来解决问题。

本任务需要完成的几个主要步骤如下：

（1）确定各子网的主机数量。

- 每台 TCP/IP 主机至少需要一个 IP 地址。
- 路由器每个接口各需要一个 IP 地址。

（2）确定每个子网的大小。

（3）基于以上需要，创建以下内容。

- 为整个网络设定一个子网掩码。
- 为每个物理网段设定一个子网 ID。
- 为每个子网确定主机的合法地址范围。

网络拓扑结构如图 1-33 所示。

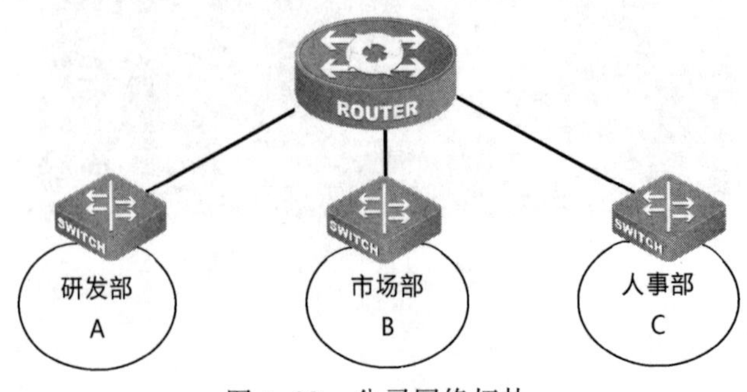

图 1-33　公司网络拓扑

任务实施

（1）确定各子网的主机数量。IPv4 地址是由 32 位二进制位组成的，且分为网络位和主机位两部分，如图 1–34 所示。

图 1–34　IP 地址结构

由前文分析可知，每个部门各需要 26 个 IP，其中 25 个为计算机使用，1 个为路由器端口使用。

（2）确定每个子网的大小。十进制数 26 至少需要 5 位二进制数来表示，于是我们可以确定子网的大小为 2^5 位（32 位）。子网大小示意图如图 1–35 所示。

（3）创建子网掩码、子网 ID、合法 IP 范围。

① 为整个网络设定子网掩码。将图 1–35 中网络位的二进制位全部设置为 1，主机位的二进制位全部设置为 0，即可得到划分子网后的子网掩码。计算过程如图 1–36 所示。

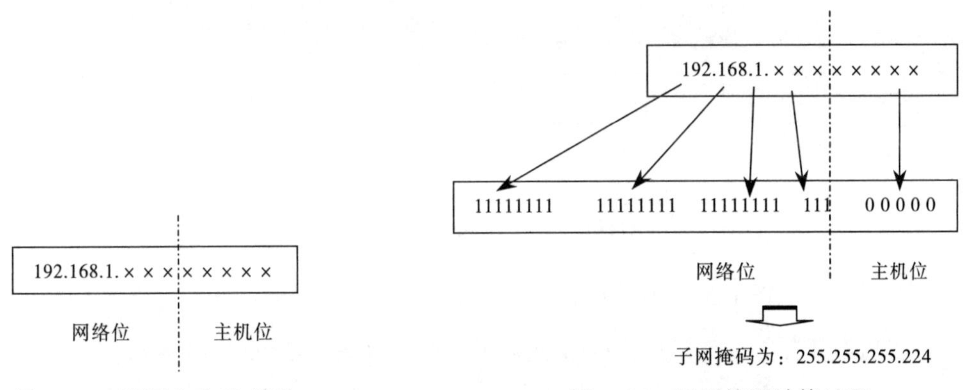

图 1–35　子网大小示意图　　图 1–36　子网掩码计算过程

② 为每个物理网段设定一个子网 ID。RFC 标准规定，子网的网络 ID 不能全为“0”或全为“1”，合法的子网 ID 如图 1–37 所示。

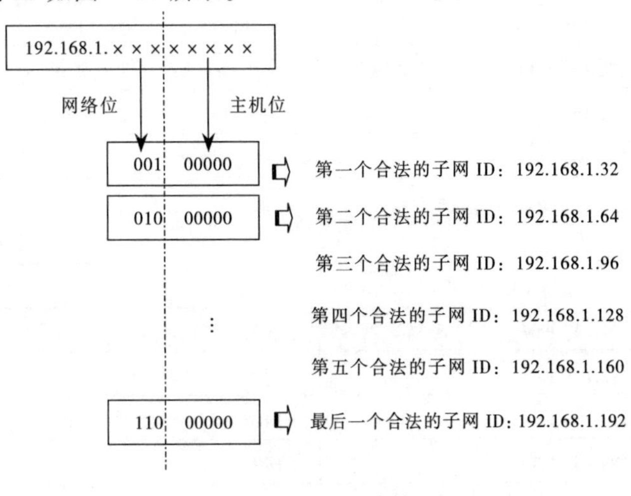

图 1–37　子网 ID 计算过程

小贴士

早期的互联网使用的路由产品是不支持全0或者全1的IP，但是新的产品都会支持，这样就涉及兼容的问题。如果在使用的网络当中能够确定没有陈旧的路由产品（包括路由器、交换机、操作系统）存在，可抛开RFC 950和RFC 1122标准，遵守RFC1812的标准使用全0或者全1的IP。

③ 为每个子网确定主机的合法地址范围。RFC规定，主机ID不能全为“0”或全为“1”，下面以第一个合法子网为例说明子网中主机 ID 的计算过程。具体过程如图 1-38所示。

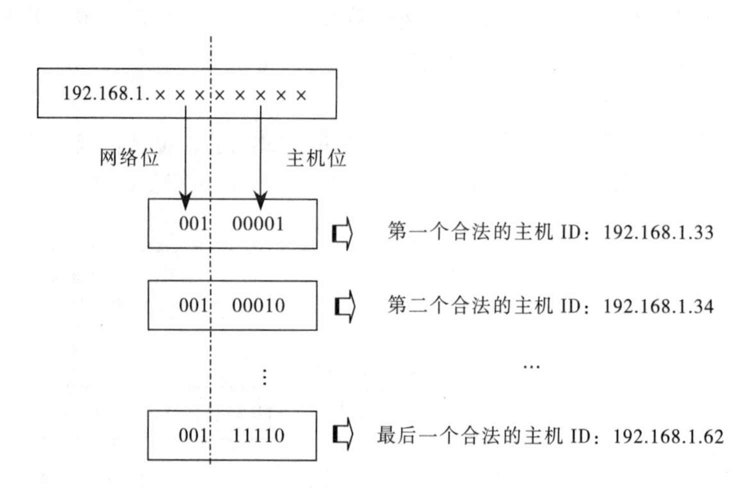

图1-38　第一个合法子网中的合法主机ID计算过程

经计算得出本任务3个部门拟使用的子网中合法ID如表1-2～表1-4所示。

表1-2　子网192.168.1.32/27

子　　网	主　　机	意　　义
192.168.1.32/27	192.168.1.32	子网的网络地址
	192.168.1.33	子网中第一个合法的主机ID
	192.168.1.62	子网中最后一个合法的主机ID
	192.168.1.63	子网的广播地址

表1-3　子网192.168.1.64/27

子　　网	主　　机	意　　义
192.168.1.64/27	192.168.1.64	子网的网络地址
	192.168.1.65	子网中第一个合法的主机ID
	192.168.1.94	子网中最后一个合法的主机ID
	192.168.1.95	子网的广播地址

表 1-4　子网 192.168.1.96/27

子　　网	主　　机	意　　义
192.168.1.96/27	192.168.1.96	子网的网络地址
	192.168.1.97	子网中第一个合法的主机 ID
	192.168.1.126	子网中最后一个合法的主机 ID
	192.168.1.127	子网的广播地址

（4）经以上计算，该公司 3 个部门的 IP 地址规划如图 1-39 所示。

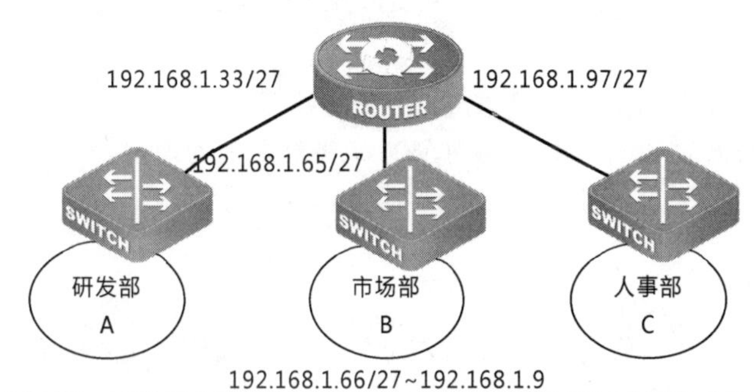

图 1-39　公司网络各部门 IP 地址整体规划

拓展与提高

1．子网掩码的分类

子网掩码一共分为两类：一类是默认子网掩码；一类是自定义子网掩码。默认子网掩码即未划分子网，其对应网络号的位都设为 1，主机号都设为 0。

- A 类网络默认子网掩码：255.0.0.0。
- B 类网络默认子网掩码：255.255.0.0。
- C 类网络默认子网掩码：255.255.255.0。

自定义子网掩码是将一个网络划分为几个子网，需要每一网段使用不同的网络号或子网号，实际上可以认为是将主机号分为两个部分——子网号、子网主机号，形式如下：

- 未做子网划分的 IP 地址：网络号＋主机号。
- 做子网划分后的 IP 地址：网络号＋子网号＋子网主机号。

也就是说，IP 地址在划分子网后，以前的主机号位置的一部分给了子网号，余下的是子网主机号。子网掩码是 32 位二进制数，它的子网主机标识部分为全“0”。利用子网掩码可以判断两台主机是否在同一子网中。若两台主机的 IP 地址分别与它们的子网掩码相“与”后的结果相同，则说明这两台主机在同一子网中。

2．子网掩码的表示方法

子网掩码通常有以下 2 种格式的表示方法：通过与 IP 地址格式相同的点分十进制表示，如 255.0.0.0 或 255.255.255.128；在 IP 地址后加上“/”符号以及 1～32 的数字，其中 1～32 的数字表示子网掩码中网络标识位的长度，如 192.168.1.1/24 的子网掩码也可以表示为 255.255.255.0。

3. 子网划分的捷径

（1）确定所选择的子网掩码将会产生多少个子网。$N=2^x-2$（x 代表掩码位，即二进制为 1 的部分，现在的网络中，已经不需要-2 就可以全部使用，不过需要加上相应的配置命令，例如 CISCO 路由器需要加上 ip subnet zero 命令）。

（2）计算每个子网能有多少主机。$M=2^y-2$（y 代表主机位，即二进制为 0 的部分）。

（3）有效子网 ID 计算。

① 计算出地址的分段基数（分段大小）：分段基数=256－十进制的子网掩码。

② 有效子网 ID=n×分段基数，（n=1，2…），例如子网掩码为 255.255.255.224，则分段基数为 256-224=32，第一个有效子网 ID 为 192.168.1.32，第二个有效子网 ID 为 192.168.1.64（2×32=64），依此类推。

（4）每个子网的广播地址是：广播地址=下个子网号-1。

（5）每个子网的有效主机：忽略子网内全为 0 和全为 1 的地址，剩下的就是有效主机地址，最后一个有效主机地址=下个子网号-2（即广播地址-1）。

思考与练习

一家集团公司有 12 家子公司，每家子公司又有 4 个部门。上级给出一个 172.16.0.0/16 的网段，为每家子公司以及子公司的部门分配网段。

思路：既然有 12 家子公司，那么就要划分 12 个子网段，但是每家子公司又有 4 个部门，因此又要在每家子公司所属的网段中划分 4 个子网分配给各部门。

完成标准：

（1）可划分出 16 个子网：

① 10101100.00010000.00000000.00000000/20【172.16.0.0/20】

② 10101100.00010000.00010000.00000000/20【172.16.16.0/20】

③ 10101100.00010000.00100000.00000000/20【172.16.32.0/20】

④ 10101100.00010000.00110000.00000000/20【172.16.48.0/20】

⑤ 10101100.00010000.01000000.00000000/20【172.16.64.0/20】

⑥ 10101100.00010000.01010000.00000000/20【172.16.80.0/20】

⑦ 10101100.00010000.01100000.00000000/20【172.16.96.0/20】

⑧ 10101100.00010000.01110000.00000000/20【172.16.112.0/20】

⑨ 10101100.00010000.10000000.00000000/20【172.16.128.0/20】

⑩ 10101100.00010000.10010000.00000000/20【172.16.144.0/20】

⑪ 10101100.00010000.10100000.00000000/20【172.16.160.0/20】

⑫ 10101100.00010000.10110000.00000000/20【172.16.176.0/20】

⑬ 10101100.00010000.11000000.00000000/20【172.16.192.0/20】

⑭ 10101100.00010000.11010000.00000000/20【172.16.208.0/20】

⑮ 10101100.00010000.11100000.00000000/20【172.16.224.0/20】

⑯ 10101100.00010000.11110000.00000000/20【172.16.240.0/20】

（2）以下仅以甲公司为例，其他子公司情况略。错 2 位后（可划分出 4 个子网）：

① 10101100.00010000.00000000.00000000/22【172.16.0.0/22】

② 10101100.00010000.00000100.00000000/22【172.16.4.0/22】
③ 10101100.00010000.00001000.00000000/22【172.16.8.0/22】
④ 10101100.00010000.00001100.00000000/22【172.16.12.0/22】

任务三　有效利用 IP 地址

任务描述

某跨国公司下设："珠海总公司"、"广州分公司"和"西雅图分公司"。珠海总公司拥有计算机 80 台，广州分公司拥有计算机 23 台，西雅图分公司拥有计算机 50 台，且 ISP 已分配地址段 192.168.1.0/24 给该公司使用，请充分考虑网络的性能以及管理效率等因素，对该网络的 IP 地址进行规划。

任务分析

从任务描述中可得知，公司的 3 个办公地点的计算机数量差异较大，珠海总公司所需的主机数量最多，至少应该划分一个大小为 96 的地址块供其使用，如果依据任务二中划分子网的方法（即定长子网），则所需的 IP 地址为 96×3=288，但 ISP 只提供一个 C 类 IP 地址段，IP 地址数量为 255。由 255<288 可知，定长子网划分在本任务中无法胜任，本任务可以考虑通过变长子网划分来解决问题。

本任务需要完成的几个主要步骤如下：

（1）确定各子网的主机数量。

- 每台 TCP/IP 主机至少需要一个 IP 地址。
- 路由器每个接口各需要一个 IP 地址。

（2）确定每个子网的大小。

（3）基于以上需要，创建以下内容。

- 为每个子网设定一个子网掩码。
- 为每个物理网段设定一个子网 ID。
- 为每个子网确定主机的合法地址范围。

网络拓扑结构如图 1-40 所示。

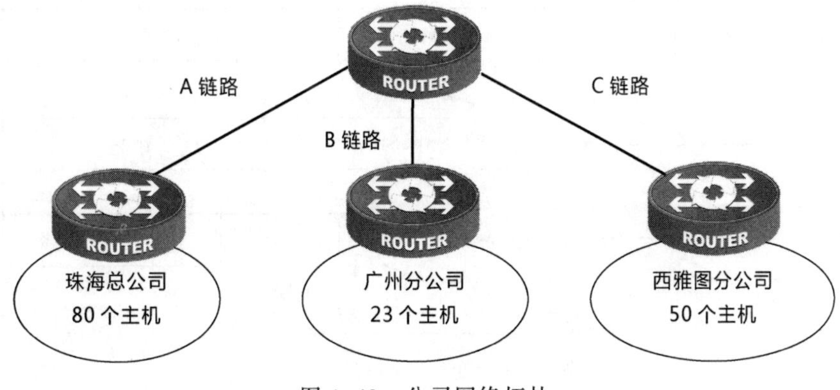

图 1-40　公司网络拓扑

任务实施

（1）确定各子网的主机数量，如表 1-5 所示。

表 1-5　主机数量

子　网	主 机 数 量	作　用
珠海总公司	81	其中一个 IP 分配给路由器的接口
广州分公司	24	
西雅图分公司	51	
A 链路	2	
B 链路	2	
C 链路	2	

（2）确定每个子网的大小，如表 1-6 所示。

表 1-6　子网大小

子　网	主 机 数 量	子 网 大 小	备　注
珠海总公司	81	128	
广州分公司	24	32	
西雅图分公司	51	64	
A 链路	2	4	子网中至少需要 4 个主机 ID，否则除了网络 ID 和广播地址外无 IP 可用
B 链路	2	4	
C 链路	2	4	

（3）创建子网掩码、子网 ID、合法 IP 范围。

划分子网的思路如下：首先为较大子网分配地址块，然后再从未被分配的地址块中为剩下的较大子网分配地址块，依此类推（注：此处将使用 1 子网和 0 子网），思路如图 1-41 所示。

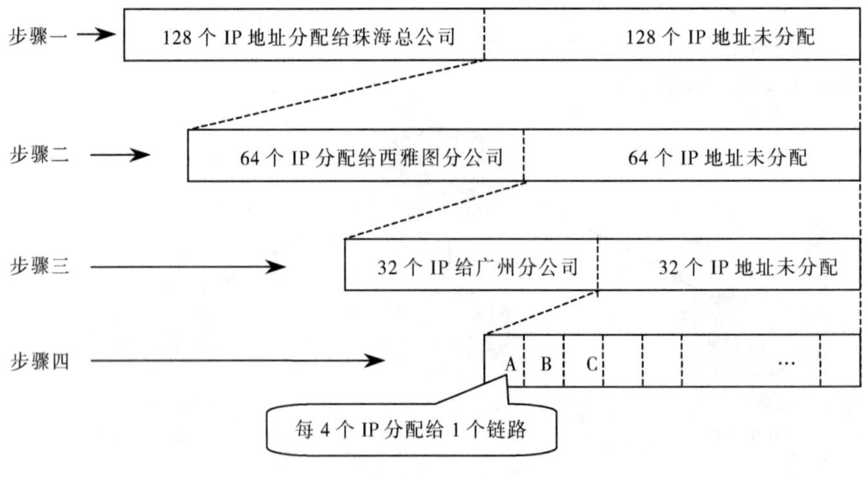

图 1-41　变长子网划分思路

① 为每个子网设定子网掩码。

a．珠海总公司所需地址数为 128，即需要 7 位二进制位，故子网位为 1 位二进制位，子网掩码计算过程如图 1-42 所示。

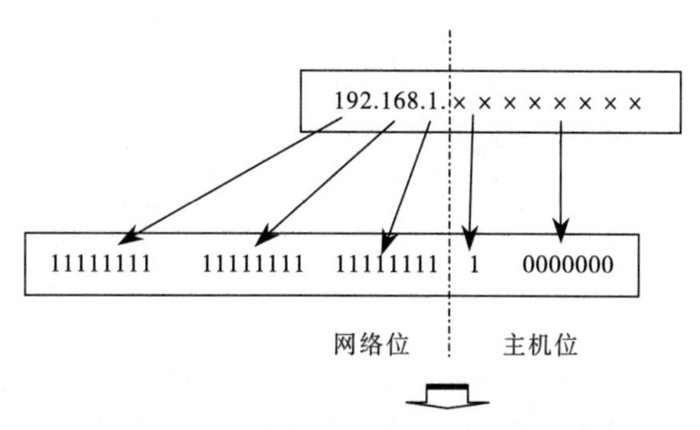

图 1-42　珠海总公司子网掩码计算过程

b．西雅图分公司所需地址数为 64，即需要 6 位二进制位，故子网位为 2 位二进制位，子网掩码计算过程如图 1-43 所示。

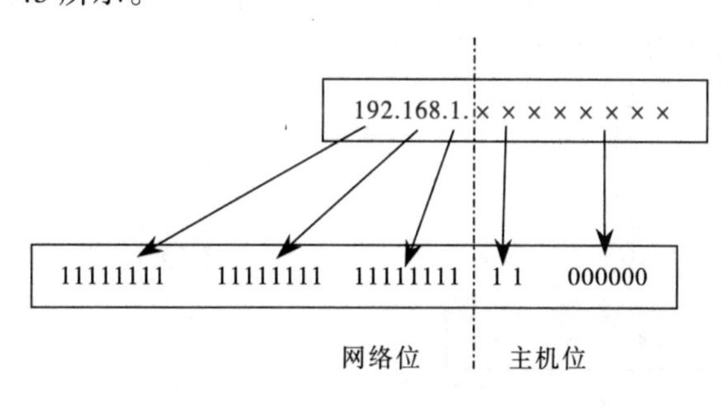

图 1-43　西雅图分公司子网掩码计算过程

c．广州分公司子所需地址数为 32，即需要 5 位二进制位，故子网位为 3 位二进制位。子网掩码计算过程如图 1-44 所示。

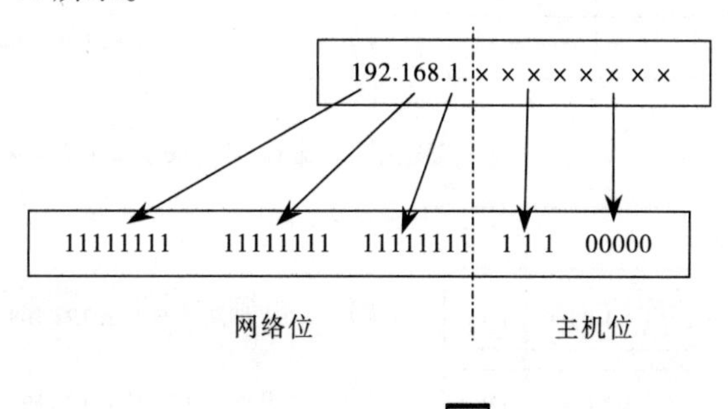

图 1-44　广州分公司子网掩码计算过程

d．A、B、C 链路所需地址块为 4，即需要 2 位二进制位，故子网位为 6 位二进制位，子网掩码计算过程如图 1-45 所示。

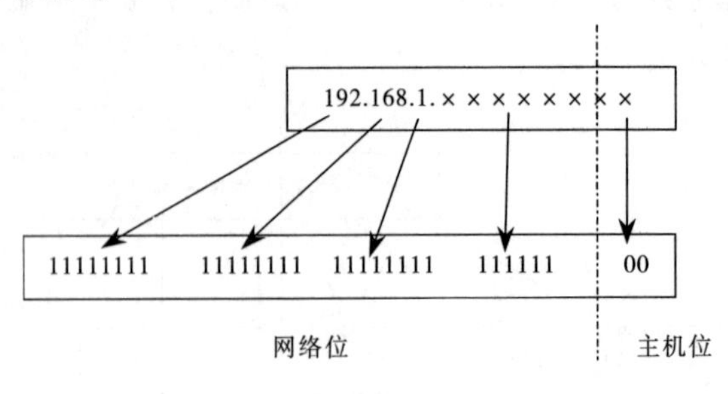

图 1-45　A、B、C 各链路子网掩码计算过程

② 为每个物理网段设定一个子网 ID，如图 1-46 所示。

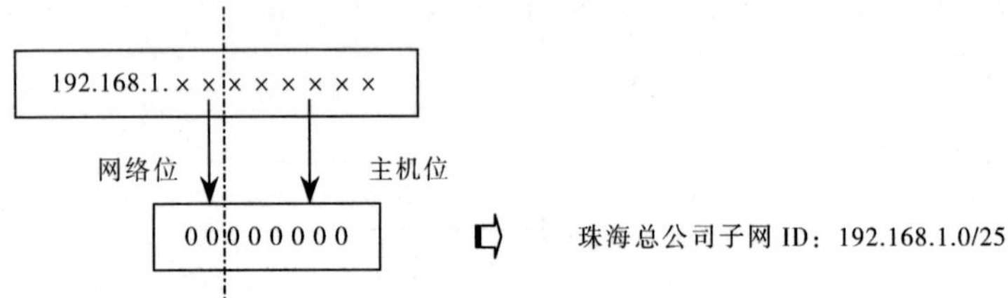

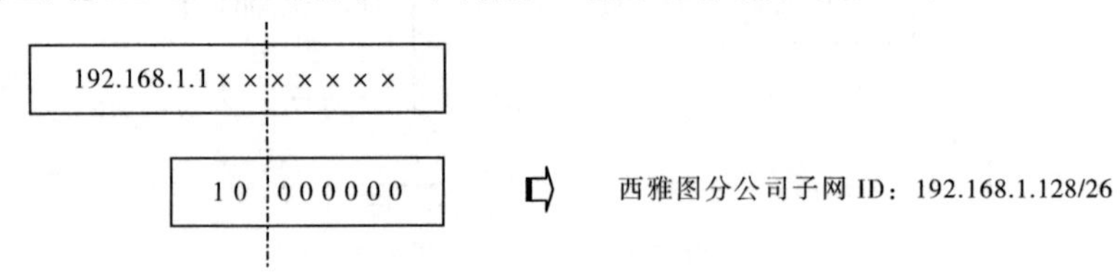

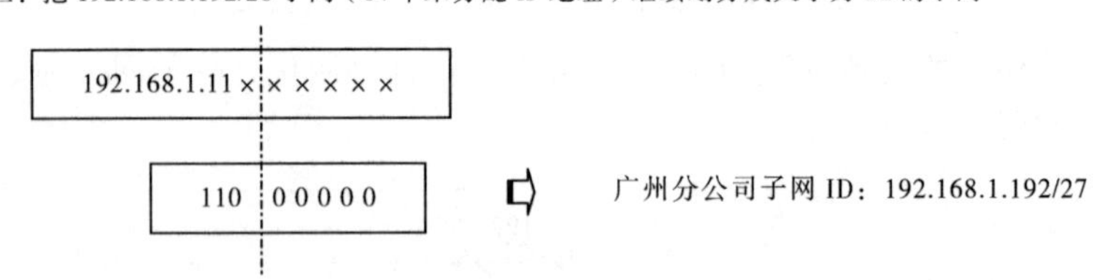

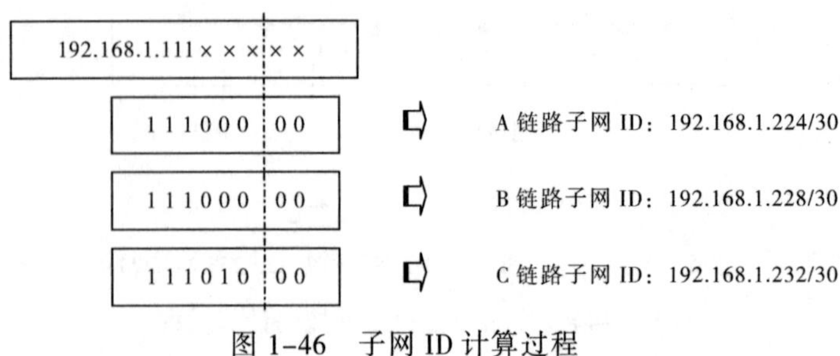

图 1-46　子网 ID 计算过程

③ 为每个子网确定主机的合法地址范围。经计算得出本任务 7 个子网的合法 ID 如表 1–7～表 1–10 所示。

表 1–7 子网 192.168.1.0/25

子 网	部 门	主 机	意 义
192.168.1.0/25	珠海总公司	192.168.1.0/25	子网的网络地址
		192.168.1.1/25	子网中第一个合法的主机 ID
		192.168.1.126/25	子网中最后一个合法的主机 ID
		192.168.1.127/25	子网的广播地址

表 1–8 子网 192.168.1.128/26

子 网	部 门	主 机	意 义
192.168.1.128/26	西雅图分公司	192.168.1.128/26	子网的网络地址
		192.168.1.129/26	子网中第一个合法的主机 ID
		192.168.1.190/26	子网中最后一个合法的主机 ID
		192.168.1.191/26	子网的广播地址

表 1–9 子网 192.168.1.192/27

子 网	部 门	主 机	意 义
192.168.1.192/27	广州分公司	192.168.1.192/27	子网的网络地址
		192.168.1.193/27	子网中第一个合法的主机 ID
		192.168.1.222/27	子网中最后一个合法的主机 ID
		192.168.1.223/27	子网的广播地址

表 1–10 链路子网 A～C

子 网	部 门	主 机	意 义
192.168.1.224/30	链路子网 A	192.168.1.224/30	子网的网络地址
		192.168.1.225/30	子网中第一个合法的主机 ID
		192.168.1.226/30	子网中最后一个合法的主机 ID
		192.168.1.227/30	子网的广播地址
192.168.1.228/30	链路子网 B	192.168.1.228/30	子网的网络地址
		192.168.1.229/30	子网中第一个合法的主机 ID
		192.168.1.230/30	子网中最后一个合法的主机 ID
		192.168.1.231/30	子网的广播地址
192.168.1.232/30	链路子网 C	192.168.1.232/30	子网的网络地址
		192.168.1.233/30	子网中第一个合法的主机 ID
		192.168.1.234/30	子网中最后一个合法的主机 ID
		192.168.1.235/30	子网的广播地址

（4）经以上计算，该公司 3 个部门的 IP 地址规划如图 1–47 所示。

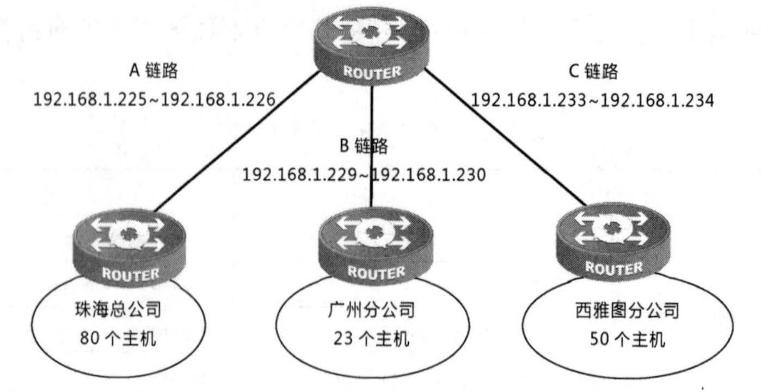

图 1-47　公司网络 IP 地址规划图

拓展与提高

VLSM 的定义

VLSM 即可变长子网掩码，是为了解决在一个网络系统中使用多种层次子网化 IP 地址的问题而发展起来的。这种策略只能在所用的路由协议都支持该策略的情况下才能使用，例如开放式最短路径优先路由选择协议（OSPF）和增强内部网关路由选择协议（EIGRP）。RIPV1 版本由于出现早于 VLSM 而无法支持，RIPV2 版本则可以支持 VLSM。

VLSM 允许一个组织在同一个网络地址空间中使用多个子网掩码。利用 VLSM 可以实现“把子网继续划分为子网”功能，使寻址效率达到最高。

思考与练习

某集团公司给下属子公司甲分配了一段 IP 地址 192.168.5.0/24，现在甲公司有 2 层办公楼（1 楼和 2 楼），统一从 1 楼的路由器接入公网。1 楼有 100 台计算机联网，2 楼有 53 台计算机联网。如果你是该公司的网管，你该怎么去规划这个 IP 地址段？

思路：

（1）在划分子网时优先考虑最大主机数来划分。101 个可用 IP 地址，那就要保证至少 7 位的主机位可用（$2^m-2\geqslant101$，m 的最小值为 7）。如果保留 7 位主机位，就只能划出两个网段，剩下的一个网段就划不出来了。但是我们剩下的一个网段只需要 2 个 IP 地址并且 2 楼的网段只需要 54 个可用 IP，因此，我们可以从第一次划出的两个网段中选择一个网段来继续划分 2 楼的网段和路由器互连使用的网段。

（2）网络拓扑结构如图 1-48 所示。

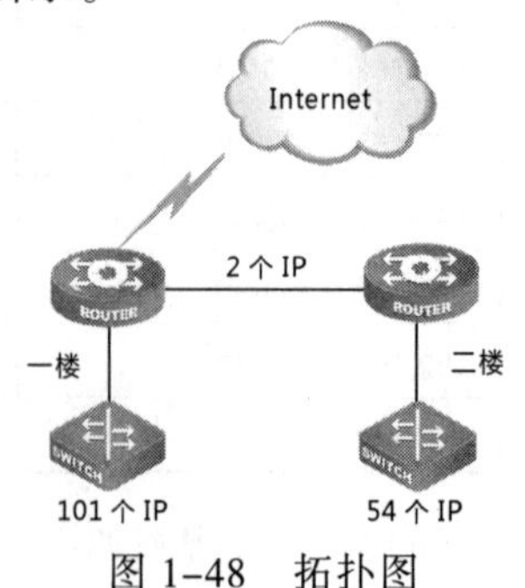

图 1-48　拓扑图

完成标准如表 1-11 所示。

表 1-11 某集团公司 IP 地址划分

子 网	网 络 地 址	有 效 IP	广 播 地 址
1 楼	192.168.5.0/25	192.168.5.1/25～192.168.5.126/25	192.168.5.127/25
2 楼	192.168.5.128/26	192.168.5.129/26～192.168.5.190/26	192.168.5.191/26
链路	192.168.5.192/30	192.168.5.193/30～192.168.5.194/30	192.168.5.195/30

项目实训 某公司基础网络建设

项目描述

某公司拟新建公司办公网络，从 ISP 处获得一段 C 类地址块 192.168.10.0/24，试根据图 1-49 中描述的信息对该公司网络进行适当的网络地址规划。制作网线连接子网 A 中的 PC1 和 PC2，安装适当的协议，配置相应的 IP 地址信息，进行必要的测试，使 PC1 能访问 PC2 中的共享文件夹。

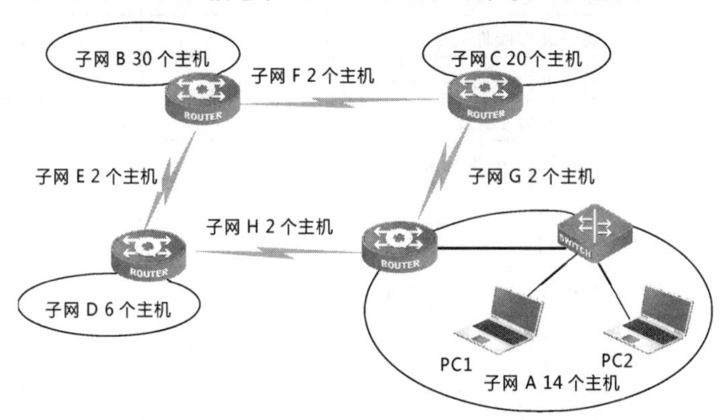

图 1-49 网络拓扑图

项目要求

根据拓扑图完成各子网的 IP 地址计算与子网划分。完成所需网线的制作，并按拓扑连接网络设备。公司 IP 地址规划如表 1-12 所示。

表 1-12 某公司 IP 地址规划

子 网	网 络 地 址	有 效 IP	广 播 地 址
A 子网	192.168.10.16/28	略	略
B 子网	192.168.10.32/27		
C 子网	192.168.10.64/27		
D 子网	192.168.10.8/29		
E 子网	192.168.10.96/30		
F 子网	192.168.10.100/30		
G 子网	192.168.10.104/30		
H 子网	192.168.10.108/30		

项目提示

完成本项目需熟练网线的制作，熟记 T568A/T568B 标准的线序。在 IP 地址的计算与划分部分应掌握好十进制与二进制之间的熟练转换，另外，对于子网划分这部分知识点要熟练掌握与灵活运用。

项目评价

根据实际情况填写项目实训评价表。

项目实训评价表

<table>
<tr><th rowspan="2"></th><th colspan="2">内　　容</th><th colspan="3">评　价（等级）</th></tr>
<tr><th>学习目标</th><th>评价项目</th><th>3</th><th>2</th><th>1</th></tr>
<tr><td rowspan="15">职业能力</td><td rowspan="3">网线制作</td><td>能掌握 T568A/T568B 标准线序</td><td rowspan="3"></td><td rowspan="3"></td><td rowspan="3"></td></tr>
<tr><td>水晶头安装正确牢固</td></tr>
<tr><td>能够独立完成网线测试</td></tr>
<tr><td rowspan="2">网卡安装</td><td>能够进行硬件安装</td><td rowspan="2"></td><td rowspan="2"></td><td rowspan="2"></td></tr>
<tr><td>能够进行驱动程序安装</td></tr>
<tr><td rowspan="3">TCP/IP 相关设置</td><td>能够安装 TCP/IP</td><td rowspan="3"></td><td rowspan="3"></td><td rowspan="3"></td></tr>
<tr><td>能够设置 IP 地址等信息</td></tr>
<tr><td>能够使用命令初步排查链接故障</td></tr>
<tr><td rowspan="6">IP 子网规划</td><td>二进制与十进制转换</td><td rowspan="6"></td><td rowspan="6"></td><td rowspan="6"></td></tr>
<tr><td>确定各子网的主机数量</td></tr>
<tr><td>确定每个子网的大小</td></tr>
<tr><td>子网掩码计算</td></tr>
<tr><td>确定子网 ID</td></tr>
<tr><td>计算每个子网确定主机的合法地址范围</td></tr>
<tr><td rowspan="8">通用能力</td><td colspan="2">交流表达能力</td><td></td><td></td><td></td></tr>
<tr><td colspan="2">与人合作能力</td><td></td><td></td><td></td></tr>
<tr><td colspan="2">沟通能力</td><td></td><td></td><td></td></tr>
<tr><td colspan="2">组织能力</td><td></td><td></td><td></td></tr>
<tr><td colspan="2">活动能力</td><td></td><td></td><td></td></tr>
<tr><td colspan="2">解决问题的能力</td><td></td><td></td><td></td></tr>
<tr><td colspan="2">自我提高的能力</td><td></td><td></td><td></td></tr>
<tr><td colspan="2">革新、创新的能力</td><td></td><td></td><td></td></tr>
<tr><td colspan="3">综合评价</td><td colspan="3"></td></tr>
</table>

项目二 运用交换机构建小型企业网络

交换机是网络的核心设备之一，它是一种基于物理地址识别，并能完成封装转发数据包功能的网络设备。交换机可以让不同地理位置的不同部门之间进行协同办公，以实现智能化和信息化的办公网络系统资源共享，极大地提高了部门间的工作效率，使办公变得更加便捷和轻松。本项目主要讲解了通过配置二层交换机和三层交换机来构建小型企业网络，实现办公网络化。

能力目标

通过本项目的学习，掌握交换机的基本管理方式；掌握交换机的几种配置模式和基本配置命令；学会划分 VLAN 实现不同部门之间网络隔离和相同部门计算机互访；学会处理因交换机环路而引起死机现象；熟悉链路聚合增加交换机之间带宽配置；利用三层交换机实现不同部门之间网络互访；理解二层和三层交换的区别和联系；理解三层交换机和路由器的区别。

应会内容

- 通过带外方式对交换进行管理
- 交换机基本配置命令
- 跨交换机实现相同 VLAN 互访
- 链路聚合增加交换机之间带宽
- 二层和三层交换的区别和联系
- 交换机配置模式
- 交换机端口划分 VLAN
- 配置生成树协议防止环路
- 三层交换机不同 VLAN 路由通信
- 配置 VRRP 提高网络稳定性

应知内容

- 带内管理交换机
- 交换机文件备份和还原
- 三层交换机与路由器的区别
- 基于 MAC 地址划分 VLAN
- 多生成树协议 MSTP
- 默认路由和静态路由

2-1　CRT 软件的安装

2-3　VLAN 技术基础

2-4　跨交换机相同 VLAN 间通信

2-7　生成树的概念及 STP 技术应用

任务一　交换机管理方式

任务描述

因公司业务发展需求，需要购买1台交换机扩展现有网络。根据公司网络规划，网络管理员将刚买回来的新交换机配置后投入使用。

任务分析

当第一次配置交换机时，该网络管理员需要通过交换机的 Console 口进行配置。在交换机上有一个 Console 口，可以从交换机端口标识中看到。

所需设备：

（1）S4600-28P-SI 或 DCRS-5650-28 交换机 1 台。

（2）PC 1 台（装有 SecureCRT 软件）。

（3）Console 配置线一根。

实验拓扑（见图 2-1）：

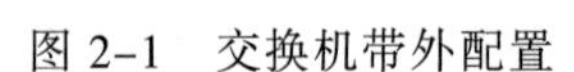

图 2-1　交换机带外配置

任务实施

步骤一：安装 SecureCRT 软件。

因为 Windows 7 系统没有自带的超级终端，加上企业的网络工程师更喜欢使用 SecureCRT 软件进行配置网络设备，所以这里使用 SecureCRT 软件进行介绍。SecureCRT 软件可以去官方网站（https:// www.vandyke.com/）下载，下载时需要填写邮箱等相关信息，软件有 30 天的试用期，无须注册。

（1）双击下载的 scrt_sfx-x64.8.7.1.2171.exe 安装文件，进入欢迎安装界面，单击“Next”按钮，如图 2-2 所示。

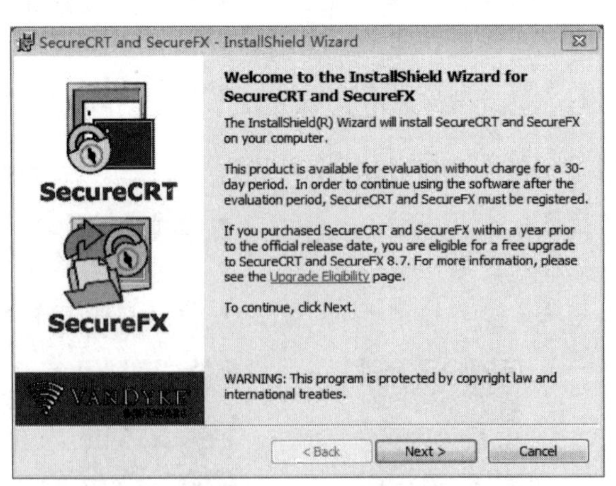

图 2-2　SecureCRT 欢迎安装界面

（2）进入安装许可协议界面，选择“I accept the terms in the license agreement”单选按钮接受安装许可协议，单击“Next”按钮进入安装路径设置界面，如图 2-3 所示。

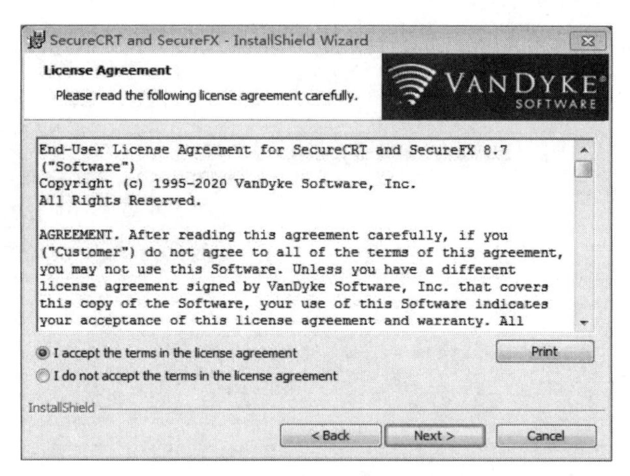

图 2-3　安装许可协议界面

（3）进入到“Select Profile Options”界面，选择“Common profile (affects all users)”单选按钮，单击“Next”按钮，如图 2-4 所示。

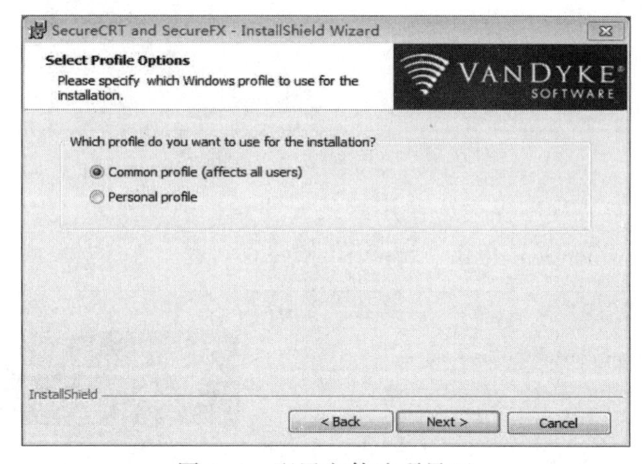

图 2-4　配置文件选项界面

（4）进入到“Select Type”界面，选择“Complete”单选按钮，单击“Next”按钮，如图 2-5 所示。

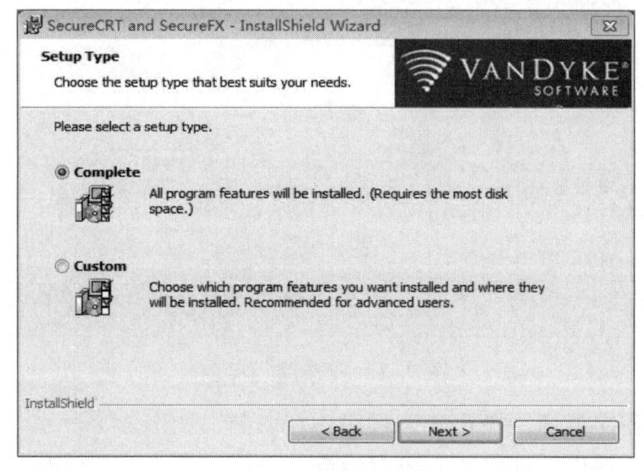

图 2-5　安装类型界面

（5）进入到“Select Application Icon Options”界面，选中两个复选框，单击“Next”按钮，如图2-6所示。

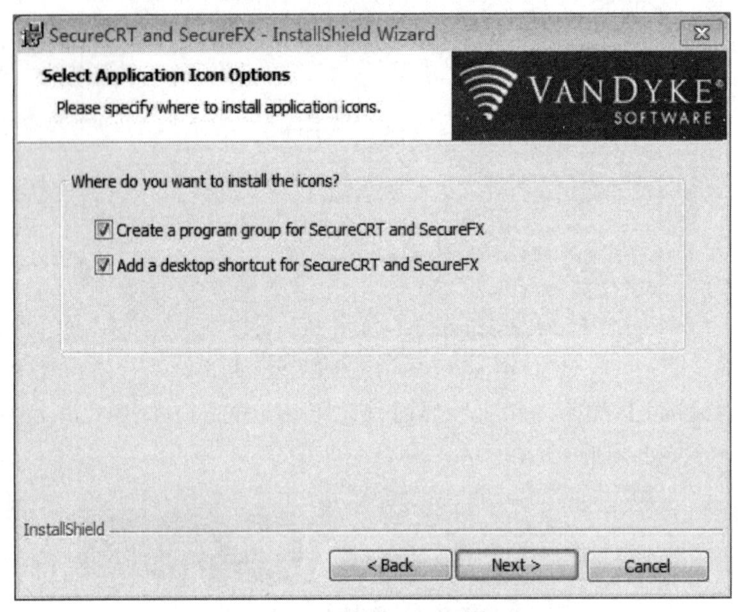

图2-6　应用程序图标操作界面

（6）进入到准备安装程序界面，使用默认安装路径进行安装，安装路径为“C:\Program Files\VanDyke Software\Clients”。单击“Install”按钮直到进入正式安装界面，如图2-7所示。

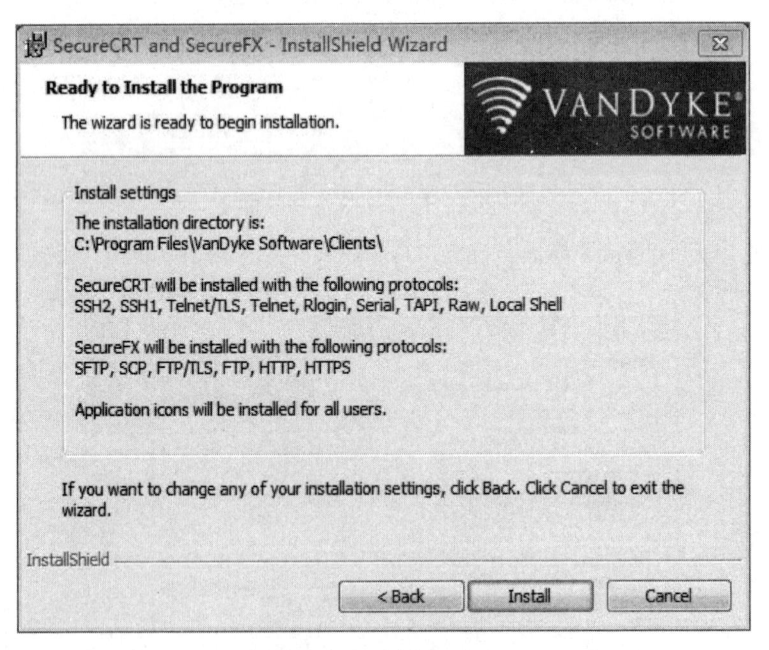

图2-7　安装路径界面

（7）进入到安装程序界面，提示安装程序正在安装，如图2-8所示。

（8）安装完成后会弹出软件安装完成对话框，单击“Finish”按钮，如图2-9所示。

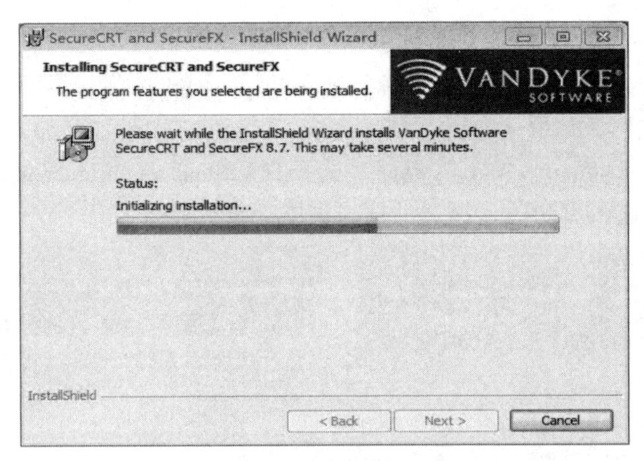

图 2-8　正在安装界面

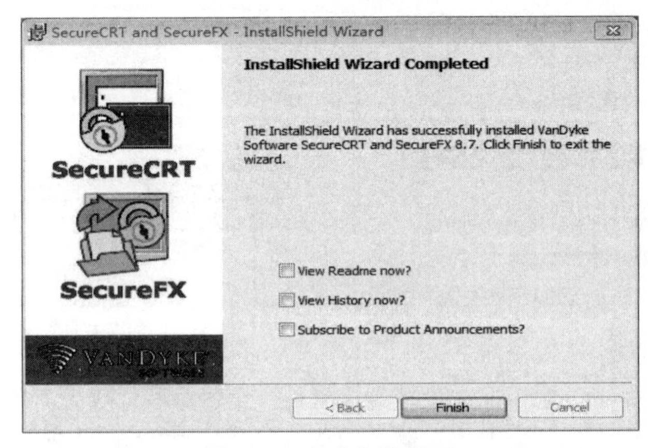

图 2-9　完成安装界面

步骤二：连接 Console 线。

拔插 Console 口线时注意保护交换机的 Console 口和 PC 的串口，最好不要带电拔插。

查看系统所使用的端口号。默认设置是连接在“COM1”口上，如果是通过 USB 转 COM 进行连接的，还需要在 PC 的“设备管理器”窗口上，通过端口（COM 和 LPT）查看是哪一个 COM 口，如图 2-10 所示。

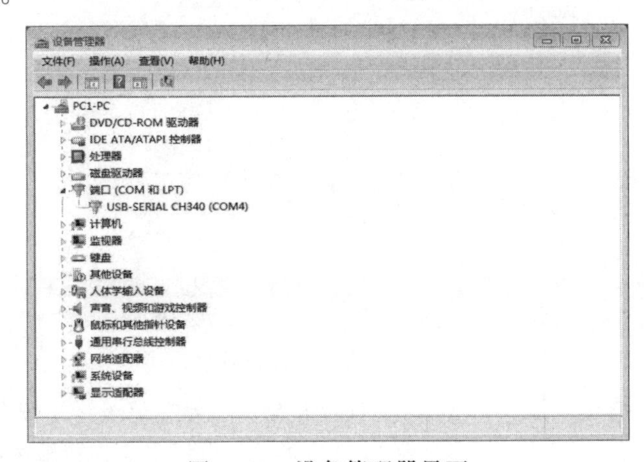

图 2-10　设备管理器界面

步骤三：使用 SecureCRT 进入交换机。

（1）双击桌面上的“SecureFX8.7”图标，进入 SecureCRT 的注册界面，这里选择“I Agree”按钮，同意 30 天的试用，如图 2-11 所示。

（2）进入“Encrypt sensitive data”界面，选择“Without a configuration passphrase”单选按钮，单击“OK”按钮进入到快速连接对话框，如图 2-12 所示。

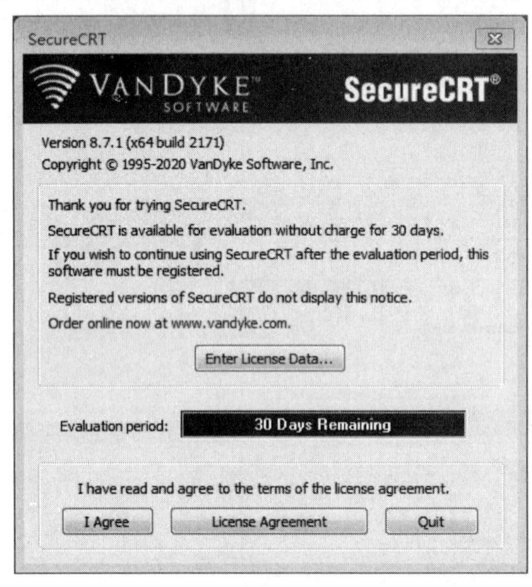

图 2-11　接受 30 天试用界面

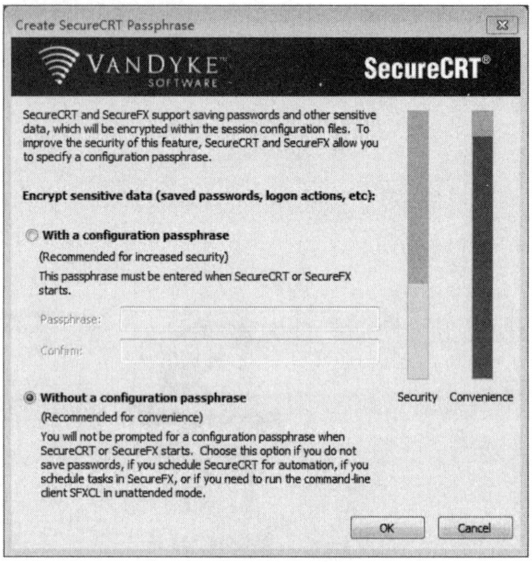

图 2-12　设置是否需要密码界面

（3）在“Quick Connect”对话框中设置端口属性。设置每秒位数为“9600”，数据位为“8”，奇偶校验“无”，停止位“1”，数据流控制“XON/XOFF”，如图 2-13 所示。

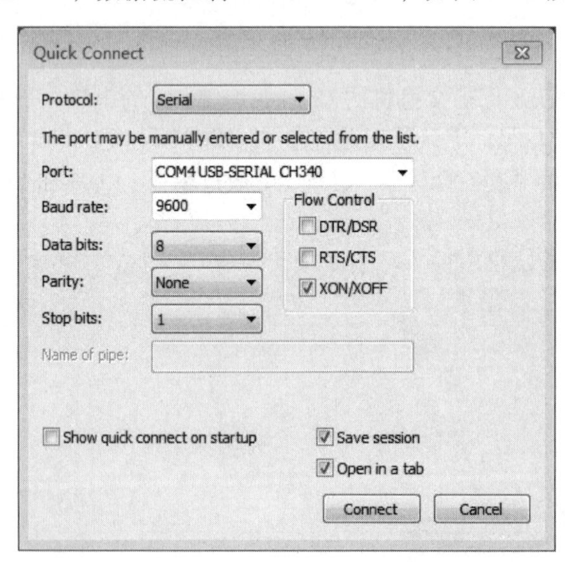

图 2-13　连接串行接口和设置接口属性

（4）如果 PC 串口与交换机的 Console 口连接正确，只要在超级终端按【Enter】键，将会弹出图 2-14 所示窗口，表示已经进入了交换机，此时已经可以对交换机输入指令进行查看。

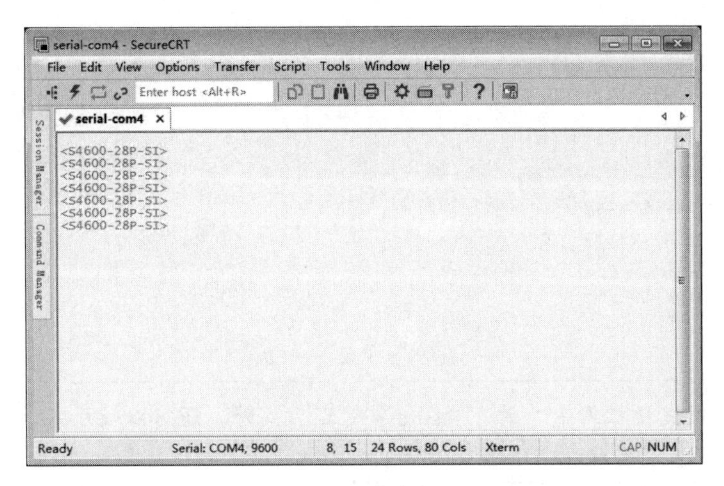

图 2-14　交换机命令行 CLI 界面

（5）此时，用户已经成功进入交换机的配置界面，可以对交换机进行必要的配置。使用 show version 命令可以查看交换机的软硬件版本信息，如图 2-15 所示。

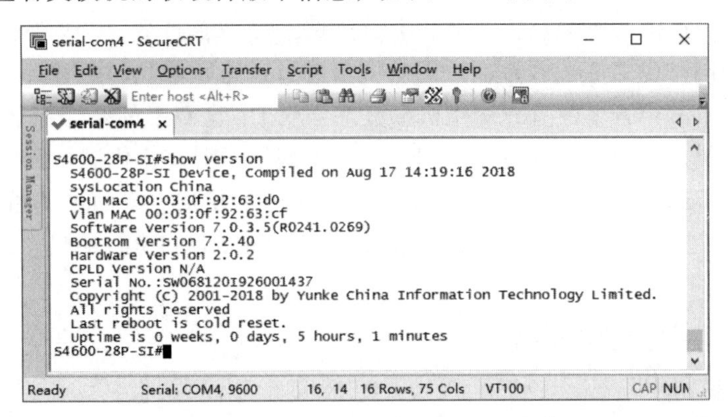

图 2-15　show version 命令显示版本信息

（6）使用 show running-config 命令查看当前配置。

```
S4600-28P-SI>enable                    !进入特权配置模式
S4600-28P-SI#show running-config       !显示交换机的配置信息
current configuration
no service password-encryption
!
hostname S4600-28P-SI
sysLocation China
sysContact 400-810-9119
!

!
hostname S4600-28P-SI
!
!
vlan 1
!
```

```
!
interface ethernet1/0/1
!
interface ethernet1/0/2
!
interface ethernet1/0/3
!
......
```

小贴士

除了首次进入交换机用带外的 Console 口管理方式外，还可以使用基于带内的 Telnet、Web、SNMP 方式管理交换机。

相关知识与技能

（1）默认交换机的所有端口属于 VLAN1。

（2）交换机的传输模式有全双工、半双工、全双工/半双工自适应。交换机的全双工是指交换机在发送数据的同时也能够接收数据，两者同步进行，这好像我们平时打电话一样，说话的同时也能够听到对方的声音。目前的交换机都支持全双工。全双工的好处在于迟延小、速度快。

（3）网管交换机上都有一个 Console 口，它是专门用于对交换机进行配置和管理的端口。配置 PC 通过 Console 口和交换机连接，配置和管理网管交换机。Console 口的类型绝大多数是采用 RJ-45 端口，需要通过专门的 Console 线连接到配置 PC 的串口上，使配置 PC 成为超级终端。

（4）show 命令简介：

- show vers：查看交换机的版本信息。
- show running-config：查看交换机的配置信息。

拓展与提高

当用带外的管理方式进入交换机配置后，可以用基于带内的 Telnet、Web、SNMP 方式管理交换机。

动动手：使用 Telnet 方式管理交换机。

所需设备：在任务一所需设备的基础上，还需 1 根直通双绞线。

实验拓扑：在任务一的基础上，把增加的直通双绞线一头连接在交换机的端口 24 上，另一头连接在计算机的网卡接口上，如图 2-16 所示。

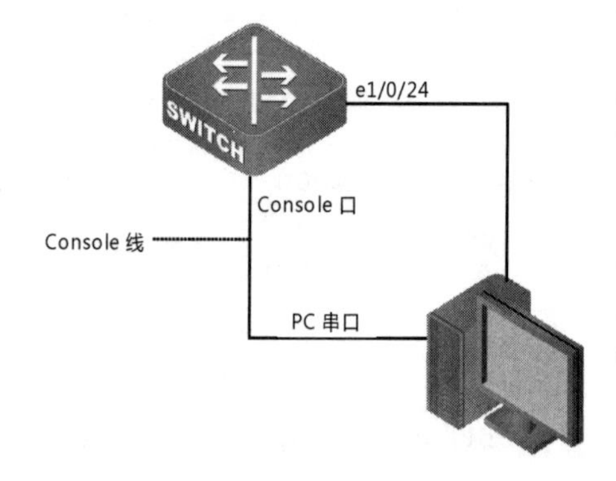

图 2-16　Telnet 方式管理交换机

工作过程：

步骤一：设置 PC 网卡的 IP 地址为 192.168.1.101/24，子网掩码为 255.255.255.0。

步骤二：交换机恢复出厂设置，设置正确的时钟和名称。

```
S4600-28P-SI#set default                        !恢复出厂设置
Are you sure ? [Y/N]=y
S4600-28P-SI#write                              !保存配置
S4600-28P-SI#reload                             !重启交换机
Process with reboot ?[Y/N]y                     !输入“y”
S4600-28P-SI#clock set 15:29:50 2010.01.16      !设置交换机系统时钟
S4600-28P-SI#                                   !交换机特权模式
S4600-28P-SI#config                             !进入交换机全局模式
S4600-28P-SI(config)#hostname SWITCH-A          !交换机命名为 SWITCH-A
SWITCH-A(config)#exit
```

步骤三：设置交换机的管理地址。

```
SWITCH-A#config
SWITCH-A(config)#interface vlan 1               !进入 VLAN1 的接口
SWITCH-A(Config-if-Vlan1)#ip address 192.168.1.100  255.255.255.0
                                                !配置 VLAN1 的 IP 地址
SWITCH-A(Config-if-Vlan1)#no shutdown           !开启该接口
SWITCH-A(Config-if-Vlan1)#exit
```

小贴士

命令“no shutdown”用于开启交换机某端口，当配置了接口，还需要启用端口才能生效，与之对应关闭端口的命令为“shutdown”。

步骤四：为交换机设置授权 Telnet 用户。

```
SWITCH-A#config
SWITCH-A(config)#telnet-user admin password 0 digital
                              !设置 Telnet 用户名和密码，并且密码不加密
SWITCH-A(config)#exit
SWITCH-A#
```

小贴士

（1）命令“telnet-user admin password 0 digital”中，数字“0”表示密码不加密显示，如果更改为数字“7”，表示密码加密。“admin”为用户名，“digital”为密码，密码只能是1～8个字符。

（2）删除一个 Telnet 用户，可以在 config 模式下使用 no telnet-user 命令。

（3）命令“telnet-server enable”为打开交换机的 Telnet 服务器，该命令只能在 console 下使用，管理员使用本命令允许或者拒绝 Telnet 客户端登录到交换机。本命令的 no 操作为关闭交换机的 Telnet 服务器功能。系统默认打开 Telnet 服务器功能。注意本条命令是在 DCRS-5650-28 系列下操作实现的，至于其他系列请读者尝试。

（4）命令“telnet-server securityip”配置交换机作为 Telnet 服务器允许登录的 Telnet 客户端的安全 IP 地址，本命令的 no 操作为删除指定的 Telnet 客户端的安全 IP 地址。注意本条命令是在 DCRS-5650-28 系列下操作实现的，至于其他系列请读者尝试。

步骤五：验证主机与交换机是否连通。

```
SWITCH-A#ping 192.168.1.101
Type ^c to abort.
Sending 5 56-byte ICMP Echos to 192.168.1.101, timeout is 2 seconds
```

```
!!!!!
Success rate is 100 percent (5/5), round-trip min/avg/max = 1/1/1ms
SWITCH-A#
!5个感叹号表示5个包都ping通了，如图2-17所示
```

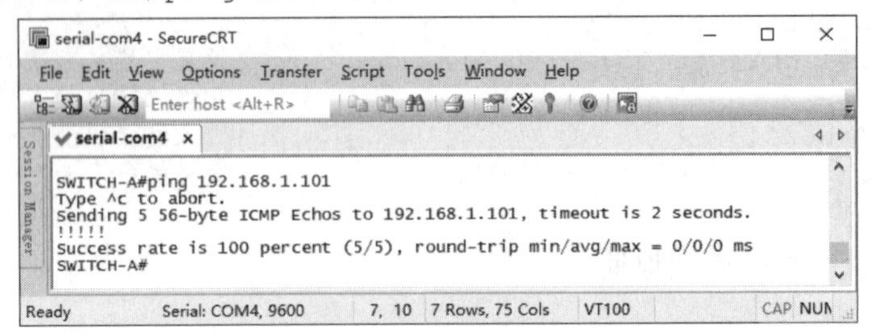

图 2-17　ping 测试

步骤六：使用 Telnet 方式登录。

因为 Windows 7 系统默认没有安装 Telnet，所以这里需要安装 Telnet 命令。打开“控制面板”窗口，选择“程序”→“程序和功能”，在弹出窗口中选择“打开或关闭 Windows 功能”，弹出“Windows 功能”对话框，选择“Telnet 客户端”，单击“确定”按钮，完成 Telnet 客户端的安装，如图 2-18 所示。

选择“开始”→“运行”命令，在弹出的窗口输入“telnet 192.168.1.100”，如图 2-19 所示。单击“确定”按钮后，进入“Telnet 192.168.1.100”窗口，输入用户名和密码，如图 2-20 所示，并按【Enter】键确定。

图 2-18　安装 Telnet 客户端

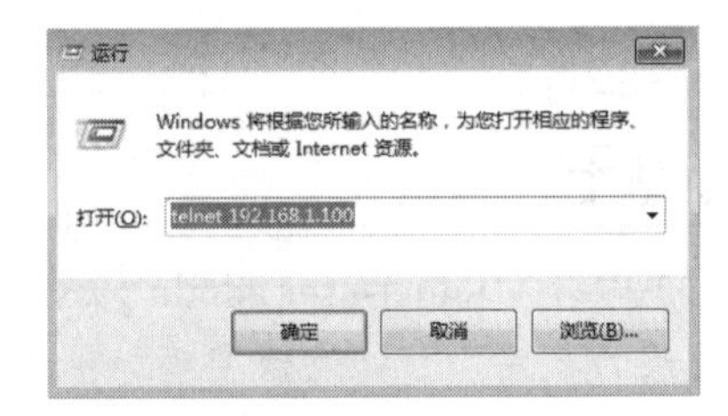

图 2-19　运行 Telnet 命令

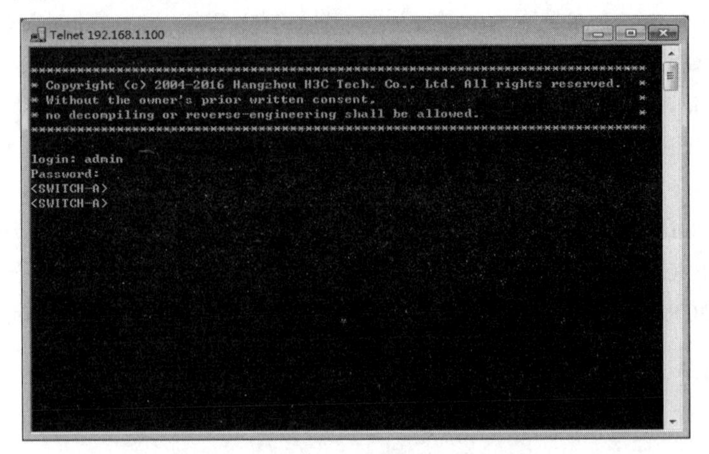

图 2-20　Telnet 方式管理交换机

思考与练习

（1）熟悉常用 show 命令。

```
show version                  !显示交换机版本信息
show flash                    !显示保存在 flash 中的文件及大小
show arp                      !显示 ARP 映射表
show history                  !显示用户最近输入的历史记录
show rom                      !显示启动文件及大小
show running-config           !显示当前运行状态下生效的交换机参数配置
show starting-config          !显示当前运行状态下写在 flash Memory 中的交换机参数配置，
                               通常也是交换机下次上电启动时所用的配置文件
show interface ethernet 1/0/1  !显示交换机端口信息
```

（2）现在很多笔记本式计算机没有串口，应该怎么使用交换机的带外管理呢？

（3）命令“telnet-user admin password 0 digital”中，数字“0”如果更改为数字“7”，会是什么现象？

（4）设置交换机的管理地址为 192.168.1.1，255.255.255.0。

（5）删除 admin 用户（不准使用 set default 命令）。

任务二　交换机基本配置

任务描述

某公司的网络管理员通过 console 口进入交换机后，准备实施对交换机进行基本设置。

任务分析

当交换机有一些没用的设置时，需要清空配置，恢复到刚刚出厂的状态，让交换机的配置成为一张白纸，这样就能按照自己的思路进行基本配置，也能更清楚地了解配置是否生效、是否正确。本次任务包括交换机几种配置模式的进入与退出、进入特权模式密码、交换机命名、清空交换机配置、利用“?”帮助命令、日期时钟配置、查看 flash 内容等。

所需设备：

（1）S4600-28P-SI 或 DCRS-5650-28 交换机 1 台。

（2）PC 1 台（装有 SecureCRT 软件）。

（3）Console 线一根。

实验拓扑（见图 2-21）：

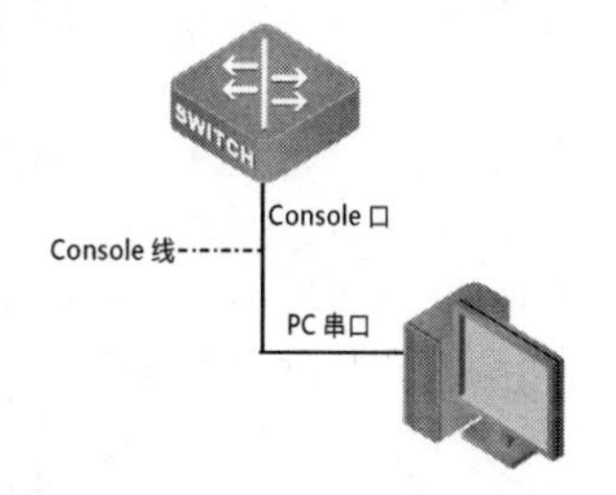

图 2-21　交换机基本配置

任务实施

步骤一：为交换机设置 enable 密码。

```
S4600-28P-SI>enable
S4600-28P-SI#config                                  !进入全局配置模式
S4600-28P-SI(config)#enable password level admin     !配置 admin 级别密码
```

```
Current password:                          !原密码为空，直接按【Enter】键
New password:*****                         !输入密码
Confirm new password:*****                 !重新输入确定
S4600-28P-SI(config)#exit
S4600-28P-SI#write
```

步骤二：清空交换机的配置。

```
S4600-28P-SI>enable                        !进入特权配置模式
S4600-28P-SI#set default                   !恢复出厂设置
Are you sure?[Y/N] = y
S4600-28P-SI#write
S4600-28P-SI#reload                        !重启交换机
Process with reboot? [Y/N]y
```

步骤三：使用 show flash 命令查看配置文件。

```
S4600-28P-SI#show flash
file name            file length
nos.img             1720035 bytes          !交换机软件系统
startup-config         0 bytes             !启动配置文件
running-config       783 bytes             !当前配置文件
S4600-28P-SI#
```

步骤四：设置交换机系统日期和时钟。

```
S4600-28P-SI#clock set ?                   !使用"?"查询命令格式
<HH:MM:SS>       --Time
S4600-28P-SI#clock set 15:29:50            !配置当前时间
Current time is MON JAN 01 15:29:50 2010   ! 配置完即有显示
S4600-28P-SI#clock set 15:29:50 ?          !使用"?"查询，原来命令没有结束
<YYYY:MM:DD>    --Date <year:2000-2035>
S4600-28P-SI# clock set 15:29:50 2010.01.16  !配置当前年月日
```

步骤五：设置交换机名称。

```
S4600-28P-SI(config)#hostname SWITCH-A     !配置交换机名称
```

步骤六：配置显示的帮助信息的语言类型。

```
SWITCH-A#language ?                        !使用"?"查询帮助信息的语言类型
chinese            --Chinese
english            -- English
SWITCH-A#language chinese                  !设置帮助信息语言类型为中文
SWITCH-A#language ?                        !验证查询帮助信息的语言类型
chinese            --汉语
english            --英语
```

步骤七：配置端口带宽限制。

```
SWITCH-A(Config-If-Ethernet1/0/1)#speed-duplex  ?
  auto             自协商
  force10-full     10 兆全双工
  force10-half     10 兆半双工
  force100-full    100 兆全双工
  force100-half    100 兆半双工
  force1g-full     1000 兆全双工
```

```
  force1g-half   1000 兆半双工
SWITCH-A(Config-If-Ethernet1/0/1)#speed-duplex  force100-full
SWITCH-A(Config-If-Ethernet1/0/1)#exit
SWITCH-A(config)#
```

步骤八：管理 MAC 地址表。

```
SWITCH-A#show mac-address-table
Read mac address table....
Vlan Mac Address               Type    Creator   Ports
------------------------------------------------------------------------
1    00-03-0f-26-68-35         STATIC  cluster  CPU
1    a4-1f-72-85-97-54         DYNAMIC Hardware Ethernet1/0/3
```

相关知识与技能

（1）交换机出厂第一次启动，进入“setup configuration”界面，用户可以选择进入 setup 模式或者跳过 setup 模式。键入“y”，按【Enter】键就会进入 setup 模式。

用户在进入主菜单之前，会提示用户选择配置界面的语言种类，对英文不是很熟悉的用户可以选择“1”，进入中文提示的配置界面。选择“0”则进入英文提示的配置界面。

```
Please select language
[0]:English
[1]:中文
Selection(0|1) [0]:
```

具有中文提示的配置界面是神州数码网络产品本土化的重要特色。

（2）为了对网络进行有效的保护，允许用户以不同的身份登录交换机进行配置，允许对不同的身份设置不同的密码，不同的身份在配置交换机时有不同的权限。目前神州数码的交换机可以设置 visitor 和 admin 两种身份。

visitor 登录身份的配置权限有：绝大部分 show、ping、traceroute、clear 等命令，该身份无法进入 config 模式。admin 登录身份的配置权限支持所有的命令。

进入特权模式命令：enable [level {visitor|admin} [<password>]]用来指定身份及密码登录交换机。设置登录身份的相关密码：enable password level {visitor|admin}指定登录配置模式的密码。

（3）交换机的配置模式。

① 用户模式：用户进入 CLI 界面，首先进入的就是一般用户配置模式，提示符为“S4600-28P-SI>”，符号“>”为一般用户配置模式的提示符。当用户从特权用户配置模式使用命令 exit 退出时，可以回到一般用户配置模式。用户在一般用户配置模式下不能对交换机进行任何配置，只能查询交换机基本信息。

② 特权模式：在一般用户配置模式使用 enable 命令，如果已经配置了进入特权用户的口令，则输入相应的特权用户口令，即可进入特权用户配置模式“S4600-28P-SI#”。当用户从全局配置模式使用 exit 退出时，也可以回到特权用户配置模式。

在特权用户配置模式下，用户可以查询交换机配置信息、各个端口的连接情况、收发数据统计等。而且进入特权用户配置模式后，可以用全局配置模式对交换机的各项配置进行修改，因此进行特权用户配置模式必须要设置特权用户口令，防止非特权用户的非法使用、对交换机配置进行恶意修改，造成不必要的损失。

③ 全局模式：进入特权用户配置模式后，只需使用命令 config，即可进入全局配置模式“S4600-28P-SI(config)#”。当用户在其他配置模式，如接口配置模式、VLAN 配置模式时，可以使用命令 exit 退回到全局配置模式。

（4）交换机 CLI 的一些其他使用方式。

① CLI 快捷键。【BackSpace】键删除光标所在位置的前一个字符，上光标键【↑】显示上一个输入命令，最多可显示最近输入的十个命令；下光标键【↓】显示下一个输入命令。当使用上光标键回溯到以前输入的命令时，也可以使用下光标键后退。左光标键【←】为光标向左移动一个位置，右光标键【→】为光标向右移动一个位置，左右键的配合使用，可对已输入的命令做覆盖修改。

- 【Ctrl+Z】组合键从其他配置模式（一般用户配置模式除外）直接退回到特权用户模式。
- 【Ctrl+C】组合键打断交换机 ping 或其他正在执行的命令进程。
- 当输入的字符串可以无冲突地表示命令或关键字时，可以使用【Tab】键将其补充成完整的命令或关键字。
- //执行上一级目录的命令。
- //执行上上一级目录的命令。

② CLI 帮助功能。在任一命令模式下，输入“？”，获取该命令模式下的所有命令及其简单描述。在命令的关键字后，输入以空格分隔的“？”，若该位置是参数，会输出该参数类型、范围等描述；若该位置是关键字，则列出关键字的集合及其简单描述；若输出“<cr>”，则此命令已输入完整，在该处按【Enter】键即可。在字符串后紧接着输入“？”，会列出以该字符串开头的所有命令。

③ CLI 对输入的检查。通过键盘输入的所有命令都要经过 shell 检查，正确地输入命令，且执行成功，不会显示任何信息。

④ 常见错误返回信息。

- `Unrecognized command or illegal parameter!`

命令不存在，或者参数的范围、类型、格式有错误。

- `Ambiguous command`

根据已有输入可以产生至少两种不同的解释。

- `Invalid command or parameter`

命令解析成功，但没有任何有效的参数记录。

- `This command is not exist in current  mode`

命令可解析，但当前模式下不能配置该命令。

⑤ CLI 支持不完全匹配。绝大部分交换机的 Shell 支持不完全匹配的搜索命令和关键字，当输入无冲突的命令或关键字时，Shell 就会正确解析。

例如：对特权用户配置命令“show interface ethernet 1”，只要输入“shin e 1”即可。

拓展与提高

（1）copy（FTP）命令详解。

命令：copy <source-url> <destinatione-url> [ascii|binary]

功能：FTP 客户机上下载文件。

参数：<source-url>为被复制的源文件或者目录的位置，<destinatione-url>为文件或者目录所要复制到的目的地址，<source-url>和<destinatione-url>的具体形式是随着文件或者目录位置的不同而变化的。ascii 表示文件传输使用 ASCII 标准，binary 表示文件传输使用二进制标准（默认传输方式），当 URL 是 FTP 地址，其格式为：ftp://<username>:<password>@<ipaddress>/<filename>，其中<username>为 FTP 用户名，<password>为 FTP 用户口令，<ipaddress>为 FTP 服务器/客户机的 IP 地址，<filename>为 FTP 上下载文件名。

举例：

① 存储 FLASH 内的映像到 FTP 服务器 10.1.1.1，FTP 服务器的登录用户名为 switch，密码为 digitalchina。

```
S4600-28P-SI#copy nos.img ftp://switch:digitalchina@10.1.1.1/nos.img
```

② 从 FTP 服务器 10.1.1.1 上得到系统文件 nos.img，用户名为 switch，密码为 digitalchina。

```
S4600-28P-SI#copy ftp://switch:digitalchina@10.1.1.1/nos.img nos.img
```

③ 从 FTP 服务器 10.1.1.1 上得到系统文件 nos.img，用户名为 switch，密码为 digitalchina，然后对堆叠模式下的 slave 交换机进行整体升级。

```
S4600-28P-SI#copy ftp://switch:digitalchina@10.1.1.1/nos.img stacking/nos.img
```

④ 保存运行配置文件。

```
S4600-28P-SI#copy running-config start-config
```

（2）copy（TFTP）命令详解。

命令：copy <source-url> <destinatione-url> [ascii|binary]

功能：TFTP 客户机上下载文件。

参数：<source-url>为被复制的源文件或者目录的位置，<destinatione-url>为文件或者目录所要复制到的目的地址，<source-url>和<destinatione-url>的具体形式是随着文件或者目录位置的不同而变化的。ascii 表示文件传输使用 ASCII 标准，binary 表示文件传输使用二进制标准（默认传输方式），当 URL 是 TFTP 地址，其格式为 tftp://<ipaddress>/<filename>，其中<ipaddress>为 TFTP 服务器/客户机的 IP 地址，<filename>为 TFTP 上下载文件名。

举例：

① 存储 FLASH 内的映像到 TFTP 服务器 10.1.1.1。

```
S4600-28P-SI#copy nos.img tftp://10.1.1.1/nos.img
```

② 从 TFTP 服务器 10.1.1.1 上得到系统文件 nos.img。

```
S4600-28P-SI#copy tftp://10.1.1.1/nos.img nos.img
```

③ 从 TFTP 服务器 10.1.1.1 上得到系统文件 nos.img，然后对堆叠模式下的 slave 交换机进行整体升级。

```
S4600-28P-SI#copy tftp://10.1.1.1/nos.img stacking/nos.img
```

动动手：交换机文件的备份。

所需设备：

（1）S4600-28P-SI 交换机 1 台。

（2）PC 1 台、tftp server 1 台（1 台 PC 也可以，既作为调试机又作为 TFTP 服务器）。

（3）Console 线一根。

（4）直通线 1 根。

实验拓扑（见图 2-22）：

工作过程：

（1）PC 和交换机的 24 口用网线连接。

（2）交换机的管理 IP 地址为 192.168.1.100/24。

（3）PC 网卡的 IP 地址为 192.168.1.101/24。

步骤一： 配置 TFTP 服务器（见图 2-23）。

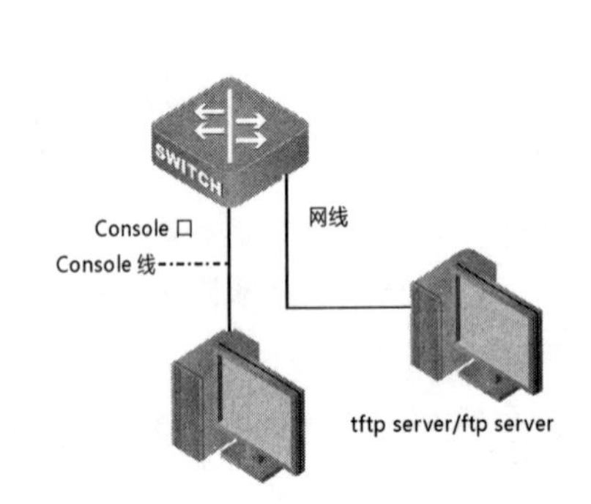

图 2-22 交换机文件备份拓扑

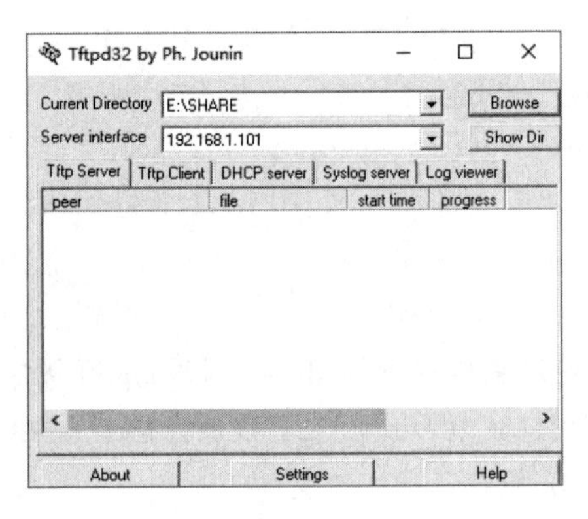

图 2-23 配置 TFTP 服务器

步骤二： 为交换机设置 IP 地址，验证主机与交换机是否连通。

```
S4600-28P-SI(config)#interface vlan 1                    !进入 VLAN1 的接口
S4600-28P-SI(Config-if-Vlan1)#ip address 192.168.1.100 255.255.255.0
                                                         !配置 VLAN1 的 IP 地址
S4600-28P-SI(Config-if-Vlan1)#no shutdown                !开启该接口
S4600-28P-SI(Config-if-Vlan1)#exit
S4600-28P-SI#ping 192.168.1.101                          !测试 ping 通
```

步骤三： 备份配置文件。

```
S4600-28P-SI#copy startup-config  tftp://192.168.1.101/startup_20100101
                              !通过 tftp 备份配置文件，文件名为 startup_20100101
Confirm [Y/N]:y
begin to send file,wait……
file transfers complete.
Close tftp client.
S4600-28P-SI#
```

步骤四： 对当前的配置作修改并保存。

```
S4600-28P-SI#config
S4600-28P-SI(config)#hostname SWITCH-A                   !交换机命名为 SWITCH-A
SWITCH-A(config)#exit
SWITCH-A#write                                           !保存配置
SWITCH-A#
```

步骤五： 下载配置文件。

```
SWITCH-A#copy tftp://192.168.1.101/startup_20100101 startup-config
```

```
                              !通过 tftp 下载配置文件，文件名为 startup_20100101
Confirm [Y/N]:y
begin to send file,wait……
recv 865
write ok
transfer complete
close tftp client
```

步骤六：重新启动并验证是否已经还原。

```
SWITCH-A#reload        !重启交换机
```

步骤七：交换机升级。

下载升级包到 TFTP 服务器。

```
SWITCH-A#copy tftp:// 192.168.1.101/nos.img nos.img
!通过 tftp 将 nos.img 交换机软件系统上传到交换机，并且命名为 nos.img
Confirm [Y/N]:y
begin to send file,wait…….
#####################################################
#####################################################
#########################
Recv 3330245
Begin writing flash.
End writing flash.
Write ok
transfers complete.
Close tftp client.
SWITCH-A#reload
```

小贴士

（1）copy 命令中，startup-config 文件名要输入全称。

（2）Tftpd32.exe 和 cisco TFTP server 只支持 TFTP，不支持 FTP。

（3）如果 TFTP 和交换机之间 ping 不通，需要检查 TFTP 服务器防火墙是否开启。

（4）nos.img 是交换机系统的映像文件，保存在 flash，默认文件名为 nos.img。

思考与练习

（1）进入交换机各个配置模式。

（2）设置特权用户配置模式的 enable 明文形式密码为“digitalchina”。

（3）设置交换机的时间为当前时间。

（4）设置交换机名称为 digitalchina。

（5）请把交换机的帮助信息设置为中文。

（6）设置交换机恢复出厂设置。

（7）使用各种 TFTP 软件进行 TFTP 或者 FTP 的文件备份。

任务三　实现不同部门之间网络隔离

任务描述

某公司有两个部门位于同一楼层，一个是计算机网络部，一个是计算机软件部，两个部门的信息端口都连接在一台交换机上。公司已经为楼层分配了固定的IP地址段，为了保证两个部门的相对独立，就需要划分对应的 VLAN，使交换机某些端口属于计算机网络部，某些端口属于计算机软件部，这样就能保证它们之间的数据互不干扰，也不影响各自的通信效率。

任务分析

本任务是通过在二层交换机划分两个基于端口的 VLAN：VLAN100、VLAN200，如表 2-1 所示。

表 2-1　交换机 VLAN 划分

VALN	端 口 成 员
100	1～10
200	11～20

根据要求应使 VLAN100 内的成员能够相互访问，VALN200 内的成员能够相互访问，VLAN100 和 VLAN200 成员之间不能互相访问。VLAN100 的端口成员属于计算机网络部，VLAN200 的端口成员属于计算机软件部。

PC1、PC2 接在 VLAN100 的成员端口 1～10 上，两台 PC 互相可以 ping 通。PC1、PC2 接在 VLAN200 的成员端口 11～20 上，两台 PC 互相可以 ping 通。PC1 接在 VLAN100 的成员端口 1～10 上，PC2 接在 VLAN200 的成员端口 11～20 上，则互相 ping 不通。

小贴士

二层交换机，同一 VLAN 中的端口能互相通信，不同 VLAN 中的端口不能互相通信。二层交换机不具备路由功能。而在三层交换机中，不同 VLAN 中的端口能互相通信，因为三层交换机具备路由功能。

所需设备：

（1）S4600-28P-SI 交换机 1 台。

（2）PC 2 台。

（3）Console 线一根。

（4）直通线 2 根。

实验拓扑（见图 2-24）：

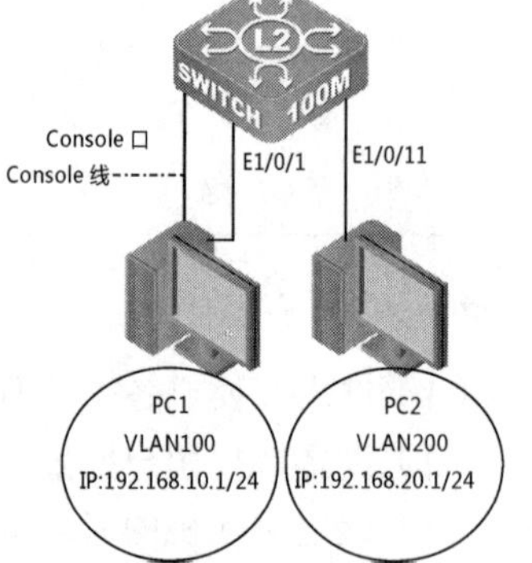

图 2-24　交换机 VLAN 划分拓扑

任务实施

步骤一：交换机恢复出厂设置。

```
S4600-28P-SI#set default          !清空交换机设置
S4600-28P-SI#write                !保存
```

步骤二：给交换机设置 IP 地址。

```
S4600-28P-SI#config
S4600-28P-SI(config)#interface vlan 1          !进入 VLAN1 的接口
S4600-28P-SI(Config-if-Vlan1)#ip address 192.168.1.11  255.255.255.0
```

```
                                            !配置 VLAN1 的 IP 地址
S4600-28P-SI(Config-if-Vlan1)#no shutdown   !开启该端口
S4600-28P-SI(Config-if-Vlan1)#exit
S4600-28P-SI(config)#exit
```

步骤三：创建 VLAN100 和 VLAN200。

```
S4600-28P-SI(config)#
S4600-28P-SI(config)#vlan 100                  !创建 VLAN100
S4600-28P-SI(Config-Vlan100)#exit
S4600-28P-SI(config)#vlan 200                  !创建 VLAN200
S4600-28P-SI(Config-Vlan200)#exit
S4600-28P-SI(config)#
```

步骤四：在交换机上创建 VLAN100 和 VLAN200，并将端口 e1/0/1-10 放入 VLAN100，将端口 e1/0/11-20 放入 VLAN200。

```
S4600-28P-SI(config)#vlan 100
S4600-28P-SI(Config-vlan100)#switchport interface ethernet 1/0/1-10
Set the port Ethernet1/0/1 access vlan 100 successfully
Set the port Ethernet1/0/2 access vlan 100 successfully
Set the port Ethernet1/0/3 access vlan 100 successfully
Set the port Ethernet1/0/4 access vlan 100 successfully
Set the port Ethernet1/0/5 access vlan 100 successfully
Set the port Ethernet1/0/6 access vlan 100 successfully
Set the port Ethernet1/0/7 access vlan 100 successfully
Set the port Ethernet1/0/8 access vlan 100 successfully
Set the port Ethernet1/0/9 access vlan 100 successfully
Set the port Ethernet1/0/10 access vlan 100 successfully
S4600-28P-SI(Config-Vlan100)#exit
S4600-28P-SI(config)#vlan 200
S4600-28P-SI(Config-vlan20)#switchport interface ethernet 1/0/11-20
Set the port Ethernet1/0/11 access vlan 200 successfully
Set the port Ethernet1/0/12 access vlan 200 successfully
Set the port Ethernet1/0/13 access vlan 200 successfully
Set the port Ethernet1/0/14 access vlan 200 successfully
Set the port Ethernet1/0/15 access vlan 200 successfully
Set the port Ethernet1/0/16 access vlan 200 successfully
Set the port Ethernet1/0/17 access vlan 200 successfully
Set the port Ethernet1/0/18 access vlan 200 successfully
Set the port Ethernet1/0/19 access vlan 200 successfully
Set the port Ethernet1/0/20 access vlan 200 successfully
S4600-28P-SI(Config-vlan200)
S4600-28P-SI(config)#
```

步骤五：查看交换机的 VLAN 划分情况。

```
S4600-28P-SI#show vlan
VLAN Name         Type       Media     Ports
---------------------------------------------------------------------
1    default      Static     ENET   Ethernet1/0/21      Ethernet1/0/22
                                    Ethernet1/0/23      Ethernet1/0/24
                                    Ethernet1/0/25      Ethernet1/0/26
                                    Ethernet1/0/27      Ethernet1/0/28
```

```
10   VLAN0100     Static     ENET  Ethernet1/0/1       Ethernet1/0/2
                                    Ethernet1/0/3       Ethernet1/0/4
                                    Ethernet1/0/5       Ethernet1/0/6
                                    Ethernet1/0/7       Ethernet1/0/8
                                    Ethernet1/0/9       Ethernet1/0/10
20   VLAN0200     Static     ENET  Ethernet1/0/11      Ethernet1/0/12
                                    Ethernet1/0/13      Ethernet1/0/14
                                    Ethernet1/0/15      Ethernet1/0/16
                                    Ethernet1/0/17      Ethernet1/0/18
                                    Ethernet1/0/19      Ethernet1/0/20
S4600-28P-SI#
```

步骤六：使用 ping 命令验证实验结果。

二层交换机同一 VLAN 中的端口能互相通信，不同 VLAN 中的端口不能互相通信，如表 2-2 所示。

表 2-2　PC1 和 PC2 ping 命令验证结果

PC1 位置	PC2 位置	动　　作	结　　果
1～10		PC1 ping 192.168.1.11	不通
11～20		PC1 ping 192.168.1.11	不通
21～24		PC1 ping 192.168.1.11	通
1～10	1～10	PC1 ping PC2	通
1～10	11～20	PC1 ping PC2	不通
1～10	21～24	PC1 ping PC2	不通

小贴士

（1）默认情况下，交换机所有端口都属于 VLAN1，因此我们通常把 VLAN1 作为交换的管理 VLAN，因此 VLAN1 接口的 IP 地址就是交换机的管理地址。

（2）在 S4600-28P-SI 中，一个普通端口只属于一个 VLAN。

（3）基于端口划分 VLAN，就是按交换机端口定义 VLAN 成员，每个交换机端口属于一个 VLAN。它由网络管理员静态指定 VLAN 到交换机的端口，这些连接端口会维持指定的 VLAN 设置，直到管理员改变它。这种方法又称为静态 VLAN，是一种最通用的 VLAN 划分方法。

（4）基于 MAC 地址划分 VLAN 是按每个连接到交换机设备的 MAC 地址定义 VLAN 成员。由于它可以按终端用户划分 VLAN，所以又常把它称为基于用户的 VLAN 划分方法。这种划分方法常需要一个保存 VLAN 管理数据库的 VLAN 配置服务器。动态地设定连接端口和对应的 VLAN 设置。在动态 VLAN 划分中，交换机端口可以自动设置 VLAN。在使用基于 MAC 地址划分 VLAN 时，一个交换机端口有可能属于多个 VLAN。

相关知识与技能

1. VLAN 技术

在理解什么是 VLAN 技术前，我们需要明白什么是广播域和冲突域这两个概念。广播域是局域网中设备之间发送广播帧的区域，即一台计算机发送广播帧的最远范围，广播存在所有局域网中，如果不进行适当的控制，广播便会充斥整个网络，产生较大的网络通信流量，消耗带宽。但广播是不可避免的，交换机对所有的广播进行转发，而路由器不会。图 2-25 所示为交换机广播域的形成。在一个局域网中的所有设备，都连接在一个共享的物理介质上，当两个连入网络的设备同时向介质发送数据时，就会发生冲突，所有设备发生冲突的最大范围就是冲突域，图 2-26 所示为交换机冲突域的形成。

交换机提供了将大的冲突域划分为小冲突域的技术：VLAN 技术。VLAN 是在一个物理网络上划分出来的逻辑网络。VLAN 技术根据功能、应用等因素，将用户从逻辑上划分为一个个功能相对独立的工作组，网络中的每台主机，连接在一台交换机的端口上，并属于一个 VLAN。VLAN 的划分不受连接设备的实际物理位置的限制，如果一台主机想要同它不在同一 VLAN 的主机通信，则必须使用第三层设备，也就是需要使用 IP 地址来通信，这就意味着不同 VLAN 中的设备之间通信，需要通过路由器或者三层设备来实现转发。总之，VLAN 技术增加了网络连接的灵活性，控制了网络上的广播和增加了网络的安全性。

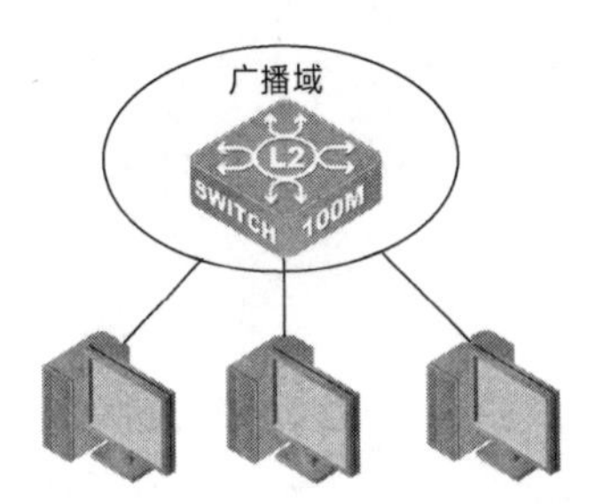

图 2-25　交换机广播域

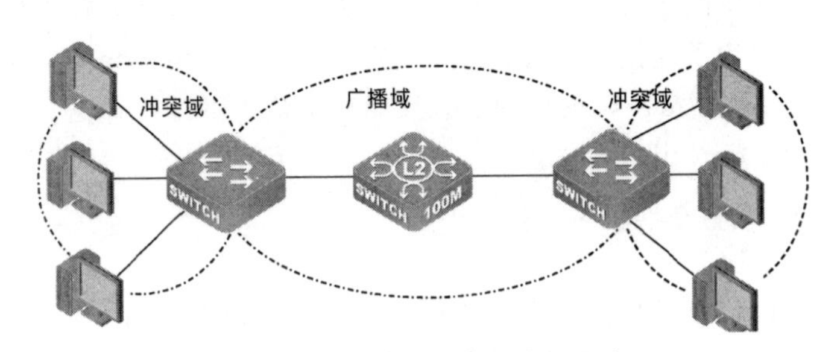

图 2-26　交换机冲突域的形成

2. VLAN 操作的基本命令详解

（1）VLAN 的创建与删除。

```
vlan <vlan-id>
no vlan <vlan-id>
```

功能：创建 VLAN 并且进入 VLAN 配置模式，在 VLAN 模式中，用户可以配置 VLAN 名称和为该 VLAN 分配交换机端口，本命令的 no 操作为删除指定的 VLAN。

参数：<vlan-id>为要创建/删除的 VLAN 的 VID，取值范围为 1～4094。

命令模式：全局配置模式。

默认情况：交换机默认只有 VLAN1。

使用指南：VLAN1 为交换机的默认 VLAN，用户不能配置和删除 VLAN1，允许配置 VLAN 的总共数量为 4 094 个。

举例：创建 VLAN100，并且进入 VLAN100 的配置模式。

```
S4600-28P-SI(config)#vlan 100
S4600-28P-SI(Config-Vlan100)#
```

（2）为 VLAN 分配交换机端口。

```
switchport  interface  [ethernet|portchannel]  <interface-name|interface-list>]
no switchport interface [ethernet|portchannel] <interface-name|interface-list>]
```

功能：为 VLAN 分配以太网端口的命令，本命令的 no 操作为删除指定 VLAN 内的一个或一组端口。

参数：ethernet 为要添加的为以太网端口，portchannel 为要添加的为一个链路聚合端口，interface-name 为端口名称，如 e1/0/1，若选择端口名称则不用选 ethernet 或 portchannel，<interface-list>为要添加或者删除的以太网端口的列表，支持";" "-"，如：ethernet1/0/1;3;4-7;8，<interface-list>也可以为要添加或删除的端口链路聚合，如 port-channel 1。

命令模式：VLAN 配置模式。

缺省情况：新建立的 VLAN 默认不包含任何端口。

使用指南：Access 端口为普通端口，可以加入 VLAN，但同时只允许加入一个 VLAN。

举例：为 VLAN100 分配百兆以太网端口 1，3，4～7，8。

```
S4600-28P-SI(Config-Vlan100)#switchport interface ethernet 1/0/1;3;4-7;8
```

拓展与提高

交换机的端口有两种模式，分别为 Access（普通模式）和 Trunk（中继模式）。Access 模式下，端口用于连接计算机；Trunk 模式下，端口用于交换机间的连接。如果交换机划分了多个 VLAN，那么 Access 模式的端口只能在某个 VLAN 中通信，而 Trunk 模式的端口则可以属于任何一个 VLAN 中。

1. 设置交换机端口类型

```
switchport mode {trunk|access}
```

功能：设置交换机的端口为 Access 模式或者 Trunk 模式。

参数：trunk 表示端口允许通过多个 VLAN 的流量，access 为端口只能属于一个 VLAN。

命令模式：端口配置模式。

默认情况：端口默认为 Access 模式。

使用指南：工作在 Trunk mode 下的端口称为 Trunk 端口，Trunk 端口可以通过多个 VLAN 的流量，通过 Trunk 端口之间的互联，可以实现不同交换机上的相同 VLAN 的互通，工作在 Access mode 下的端口称为 Access 端口，Access 端口可以分配给一个 VLAN，并且同时只能分配给一个 VLAN。

举例：将端口 5 设置为 Trunk 模式，端口 8 设置为 Access 模式。

```
S4600-28P-SI(config)#interface ethernet 1/0/5
S4600-28P-SI(Config-If-Ethernet1/0/5)#switchport mode trunk
S4600-28P-SI(config)#interface ethernet 1/0/8
S4600-28P-SI(Config-If-Ethernet1/0/8)#switchport mode access
```

2. 设置 Trunk 端口

```
switchport trunk allowed vlan {<vlan-list>|all}
no switchport trunk allowed vlan
```

功能：设置 Trunk 端口允许通过 VLAN，本命令的 no 操作为恢复默认情况。

参数：<vlan-list>为允许在该 Trunk 端口上通过的 VLAN 列表，all 关键字表示允许该 trunk 端口通过所有 VLAN 的流量。

命令模式：端口配置模式。

默认情况：Trunk 端口默认允许通过所有 VLAN。

使用指南：用户可以通过本命令设置哪些 VLAN 的流量通过 Trunk 端口，没有包含的 VLAN 流量则被禁止。

举例：设置 Trunk 端口允许通过 VLAN1，3，5-20 的流量。

```
S4600-28P-SI(config)#interface ethernet 1/0/5
S4600-28P-SI(Config-If-Ethernet1/0/5)#switchport mode trunk
S4600-28P-SI(Config-If-Ethernet1/0/5)#switchport  trunk  allowed  vlan
1;3;5-20
```

3．设置 Access 端口

```
switchport access vlan <vlan-id>
no switchport access vlan
```

功能：将当前 Access 端口加入到指定 VLAN，本命令 no 操作为将当前端口从 VLAN 里删除。

参数：<vlan-id>为当前端口要加入的 VLAN ID，取值范围为 1～4 094。

命令模式：端口配置模式

默认情况：所有端口默认属于 VLAN1。

使用指南：只有属于 Access mode 的端口才能加入到指定的 VLAN 中，并且 Access 端口同时只能加入到一个 VLAN 里去。

举例：设置某 Access 端口加入 VLAN100。

```
S4600-28P-SI(config)#interface ethernet 1/0/8
S4600-28P-SI(Config-If-Ethernet1/0/8)#switchport mode access
S4600-28P-SI(Config-If-Ethernet1/0/8)#switchport access vlan 100
```

思考与练习

（1）请给 S4600-28P-SI 交换机划分三个 VLAN，分别是 VLAN10、VLAN20、VLAN30，并将 1/0/1-6 端口加入 VLAN10，1/0/7-12 端口加入 VLAN20，1/0/13-16 端口加入 VLAN30，最后验证相同 VLAN 和不同 VLAN 是否能 ping 通。

（2）在第一题基础上，再增加一台 S4600-28P-SI 交换机，VLAN 配置与第一台交换机相同，通过两台交换机的 24 端口进行连接，配置两台交换机的 24 端口为 Trunk 端口，并禁止 VLAN10 的流量在 Trunk 链路上通行。

任务四　实现相同部门计算机互访

任务描述

某学校教学楼有两层，分别是一年级、二年级，每个楼层都有一台交换机满足老师上网需求。每个年级都有语文教研组和数学教研组，两个年级的语文教研组的计算机可以互相访问；两个年级的数学教研组的计算机可以互相访问；语文教研组和数学教研组之间不可以自由访问。通过划分 VLAN 使得语文教研组和数学教研组之间不可以自由访问；使用 802.1Q 进行跨交换机的 VLAN。

任务分析

在交换机 A 和交换机 B 上分别划分基于端口的 VLAN：VLAN100、VLAN200。交换机 A 放置学校教学楼一楼，提供一年级的语文教研组和数学教研组用户使用，交换机B放置学校教学楼二楼，提供二年级的语文教研组和数学教研组用户使用，如表2-3所示。

表2-3　交换机VLAN划分

VLAN	端口成员
100	1～8
200	9～16
trunk	24

要求使交换机之间VLAN100的成员能够互相访问，VLAN200的成员能够互相访问，VLAN100和VLAN200成员之间不能互相访问。

PC1、PC2分别接在不同交换机VLAN100的成员端口1～8上，两台PC互相可以ping通，PC1、PC2分别接在不同交换机VLAN的成员端口9～16上，两台PC互相可以ping通，PC1、PC2接在同一交换机的不同VLAN的成员端口上则互相ping不通。

所需设备：

（1）S4600-28P-SI交换机2台。

（2）PC 2台。

（3）Console线1根。

（4）直通网线3根。

实验拓扑（见图2-27）：

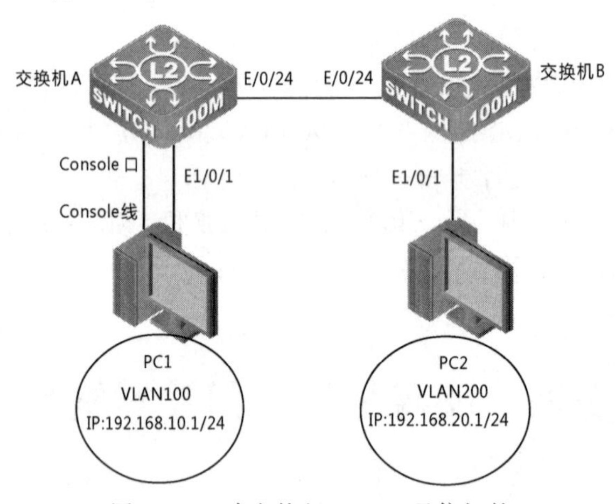

图2-27　跨交换机VLAN通信拓扑

任务实施

步骤一：交换机恢复出厂设置。

```
S4600-28P-SI#set default                    !恢复出厂设置
S4600-28P-SI#write                          !保存配置
```

步骤二：为交换机设置名称和管理地址。

交换机A：

```
S4600-28P-SI(config)#hostname SwitchA   !交换机命名为SwitchA
```

```
SwitchA(config)#interface vlan 1          !进入 VLAN1 的接口
SwitchA(Config-if-Vlan1)#ip address 192.168.1.11  255.255.255.0
                                          !配置 VLAN1 的 IP 地址
SwitchA(Config-if-Vlan1)#no shutdown      !开启该端口
SwitchA(Config-if-Vlan1)#exit
SwitchA(config)#
```

交换机 B：

```
S4600-28P-SI(config)#hostname Switch-B !交换机命名为 SwitchB
SwitchB(config)#interface vlan 1          !进入 VLAN1 的接口
SwitchB(Config-if-Vlan1)#ip address 192.168.1.12  255.255.255.0
                                          !配置 VLAN1 的 IP 地址
SwitchB(Config-if-Vlan1)#no shutdown      !开启该端口
SwitchB(Config-if-Vlan1)#exit
SwitchB(config)#
```

步骤三：在交换机中创建 VLAN100 和 VLAN200，并添加端口。

交换机 A：

```
SwitchA(config)#vlan 100                  !创建 VLAN100
SwitchA(Config-Vlan100)#switchport interface Ethernet 1/0/1-8
                                          !将 1/0/1-8 端口加入 VLAN100
SwitchA(Config-Vlan100)#exit
SwitchA(config)#vlan 200                  !创建 VLAN200
SwitchA(Config-Vlan200)#switchport interface Ethernet 1/0/9-16
                                          !将 1/0/9-16 端口加入 VLAN200
SwitchA(Config-Vlan200)#exit
```

小贴士

上述命令“1/0/1-8”中的第一个“1”表示交换机的第一个模块，第二个“0”表示交换机的第一插槽，“1-8”表示第一个端口 1 到端口 8。

交换机 B：

```
SwitchB(config)#vlan 100                  !创建 VLAN100
SwitchB(Config-Vlan100)#switchport interface Ethernet 1/0/1-8
                                          !将 1/0/1-8 端口加入 VLAN100
SwitchB(Config-Vlan100)#exit
SwitchB(config)#vlan 200                  !创建 VLAN200
SwitchB(Config-Vlan200)#switchport interface Ethernet 1/0/9-16
                                          !将 1/0/9-16 端口加入 VLAN200
SwitchB(Config-Vlan200)#exit
```

验证配置：

```
SwitchA#show vlan
VLAN   Name       Type     Media    Ports
1      default    Static   ENET     Ethernet1/0/17 Ethernet1/0/18
                                    Ethernet1/0/19 Ethernet1/0/20
                                    Ethernet1/0/21 Ethernet1/0/22
                                    Ethernet1/0/23 Ethernet1/0/24
                                    Ethernet1/0/25 Ethernet1/0/26
                                    Ethernet1/0/27 Ethernet1/0/28
```

```
100     VLAN0100    Static    ENET    Ethernet1/0/1  Ethernet1/0/2
                                      Ethernet1/0/3  Ethernet1/0/4
                                      Ethernet1/0/5  Ethernet1/0/6
                                      Ethernet1/0/7  Ethernet1/0/8
200     VLAN0200    Static    ENET    Ethernet1/0/9  Ethernet1/0/10
                                      Ethernet1/0/11 Ethernet1/0/12
                                      Ethernet1/0/13 Ethernet1/0/14
                                      Ethernet1/0/15 Ethernet1/0/16
SwitchA#
```

步骤四：设置交换机 Trunk 端口。

交换机 A：

```
SwitchA(config)#interface ethernet 1/0/24          !进入端口 24
SwitchA(Config-If-Ethernet1/0/24)# switchport mode trunk
        Set the port Ethernet 1/0/24 mode TRUNK successfully
                                                  !将该端口设置成 Trunk 模式
SwitchA(Config-If-Ethernet1/0/24)# switchport trunk allowed vlan all
        Set the port Ethernet 1/0/24 allowed vlan successfully
                                                  !允许所有 VLAN 通过 Trunk 链路
SwitchA(Config-If-Ethernet1/0/24)#exit
```

交换机 B：

```
SwitchB(config)#interface ethernet 1/0/24          !进入端口 24
SwitchB(Config-If-Ethernet1/0/24)#switchport mode trunk
        Set the port Ethernet1/0/24 mode TRUNK successfully
                                                  !将该端口设置成 Trunk 模式
SwitchB(Config-If-Ethernet1/0/24)#switchport trunk allowed vlan all
        Set the port Ethernet1/0/24 allowed vlan successfully
                                                  !允许所有 VLAN 通过 Trunk 链路
SwitchB(Config-If-Ethernet1/0/24)#exit
```

步骤五：验证交换机配置。

```
SwitchA#show vlan                         !显示 VLAN 信息
VLAN    Name        Type    Media    Ports
1       default     Static  ENET     Ethernet1/0/17 Ethernet1/0/18
                                     Ethernet1/0/19 Ethernet1/0/20
                                     Ethernet1/0/21 Ethernet1/0/22
                                     Ethernet1/0/23 Ethernet1/0/24
                                     Ethernet1/0/25 Ethernet1/0/26
                                     Ethernet1/0/27 Ethernet1/0/28
100     VLAN0100    Static  ENET     Ethernet1/0/1 Ethernet1/0/2
                                     Ethernet1/0/3 Ethernet1/0/4
                                     Ethernet1/0/5 Ethernet1/0/6
                                     Ethernet1/0/7 Ethernet1/0/8
                                     Ethernet1/0/24(T)
200     VLAN0200    Static  ENET     Ethernet1/0/9 Ethernet1/0/10
                                     Ethernet1/0/11 Ethernet1/0/12
                                     Ethernet1/0/13 Ethernet1/0/14
                                     Ethernet1/0/15 Ethernet1/0/16
                                     Ethernet1/0/24(T)
switchA#
```

步骤六：使用 ping 命令验证实验结果。

在交换机 A 上 ping 交换机 B：

```
SwitchA#ping 192.168.1.12
Type ^c to abort
Sending 5 56-byte ICMP Echos to 192.168.1.12, timeout is 2 seconds
!!!!!
Success rate is 100 percent (5/5), round-trip min/avg/max = 1/1/1ms
SwitchA#
!5 个感叹号表示 5 个包都 ping 通了
```

测试 ping 通表明交换机之前的 Trunk 链路已经成功建立。按照表 2-4 验证，PC1 插在交换机 A 上，PC2 插在交换机 B 上。

表 2-4　PC1 和 PC2 ping 命令验证结果

PC1 位置	PC2 位置	动　作	结　果
1～8		PC1 ping 交换机 B	不通
9～16		PC1 ping 交换机 B	不通
17～24		PC1 ping 交换机 B	通
1～8	1～8	PC1 ping PC2	通
1～8	9～16	PC1 ping PC2	不通

相关知识与技能

当网络中存在两台或两台以上的交换机时，并且每个交换机上均划分了相同的 VLAN，可以实现交换机间所有相同 VLAN 中的计算机通过交换机互联的端口进行通信。这里要学习一个新的知识，即交换机的端口模式，交换机的端口模式主要分为 Access 类型和 Trunk 类型。默认情况下，交换机的端口均为 Access 类型，这种类型的端口只能隶属于一个 VLAN 中，通常用来连接计算机；而 Trunk 类型的端口可以允许多个 VLAN 通信，一般用来交换机互联。

二层交换机只有二层的功能，实现一个广播域内的主机间的通信。在 OSI 七层里，二层交换机工作在数据链路层。三层交换机是在有二层的功能上通过添加一个路由模块，实现三层的路由转发功能。即三层交换机可以同时工作在数据链路层和网络层上。二层交换机同一 VLAN 中的端口能互相通信，不同 VLAN 中的端口不能互相通信。二层交换机不具备路由功能。

取消一个 VLAN 可以使用“no vlan”命令，取消 VLAN 的某个端口，可以在 VLAN 模式下使用“no switchport interface ethernet1/0/X”命令，当使用“switchport trunk allowed vlan all”命令后，所有以后创建的 VLAN 中都会自动添加 Trunk 口为成员端口。

拓展与提高

动动手：使用三层交换机实现二层交换 VLAN 之间路由。

所需设备：

（1）S4600-28P-SI 交换机 2 台和 DCRS-5650-28 交换机 1 台。

（2）PC 4 台。

（3）Console 线 1 根。

（4）直通网线 6 根。

实验拓扑（见图 2-28）：

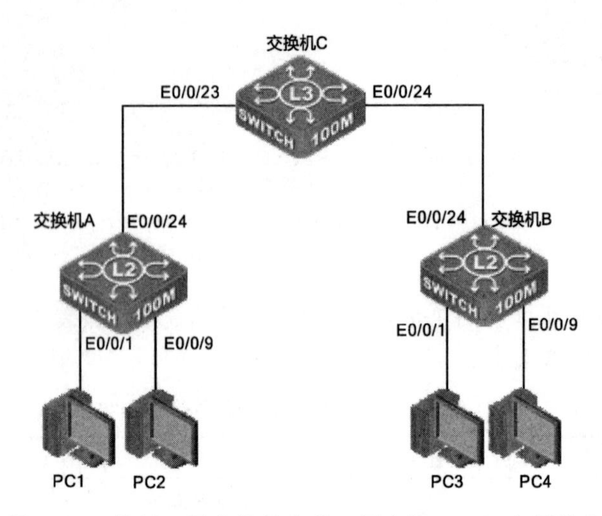

图 2-28 使用三层交换机实现二层交换 VLAN 之间路由

工作过程:

在交换机 A 和交换机 B 上分别划分两个基于端口的 VLAN: VLAN100、VLAN200, 如表 2-5 所示。

表 2-5 VLAN 划分、Trunk 口设置

VLAN	端口成员
100	1～8
200	9～16
trunk	24

在交换机 C 上也划分两个基于端口的 VLAN: VLAN100、VLAN200。把端口 1 和端口 2 都设置成 trunk 口, 如表 2-6 所示。

表 2-6 VLAN 划分、trunk 口设置

VLAN	IP	Mask
100	192.168.10.1	255.255.255.0
200	192.168.20.1	255.255.255.0
trunk		1/0/1 和 1/0/2

交换机 A 的 24 口连接交换机 C 的 1 口,交换机 B 的 24 口连接交换机 C 的 2 口。PC1～PC4 的网络设置如表 2-7 所示。

表 2-7 各 PC 网络参数设置

设备	IP 地址	Gateway	Mask
PC1	192.168.10.11	192.168.10.1	255.255.255.0
PC2	192.168.20.22	192.168.20.1	255.255.255.0
PC3	192.168.10.33	192.168.10.1	255.255.255.0
PC4	192.168.20.44	192.168.20.1	255.255.255.0

验证：

（1）不为 PC 设置网关。PC1、PC3 分别接在不同交换机 VLAN100 的成员端口 1～8 上，两台 PC 互相可以 ping 通，PC2、PC4 分别接在不同交换机 VLAN 的成员端口 9～16 上，两台 PC 互相可以 ping 通，PC1、PC3 和 PC2、PC4 接在不同 VLAN 的成员端口上则互相 ping 不通。

（2）为 PC 设置网关。PC1、PC3 和 PC2、PC4 接在不同 VLAN 的成员端口上也可以互相 ping 通。

若实验结果和理论相符，则本实验完成。

步骤一：正确连接，将交换机恢复出厂设置。

```
switch#set default                        !恢复出厂设置
switch#write                              !保存配置
switch#reload                             !重新启动交换机
```

步骤二：为交换机设置标示符和管理 IP 地址。

交换机 A：

```
switch(config)#hostname SwitchA          !交换机命名为 SwitchA
SwitchA(config)#interface vlan 1         !进入 VLAN1 的接口
SwitchA(Config-if-Vlan1)#ip address 192.168.1.11 255.255.255.0
                                         !配置 VLAN1 的 IP 地址
SwitchA(Config-if-Vlan1)#no shutdown     !开启该端口
SwitchA(Config-if-Vlan1)#exit
SwitchA(config)#
```

交换机 B：

```
switch(config)#hostname SwitchB          !交换机命名为 SwitchB
SwitchB(config)#interface vlan 1         !进入 VLAN1 的接口
SwitchB(Config-if-Vlan1)#ip address 192.168.1.12 255.255.255.0
                                         !配置 VLAN1 的 IP 地址
SwitchB(Config-if-Vlan1)#no shutdown     !开启该端口
SwitchB(Config-if-Vlan1)#exit
SwitchB(config)#
```

交换机 C：

```
switch#config
switch(config)#
switch(config)#hostname SwitchC          !交换机命名为 SwitchC
SwitchC(config)#interface vlan 1         !进入 VLAN1 的接口
SwitchC(Config-if-Vlan1)#ip address 192.168.1.13 255.255.255.0
                                         !配置 VLAN1 的 IP 地址
SwitchC(Config-if-Vlan1)#no shutdown     !开启该端口
SwitchC(Config-if-Vlan1)#exit
SwitchC(config)#exit
SwitchC#
```

步骤三：在交换机中创建 VLAN100 和 VLAN200，并添加端口。

交换机 A：

```
SwitchA(config)#vlan 100                 !创建 VLAN100
SwitchA(Config-Vlan100)#
SwitchA(Config-Vlan100)#switchport interface ethernet 1/0/1-8
                                         !将 1/0/1-8 端口加入 VLAN100
```

```
SwitchA(Config-Vlan100)#exit
SwitchA(config)#vlan 200
SwitchA(Config-Vlan200)#switchport interface ethernet 1/0/9-16
                                                ! 将1/0/9-16端口加入VLAN200
SwitchA(Config-Vlan200)#exit
SwitchA(config)#
```

验证配置:

```
SwitchA#show vlan                               !显示VLAN信息
VLAN    Name       Type       Media     Ports
-------------------------------------------------------------------------
1       default    Static     ENET      Ethernet1/0/17 Ethernet1/0/18
                                        Ethernet1/0/19 Ethernet1/0/20
                                        Ethernet1/0/21 Ethernet1/0/22
                                        Ethernet1/0/23 Ethernet1/0/24
100     VLAN0100   Static     ENET      Ethernet1/0/1 Ethernet1/0/2
                                        Ethernet1/0/3 Ethernet1/0/4
                                        Ethernet1/0/5 Ethernet1/0/6
                                        Ethernet1/0/7 Ethernet1/0/8
200     VLAN0200   Static     ENET      Ethernet1/0/9 Ethernet1/0/10
                                        Ethernet1/0/11 Ethernet1/0/12
                                        Ethernet1/0/13 Ethernet1/0/14
                                        Ethernet1/0/15 Ethernet1/0/16
SwitchA#
```

交换机B:

配置与交换机A一样。

步骤四:设置交换机trunk端口。

交换机A:

```
SwitchA(config)#interface ethernet 1/0/24     !进入端口24
SwitchA(Config-If-Ethernet1/0/24)#switchport mode trunk
                                                  !将该端口设置成Trunk模式
Set the port Ethernet1/0/24 mode TRUNK successfully
SwitchA(Config-If-Ethernet1/0/24)#switchport trunk allowed vlan all
                                                  !允许所有VLAN通过Trunk链路
set the port Ethernet1/0/24 allowed vlan successfully
SwitchA(Config-If-Ethernet1/0/24)#exit
SwitchA(config)#
```

验证配置:

```
SwitchA#show vlan                                 !显示VLAN信息
VLAN  Name         Type       Media   Ports
---- ------------ ---------- ----------------------------------------
1     default      Static     ENET    Ethernet1/0/17 Ethernet1/0/18
                                      Ethernet1/0/19 Ethernet1/0/20
                                      Ethernet1/0/21 Ethernet1/0/22
                                      Ethernet1/0/23 Ethernet1/0/24
                                      Ethernet1/0/25 Ethernet1/0/26
                                      Ethernet1/0/27 Ethernet1/0/28
```

```
100     VLAN0100     Static   ENET     Ethernet1/0/1 Ethernet1/0/2
                                       Ethernet1/0/3 Ethernet1/0/4
                                       Ethernet1/0/5 Ethernet1/0/6
                                       Ethernet1/0/7 Ethernet1/0/8
                                       Ethernet1/0/24(T)
200     VLAN0200     Static   ENET     Ethernet1/0/9 Ethernet1/0/10
                                       Ethernet1/0/11 Ethernet1/0/12
                                       Ethernet1/0/13 Ethernet1/0/14
                                       Ethernet1/0/15 Ethernet1/0/16
                                       Ethernet1/0/24(T)
SwitchA#
```

小贴士

交换机的 24 口已经出现在 VLAN1、VLAN100 和 VLAN200 中，并且 24 口不是一个普通端口，是 Trunk 端口。

交换机 B：

配置同交换机 A。

交换机 C：

```
SwitchC(config)#vlan 100          !创建 VLAN100
SwitchC(Config-Vlan100)#exit
SwitchC(config)#vlan 200          !创建 VLAN200
SwitchC(Config-Vlan200)#exit
SwitchC(config)#interface range ethernet 1/0/23-24     !进入端口 23 和 24
SwitchC(Config-If-Port-Range)#switchport mode trunk
                                  !将端口 23 和 24 设置成 Trunk 模式
Set the port Ethernet1/0/23 mode TRUNK successfully
Set the port Ethernet1/0/24 mode TRUNK successfully
SwitchC(Config-If-Port-Range)#switchport trunk allowed vlan all
                                  !允许所有 VLAN 通过 Trunk 链路
set the port Ethernet1/0/23 allowed vlan successfully
set the port Ethernet1/0/24 allowed vlan successfully
SwitchC(Config-If-Port-Range)#exit
SwitchC(config)#exit
```

验证配置：

```
SwitchC#show vlan                 !显示 VLAN 信息
VLAN    Name         Type     Media    Ports
------------------------------------------------------------------------
1       default      Static   ENET     Ethernet1/0/1 Ethernet1/0/2
                                       Ethernet1/0/3 Ethernet1/0/4
                                       Ethernet1/0/5 Ethernet1/0/6
                                       Ethernet1/0/7 Ethernet1/0/8
                                       Ethernet1/0/9 Ethernet1/0/10
                                       Ethernet1/0/11 Ethernet1/0/12
                                       Ethernet1/0/13 Ethernet1/0/14
                                       Ethernet1/0/15 Ethernet1/0/16
```

```
                                        Ethernet1/0/17 Ethernet1/0/18
                                        Ethernet1/0/19 Ethernet1/0/20
                                        Ethernet1/0/21 Ethernet1/0/22
                                        Ethernet1/0/23(T) Ethernet1/0/24(T)
                                        Ethernet1/0/25 Ethernet0/026
                                        Ethernet1/0/27 Ethernet1/0/28
100     VLAN0100    Static    ENET      Ethernet1/0/23(T) Ethernet1/0/24(T)
200     VLAN0200    Static    ENET      Ethernet1/0/23(T) Ethernet1/0/24(T)
SwitchC#
```

步骤五：交换机C添加VLAN地址。

```
SwitchC(config)#interface vlan 100      !进入VLAN100接口
SwitchC(Config-if-Vlan100)#ip address 192.168.10.1 255.255.255.0
                                        !配置VLAN100的IP地址
SwitchC(Config-if-Vlan100)#no shutdown !开启该端口
SwitchC(Config-if-Vlan100)#exit
SwitchC(config)#interface vlan 200      !进入VLAN200接口
SwitchC(Config-if-Vlan200)#ip address 192.168.20.1 255.255.255.0
                                        !配置VLAN200的IP地址
SwitchC(Config-if-Vlan200)#no shutdown !开启该端口
SwitchC(Config-if-Vlan200)#exit
SwitchC(config)#
```

验证配置：

```
SwitchC#show ip route                   !显示路由表信息
Total route items is 3, the matched route items is 3
Codes: C - connected, S - static, R - RIP derived, O - OSPF derived
A - OSPF ASE, B - BGP derived, D - DVMRP derived
Destination Mask Nexthop Interface Preference
C 192.168.1.0 255.255.255.0 0.0.0.0 Vlan1 0
C 192.168.10.0 255.255.255.0 0.0.0.0 Vlan100 0
C 192.168.20.0 255.255.255.0 0.0.0.0 Vlan200 0
SwitchC#
```

小贴士

命令 show ip route 为查看路由信息，其中“C”表示直连路由。

步骤六：验证实验。

（1）PC不配置网关，互相ping，查看结果。

（2）PC配置网关，互相ping，查看结果。

思考与练习

使用三层交换机实现VLAN之间路由：在交换机A和交换机B上分别划分两个基于端口的VLAN：VLAN10、VLAN20，如表2-8所示。

在交换机C上也划分两个基于端口的VLAN：VLAN10、VLAN20。把端口23和端口24都设置成Trunk口，如表2-9所示。

表 2-8　交换机 A、B 的 VLAN 划分、Trunk 口设置

VLAN	端 口 成 员
10	2～4
20	5～8
trunk	24

表 2-9　交换机 C 的 VLAN 划分、Trunk 口设置

VLAN	IP	Mask
10	10.1.10.1	255.255.255.0
20	10.1.20.1	255.255.255.0
trunk		23 和 24

交换机 A 的 24 口连接交换机 C 的 23 口，交换机 B 的 24 口连接交换机 C 的 24 口。PC 的网络设置如表 2-10 所示，现要求 PC1 可以 ping 通 PC2。

表 2-10　PC1 和 PC2 网络参数设置

设　备	端　口	IP 地 址	Gateway	Mask
PC1	SwitchA 端口 2	10.1.10.11	10.1.10.1	255.255.255.0
PC2	SwitchB 端口 8	10.1.20.22	10.1.20.1	255.255.255.0

任务五　不同部门之间网络互访

任务描述

某学校软件实训室的 IP 地址是 192.168.10.0/24，多媒体实训室的 IP 地址是 192.168.20.0/24，为了保证它们之间的数据互不干扰，也不影响各自的通信效率，需要划分 VLAN，使两个实训室属于不同的 VLAN，但两个实训室有时候也需要相互通信。

任务分析

根据任务描述，既要保证两个实训室之间的数据互不干扰，也不影响各自的通信效率，又要使两个实训室有时候也需要相互通信，此时就要利用三层交换机划分 VLAN。

在交换机上划分两个基于端口的 VLAN：VLAN100、VLAN200，VLAN100 的端口属于软件实训室，VLAN200 的端口属于多媒体实训室。使得 VLAN100 的成员能够相互访问，VLAN200 的成员能够相互访问，VLAN100 和 VLAN200 成员之间不能互相访问，如表 2-11 所示。

表 2-11　交换机 VLAN 划分

VLAN	端 口 成 员
100	1～12
200	13～24

PC1 和 PC2 的网络设置为：

各设备的 IP 地址首先按照 IP 1 配置，使用 PC1 ping PC2，应该不通。

再按照 IP 2 配置地址，并在交换机上配置 VLAN 接口 IP 地址，使用 PC1 ping PC2，则通，该通信属于 VLAN 间通信，要经过三层设备的路由，如表 2-12 所示。

表 2-12　交换机和 PC IP 地址网络参数设置

设　备	端　口	IP1	网关 1	IP2	网关 2	Mask
交换机 A		192.168.1.1	无	192.168.1.1	无	255.255.255.0
VLAN100		无	无	192.168.10.1	无	255.255.255.0
VLAN200		无	无	192.168.20.1	无	255.255.255.0
PC1	1～12	192.168.1.101	无	192.168.10.101	192.168.10.1	255.255.255.0
PC2	13～24	192.168.1.102	无	192.168.20.101	192.168.20.1	255.255.255.0

所需设备：

（1）DCRS-5650-28 交换机 1 台。

（2）PC 2 台。

（3）Console 线 1 根。

（4）直通线 2 根。

实验拓扑（见图 2-29）：

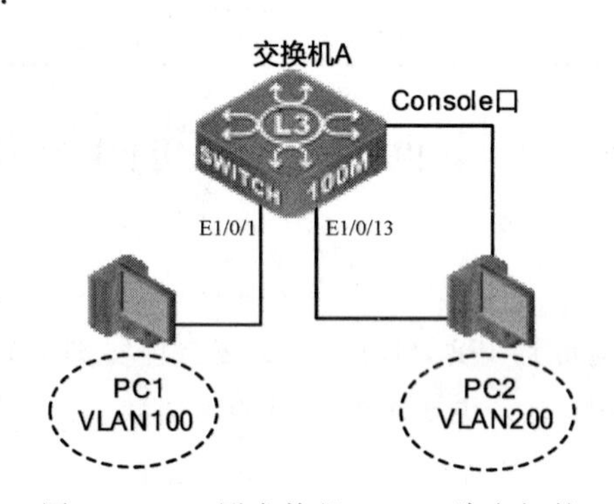

图 2-29　三层交换机 VLAN 路由拓扑

任务实施

步骤一：正确连接网线，交换机恢复出厂设置。

```
switch#set default                          !恢复出厂设置
switch#write                                !保存配置
switch#reload                               !重启交换机
```

步骤二：为交换机设置 IP 地址即管理地址。

```
switch(Config)#interface vlan 1             !进入 VLAN1 的接口
switch(Config-if-Vlan1)#ip address 192.168.1.1  255.25.255.0
                                            !配置 VLAN1 的 IP 地址
switch(Config-if-Vlan1)#no shutdown         !开启该端口
switch(Config-if-Vlan1)#exit
```

步骤三：创建 VLAN100 和 VLAN200。

```
switch(config)#vlan 100                     !创建 VLAN100
```

```
switch(Config-Vlan100)# exit
switch(config)#vlan 200                     !创建 VLAN200
switch(Config-Vlan200)# exit
```

验证配置：

```
switch# show vlan                           !显示 VLAN 信息
VLAN     Name       Type    Media Ports
1        default    Static  ENET  Ethernet1/0/1      Ethernet1/0/2
                                  Ethernet1/0/3      Ethernet1/0/4
                                  Ethernet1/0/5      Ethernet1/0/6
                                  Ethernet1/0/7      Ethernet1/0/8
                                  Ethernet1/0/9      Ethernet1/0/10
                                  Ethernet1/0/11     Ethernet1/0/12
                                  Ethernet1/0/13     Ethernet1/0/14
                                  Ethernet1/0/15     Ethernet1/0/16
                                  Ethernet1/0/17     Ethernet1/0/18
                                  Ethernet1/0/19     Ethernet1/0/20
                                  Ethernet1/0/21     Ethernet1/0/22
                                  Ethernet1/0/23     Ethernet1/0/24
                                  Ethernet1/0/25     Ethernet1/0/26
                                  Ethernet1/0/27     Ethernet1/0/28
100      VLAN0100   Static  ENET
200      VLAN0200   Static  ENET
```

步骤四： 给 VLAN100 和 VLAN200 添加端口。

```
switch(config)#vlan 100
switch(Config-Vlan100)#switchport interface ethernet 1/0/1-12
                                            !将 e1/0/1-12 端口加入 VLAN100
switch(Config-Vlan100)# exit
switch(Config)#vlan 200
switch(Config-Vlan200)#switchport interface ethernet 1/0/13-24
                                            !将 e1/0/13-24 端口加入 VLAN200
```

步骤五： 验证（见表 2-13）。

表 2-13 配置 IP1 的地址

PC1 位置	PC2 位置	动　　作	结　　果
1～12	13～24	PC1 ping PC2	不通

步骤六： 添加 VLAN 地址。

```
switch(config)#interface vlan 100           !进入 VLAN100 的接口
switch(Config-if-Vlan100)#ip address  192.168.10.1  255.255.255.0
                                            !配置 VLAN100 的 IP 地址
switch(Config-if-Vlan100)#no shutdown       !开启该端口
switch(Config-if-Vlan100)#exit
switch(config)#interface vlan 200           !进入 VLAN200 的接口
switch(Config-if-Vlan200)#ip address  192.168.20.1  255.255.255.0
                                            !配置 VLAN200 的 IP 地址
switch(Config-if-Vlan200)#no shutdown       !开启该端口
switch(Config-if-Vlan200)#exit
```

验证配置：

```
switch#show ip route                    !显示交换机路由信息
Total route items is 3, the matched route items is 3
Codes: C - connected, S - static, R - RIP derived, O - OSPF derived
A - OSPF ASE, B - BGP derived, D - DVMRP derived
Destination Mask Nexthop Interface Preference
C 192.168.1.0 255.255.255.0 0.0.0.0 Vlan1 0
C 192.168.10.0 255.255.255.0 0.0.0.0 Vlan100 0
C 192.168.20.0 255.255.255.0 0.0.0.0 Vlan200 0
switch#
```

步骤七：验证（见表 2-14）。

表 2-14　配置 IP2 的地址

PC1 位置	PC2 位置	动　作	结　果
1～12	13～24	PC1 ping PC2	通

小贴士

和二层交换机不同，三层交换机可以在多个 VLAN 接口上配置 IP 地址。

相关知识与技能

三层交换技术就是二层交换技术＋三层转发技术。传统的交换技术是在 OSI 网络标准模型中的第二层——数据链路层进行操作的，而三层交换技术是在网络模型中的第三层实现了数据包的高速转发。应用第三层交换技术即可实现网络路由的功能，又可以根据不同的网络状况做到最优的网络性能。

拓展与提高

三层交换机与路由器的区别：三层交换机也具有“路由”功能，它与传统路由器的路由功能总体上是一致的。虽然如此，三层交换机与路由器还是存在着相当大的本质区别的。

1. 主要功能不同

虽然三层交换机与路由器都具有路由功能，但我们不能因此而把它们等同起来，正如现在许多网络设备同时具备多种传统网络设备功能一样，就如现在有许多宽带路由器不仅具有路由功能，还提供了交换机端口、硬件防火墙功能，但不能把它与交换机或者防火墙等同起来一样。因为这些路由器的主要功能还是路由功能，其他功能只不过是其附加功能，其目的是使设备适用面更广、使其更加实用。这里的三层交换机也一样，它仍是交换机产品，只不过它是具备了一些基本的路由功能的交换机，它的主要功能仍是数据交换。也就是说它同时具备了数据交换和路由转发两种功能，但其主要功能还是数据交换；而路由器仅具有路由转发这一种主要功能。

2. 主要适用的环境不一样

三层交换机的路由功能通常比较简单，因为它所面对的主要是简单的局域网连接。正因如此，三层交换机的路由功能通常比较简单，路由路径远没有路由器那么复杂。它用在局域网中的主要用途还是提供快速数据交换功能，满足局域网数据交换频繁的应用特点。

而路由器则不同，它的设计初衷就是为了满足不同类型的网络连接，虽然也适用于局域网之间的连接，但它的路由功能更多地体现在不同类型网络之间的互联上，如局域网与广域网之间的连接、不同协议的网络之间的连接等，所以路由器主要是用于不同类型的网络之间。它最主要的功能就是路由转发，解决好各种复杂路由路径网络的连接就是它的最终目的，所以路由器的路由功能通常非常强大，不仅适用于同种协议的局域网间，更适用于不同协议的局域网与广域网间。它的优势在于选择最佳路由、负荷分担、链路备份及和其他网络进行路由信息的交换等等路由器所具有功能。为了与各种类型的网络连接，路由器的接口类型非常丰富，而三层交换机则一般仅用于同类型的局域网接口，非常简单。

3．性能体现不一样

从技术上讲，路由器和三层交换机在数据包交换操作上存在着明显区别。路由器一般由基于微处理器的软件路由引擎执行数据包交换，而三层交换机通过硬件执行数据包交换。三层交换机在对第一个数据流进行路由后，它将会产生一个 MAC 地址与 IP 地址的映射表，当同样的数据流再次通过时，将根据此表直接从二层通过而不是再次路由，从而消除了路由器进行路由选择而造成网络的延迟，提高了数据包转发的效率。同时，三层交换机的路由查找是针对数据流的，它利用缓存技术，很容易利用 ASIC 技术来实现，因此，可以大大节约成本，并实现快速转发。而路由器的转发采用最长匹配的方式，实现复杂，通常使用软件来实现，转发效率较低。

正因如此，从整体性能上比较的话，三层交换机的性能要远优于路由器，非常适用于数据交换频繁的局域网中；而路由器虽然路由功能非常强大，但它的数据包转发效率远低于三层交换机，更适合于数据交换不是很频繁的不同类型网络的互联，如局域网与互联网的互联。如果把路由器，特别是高档路由器用于局域网中，则在相当大程度上是一种浪费（就其强大的路由功能而言），而且还不能很好地满足局域网通信性能需求，影响子网间的正常通信。

动动手：两台三层交换机实现不同部门之间网络互访。

所需设备：

（1）DCRS-5650-28 交换机 2 台。

（2）PC 4 台。

（3）Console 线 1 根。

（4）直通线 5 根。

实验拓扑（见图 2-30）：

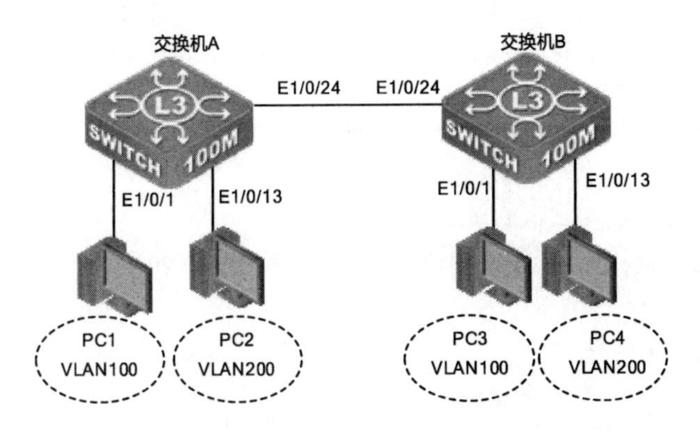

图 2-30　两台三层交换机 VLAN 路由拓扑

工作过程：

两台三层交换机 VLAN 划分如表 2-15 和表 2-16 所示。

表 2-15　两台三层交换机 VLAN 划分

VLAN	端 口 成 员
100	1～12
200	13～23

表 2-16　交换机和 PC IP 地址网络参数设置

设　　备	端　　口	IP	网　　关	Mask
交换机 A	VLAN1	192.168.1.1		255.255.255.0
	VLAN100	192.168.10.1		255.255.255.0
	VLAN200	192.168.20.1		255.255.255.0
	24	trunk		
交换机 B	VLAN1	192.168.1.2		255.255.255.0
	VLAN100	192.168.10.2		255.255.255.0
	VLAN200	192.168.20.2		255.255.255.0
	24	trunk		

步骤一：正确连接网线，将 2 台三层交换机分别恢复出厂设置。

```
switch#set default                       !恢复出厂设置
switch#write                             !保存配置
switch#reload                            !重启交换机
```

步骤二：为 2 台三层交换机设置名称和管理地址。

交换机 A：

```
switch(config)#hostname SwitchA          !交换机命名为 SwitchA
SwitchA(config)#interface vlan 1         !进入 VLAN1 的接口
SwitchA(Config-if-Vlan1)#ip address 192.168.1.1  255.25.255.0
                                         !配置 VLAN1 的 IP 地址
SwitchA(Config-if-Vlan1)#no shutdown !开启该端口
SwitchA(Config-if-Vlan1)#exit
```

交换机 B：

```
switch(config)#hostname SwitchB          !交换机命名为 SwitchB
SwitchB(config)#interface vlan 1         !进入 VLAN1 的接口
SwitchB(Config-if-Vlan1)#ip address 192.168.1.2  255.25.255.0
                                         !配置 VLAN1 的 IP 地址
SwitchB(Config-if-Vlan1)#no shutdown !开启该端口
SwitchB(Config-if-Vlan1)#exit
```

步骤三：分别在交换机 A 和 B 上创建 VLAN100 和 VLAN200

交换机 A：

```
SwitchA(config)#vlan 100                 !创建 VLAN100
SwitchA(Config-Vlan100)# exit
SwitchA(Config)#vlan 200                 !创建 VLAN200
SwitchA(Config-Vlan200)# exit
```

验证配置：

```
SwitchA#show vlan                        !显示 VLAN 信息
VLAN   Name        Type     Media     Ports
---- ------------ ---------- --------- ------------------------------------
1     default      Static   ENET      Ethernet1/0/1    Ethernet1/0/2
                                      Ethernet1/0/3    Ethernet1/0/4
                                      Ethernet1/0/5    Ethernet1/0/6
                                      Ethernet1/0/7    Ethernet1/0/8
                                      Ethernet1/0/9    Ethernet1/0/10
                                      Ethernet1/0/13   Ethernet1/0/14
                                      Ethernet1/0/15   Ethernet1/0/16
                                      Ethernet1/0/19   Ethernet1/0/20
                                      Ethernet1/0/21   Ethernet1/0/22
                                      Ethernet1/0/23   Ethernet1/0/24
                                      Ethernet1/0/25   Ethernet1/0/26
                                      Ethernet1/0/27   Ethernet1/0/28
100  VLAN0100   Static   ENET
200  VLAN0200   Static   ENET
SwitchA#
```

交换机 B：

```
SwitchB(config)#vlan 100                 !创建 VLAN100
SwitchB(Config-Vlan100)# exit
SwitchB(Config)#vlan 200                 !创建 VLAN200
SwitchB(Config-Vlan200)# exit
```

验证配置：

```
SwitchB#show vlan                        !显示 VLAN 信息
VLAN   Name        Type     Media     Ports
---- ------------ ---------- --------- ------------------------------------
1     default      Static   ENET     Ethernet1/0/1    Ethernet1/0/2
                                     Ethernet1/0/3    Ethernet1/0/4
                                     Ethernet1/0/5    Ethernet1/0/6
                                     Ethernet1/0/7    Ethernet1/0/8
                                     Ethernet1/0/9    Ethernet1/0/10
                                     Ethernet1/0/13   Ethernet1/0/14
                                     Ethernet1/0/15   Ethernet1/0/16
                                     Ethernet1/0/19   Ethernet1/0/20
                                     Ethernet1/0/21   Ethernet1/0/22
                                     Ethernet1/0/23   Ethernet1/0/24
                                     Ethernet1/0/25   Ethernet1/0/26
                                     Ethernet1/0/27   Ethernet1/0/28
100  VLAN0100   Static   ENET
200  VLAN0200   Static   ENET
SwitchB#
```

步骤四：为 VLAN100 和 VLAN200 添加端口。

交换机 A：

```
SwitchA(config)#vlan 100
SwitchA(Config-Vlan100)#switchport interface ethernet 1/0/1-12
                                                  !将e1/0/1-12端口加入VLAN100
SwitchA(Config-Vlan100)#exit
SwitchA(config)#vlan 200
SwitchA(Config-Vlan200)#switchport interface ethernet 1/0/13-23
                                                  !将e1/0/13-23端口加入VLAN200
SwitchA(Config-Vlan200)#exit
```

交换机B:

```
SwitchB(config)#vlan 100
SwitchB(Config-Vlan100)#switchport interface ethernet 1/0/1-12
                                                  !将e1/0/1-12端口加入VLAN100
SwitchB(Config-Vlan100)#exit
SwitchB(config)#vlan 200
SwitchB(Config-Vlan200)#switchport interface ethernet 1/0/13-23
                                                  !将e1/0/13-23端口加入VLAN200
SwitchB(Config-Vlan200)#exit
```

步骤五：添加VLAN地址。

交换机A:

```
SwitchA(config)#interface vlan 100              !进入VLAN100的接口
SwitchA(Config-if-Vlan100)#ip address 192.168.10.1  255.255.255.0
                                                  !配置VLAN100的IP地址
SwitchA(Config-if-Vlan100)#no shutdown          !开启该端口
SwitchA(Config-if-Vlan100)#exit
SwitchA(config)#interface vlan 200              !进入VLAN200的接口
SwitchA(Config-if-Vlan200)#ip address 192.168.20.1 255.255.255.0
                                                  !配置VLAN200的IP地址
SwitchA(Config-if-Vlan200)#no shutdown          !开启该端口
SwitchA(Config-if-Vlan200)#exit
```

交换机B:

```
SwitchB(config)#interface vlan 100              !进入VLAN100的接口
SwitchB(Config-if-Vlan100)#ip address 192.168.10.2 255.255.255.0
                                                  !配置VLAN100的IP地址
SwitchB(Config-if-Vlan100)#no shutdown          !开启该端口
SwitchB(Config-if-Vlan100)#exit
SwitchB(config)#interface vlan 200              !进入VLAN200的接口
SwitchB(Config-if-Vlan200)#ip address 192.168.20.2 255.255.255.0
                                                  !配置VLAN200的IP地址
SwitchB(Config-if-Vlan200)#no shutdown          !开启该端口
SwitchB(Config-if-Vlan200)#exit
```

步骤六：设置交换机trunk端口。

交换机A:

```
SwitchA(Config)#interface ethernet 1/0/24       !进入端口24
SwitchA(Config-If-Ethernet1/0/24)# switchport mode trunk
Set the port ethernet 1/0/24 mode TRUNK successfully
                                                  !将该端口设置成Trunk模式
SwitchA(Config-If-Ethernet1/0/24)#exit
SwitchA#show vlan                               !显示交换机VLAN信息
```

```
VLAN   Name          Type       Media    Ports
---- ------------ ---------- --------- -----------------------------------
1       default      Static     ENET     Ethernet1/0/24(T)
                                         Ethernet1/0/25    Ethernet1/0/26
                                         Ethernet1/0/27    Ethernet1/0/28
100     VLAN0100     Static     ENET     Ethernet1/0/1     Ethernet1/0/2
                                         Ethernet1/0/3     Ethernet1/0/4
                                         Ethernet1/0/7     Ethernet1/0/8
                                         Ethernet1/0/9     Ethernet1/0/10
                                         Ethernet1/0/11    Ethernet1/0/12
                                         Ethernet1/0/24(T)
200     VLAN0200     Static     ENET     Ethernet1/0/13    Ethernet1/0/14
                                         Ethernet1/0/15    Ethernet1/0/16
                                         Ethernet1/0/19    Ethernet1/0/20
                                         Ethernet1/0/21    Ethernet1/0/22
                                         Ethernet1/0/23    Ethernet1/0/24(T)
```

交换机 B：

```
SwitchB(config)#interface ethernet 1/0/24       !进入端口 24
SwitchB(Config-If-Ethernet1/0/24)# switchport mode trunk
        Set the port ethernet 1/0/24 mode TRUNK successfully
                                                !将该端口设置成 Trunk 模式
SwitchB(Config-If-Ethernet1/0/24)#exit
SwitchB#show vlan                               !显示交换机 VLAN 信息
VLAN   Name          Type       Media    Ports
---- ------------ ---------- --------- -----------------------------------
1       default      Static     ENET     Ethernet1/0/24(T)
                                         Ethernet1/0/25    Ethernet1/0/26
                                         Ethernet1/0/27    Ethernet1/0/28
100     VLAN0100     Static     ENET     Ethernet1/0/1     Ethernet1/0/2
                                         Ethernet1/0/3     Ethernet1/0/4
                                         Ethernet1/0/7     Ethernet1/0/8
                                         Ethernet1/0/9     Ethernet1/0/10
                                         Ethernet1/0/11    Ethernet1/0/12
                                         Ethernet1/0/24(T)
200     VLAN0200     Static     ENET     Ethernet1/0/13    Ethernet1/0/14
                                         Ethernet1/0/15    Ethernet1/0/16
                                         Ethernet1/0/19    Ethernet1/0/20
                                         Ethernet1/0/21    Ethernet1/0/22
                                         Ethernet1/0/23    Ethernet1/0/24(T)
```

小贴士

交换机 A 和 B 的 VALN100 和 VLAN200 的 IP 地址是不同的，分别作为交换机 A 和 B 上 VALN100 和 VLAN200 的网关。

步骤七：验证。

验证结果：4 台 PC 相互都能 ping 通。

思考与练习

(1)在本任务中，如果在第二次配置IP地址时，没有给PC配置网关，请问还会通信吗？为什么？

(2)请给交换机划分多个VLAN，实现不同VLAN之间的三层路由。

任务六　增加交换机之间带宽

任务描述

某公司生产部门和质检部门分别使用1台交换机提供20多个信息点，两个部门的互通通过1根级联网线。每个部门的信息点都是100 Mbit/s带宽。两个部门之间的带宽也是10 Mbit/s，如果部门之间需要大量传送数据，就会明显感觉带宽资源紧张。当部门之间大量用户都以100 Mbit/s传输数据的时候，部门间的链路就呈现独木桥的状态，必然造成网络传输效率下降等后果。

解决这个问题的办法就是提高部门之间的连接带宽，实现的办法可以是采用1 000 Mbit/s端口替换原来的100 Mbit/s端口进行互联，但是这样无疑增加组网的成本，需要更新端口模块，并且线缆也需要作进一步的升级。

任务分析

当用1 000 Mbit/s端口替换原来的100 Mbit/s端口进行互联时，考虑到公司成本的增加和工程的繁琐性，采用将几条链路进行聚合处理，这几条链路必须是同时连接在两个相同的设备之间，这样不仅增加了两个部门链路之间的带宽，也节约了公司的成本。网络地址等参数配置如表2-17所示，如果链路聚合成功，则PC1可以ping通PC2。

表2-17　交换机和PC IP地址网络参数设置

设　　备	IP	Mask	端　　口
交换机A	192.168.1.11	255.255.255.0	1～2　port-group
交换机B	192.168.1.12	255.255.255.0	3～4　port-group
PC1	192.168.1.101	255.255.255.0	交换机A端口23
PC2	192.168.1.102	255.255.255.0	交换机B端口24

所需设备：

(1)S4600-28P-SI 交换机2台。

(2)PC 2台。

(3)Console线1～2根。

(4)直通线4～8根。

实验拓扑(见图2-31)：

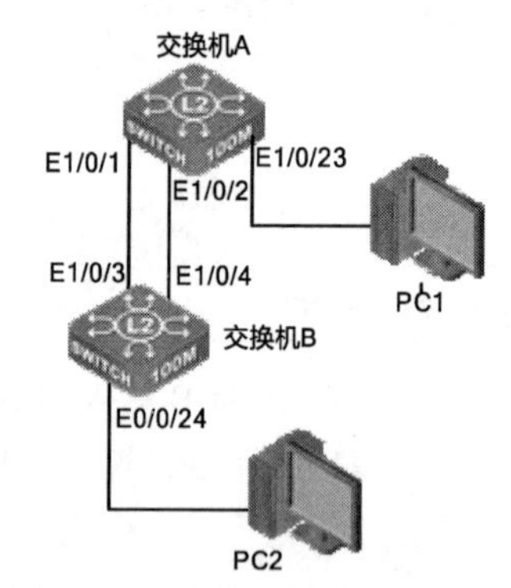

图2-31　交换机链路聚合拓扑

任务实施

步骤一：正确连接网线，交换机全部恢复出厂设置之后，进行初始配置，避免广播风暴出现。

交换机 A：

```
switch#config
switch(config)#hostname SwitchA                    !交换机名称为 SwitchA
SwitchA(config)#interface vlan 1                   !进入 VLAN1 接口
SwitchA(Config-if-Vlan1)#ip address 192.168.1.11  255.25.255.0
                                                   !配置 VLAN1 的 IP 地址
SwitchA(Config-if-Vlan1)#no shutdown               !开启该端口
SwitchA(Config-if-Vlan1)#exit
SwitchA(config)#spanning-tree                      !启用生成树协议
MSTP is starting now,please wait…………..
MSTP is enabled successfully.
```

小贴士

如果没有注明具体生成树协议的类别，则启用时默认为 MSTP 协议。

交换机 B：

```
switch#config
switch(config)#hostname SwitchB                    !交换机名称为 SwitchB
SwitchB(config)#interface vlan 1                   !进入 VLAN1 接口
SwitchB(Config-if-Vlan1)#ip address 192.168.1.12 255.25.255.0
                                                   !配置 VLAN1 的 IP 地址
SwitchB(Config-if-Vlan1)#no shutdown               !开启该端口
SwitchB(Config-if-Vlan1)#exit
SwitchB(config)#spanning-tree                      !启用生成树协议
MSTP is starting now,please wait…………..
MSTP is enabled successfully.
```

步骤二：创建 port group。

交换机 A：

```
SwitchA(config)#port-group 1                       !创建聚合端口 1
SwitchA(config)#
```

验证配置：

```
SwitchA#show port-group brief                      !显示 port-group 1 的摘要信息
Port -group number: 1
Number of ports in port-group: 2  Maxports in port-channel=8
Number of port-channels: 0  Max port-channels: 1
SwitchA#
```

小贴士

上述显示内容中，“Number of ports in port-group”表示在 port-group 中的端口数，“Maxports”表示组中最大允许的端口数，“Number of port-channels”表示是否已经聚合成了一个聚合端口，“Max port-channels”表示 port-group 所能形成的最大聚合端口数。

交换机 B：

```
SwitchB(config)#port-group 2                       !创建聚合端口
SwitchB(config)#
```

步骤三：手工生成链路聚合组（步骤三、四任选其一操作）。

交换机 A：

```
SwitchA(config)#interface ethernet1/0/1-2
SwitchA(Config-If-Port-Range)#port-group 1 mode on
                              !强制 e1/0/1-2 端口加入到聚合端口，并设置为 on 模式
SwitchA(Config-If-Port-Range)#exit
SwitchA(config)#interface port-channel 1   !进入聚合端口
SwitchA(Config-If-Port-Channel1)#
```

验证配置：

```
SwitchA#show vlan
VLAN    Name        Type     Media   Ports
1       default     Static   ENET    Ethernet1/0/3    Ethernet1/0/4
                                     Ethernet1/0/5    Ethernet1/0/6
                                     Ethernet1/0/7    Ethernet1/0/8
                                     Ethernet1/0/9    Ethernet1/0/10
                                     Ethernet1/0/11   Ethernet1/0/12
                                     Ethernet1/0/13   Ethernet1/0/14
                                     Ethernet1/0/15   Ethernet1/0/16
                                     Ethernet1/0/17   Ethernet1/0/18
                                     Ethernet1/0/19   Ethernet1/0/20
                                     Ethernet1/0/21   Ethernet1/0/22
                                     Ethernet1/0/23   Ethernet1/0/24
                                     Port-Channel1
                                     !port-channel1 已经存在
```

交换机 B：

```
SwitchB(config)#interface ethernet1/0/3-4
SwitchB(Config-If-Port-Range)#port-group 2 mode on
                                        !强制 e1/0/3-4 端口加入到聚合端口
SwitchB(Config-If-Port-Range)#exit
SwitchB(config)#interface port-channel 2  !进入聚合端口
SwitchB(Config-If-Port-Channel2)#
```

验证配置：

```
SwitchB#show port-group brief                !显示 port-group 摘要信息
Port-group number: 2
Number of ports in port-group: 2  Maxports in port-channel=8
Number of port-channels: 1  Max port-channels: 1
```

步骤四：LACP 动态生成链路聚合（步骤三、四任选其一操作）。

```
SwitchA(config)#interface Ethernet 1/0/1-2
SwitchA(Config-If-Port-Range)#port-group 1 mode active
                              !将 e1/0/1-2 端口加入到聚合端口，并设置为 active 模式
SwitchA(Config-If-Port-Range)#exit
SwitchA(config)#interface port-channel 1  !进入聚合端口
SwitchA(Config-If-Port-Channel1)#
```

验证配置：

```
SwitchA# show vlan
VLAN    Name        Type     Media   Ports
1       default     Static   ENET    Ethernet1/0/3    Ethernet1/0/4
                                   . Ethernet1/0/5    Ethernet1/0/6
                                     Ethernet1/0/7    Ethernet1/0/8
                                     Ethernet1/0/9    Ethernet1/0/10
```

```
Ethernet1/0/11   Ethernet1/0/12
Ethernet1/0/13   Ethernet1/0/14
Ethernet1/0/15   Ethernet1/0/16
Ethernet1/0/17   Ethernet1/0/18
Ethernet1/0/19   Ethernet1/0/20
Ethernet1/0/21   Ethernet1/0/22
Ethernet1/0/23   Ethernet1/0/24
Port-Channel1
!port-channel1 已经存在
```

交换机 B：

```
SwitchB(config)#interfce e1/0/3-4
SwitchB(Config-If-Port-Range)#port-group 1 mode passive
                         !将 e1/0/3-4 端口加入到聚合端口，并设置为 passive 模式
SwitchB(config)#interface port-channel 2   !进入聚合端口
SwitchB(Config-If-Port-Channel2)#
```

验证配置：

```
SwitchB#show port-group brief     !显示 port-group 摘要信息
Port-group number: 2
Number of ports in port-group: 2  Maxports in port-channel=8
Number of port-channels: 1  Max port-channels: 1
```

步骤五： 使用 ping 命令验证（见表 2-18）。

表 2-18　ping 命令验证

交换机 A	交换机 B	结　果	原　因
1～2	3～4	通	链路聚合组连接正确
1～2	3～4	通	拔掉交换机 B 端口 4 的网线，仍然可以通（需要点时间），此时用 show vlan 看看结果，port-channel 消失。只有一个端口连接的时候，没有必要再维持一个 port-channel 了
1～2	5～6	通	等待一小段时间后，仍然是通的。用 show vlan 看结果，此时把两台交换的 spanning-tree 功能禁用，这时候使用第三步和第四步的结果会不同。采用第四步的，将会形成环路

小贴士

将两台交换机的端口都聚合后再进行物理上的链接，不然会形成广播风暴，影响交换机的工作。

相关知识与技能

（1）为使 port channel 正常工作，port channel 的成员端口必须具有以下相同的属性：端口均为全双工模式、端口速率相同、端口类型必须一样、端口同为 Access 端口并属于同一个 VLAN 或者同为 802.1q Trunk 端口、如果端口为 Trunk 端口，则其 allowed VLAN 和 native VLAN 属性也应该相同。

（2）支持任意两个交换机物理端口的汇聚，最大组数为 6 个，组内最多的端口数位 8 个。

（3）检查对端交换机的对应端口是否配置端口聚合组，并要查看配置方式是否相同，如果

本端是手工方式则对端也应该配置手工方式，如果本端是 LACP 动态生成则对端也应该 LACP 动态生成，否则端口聚合组不能正常工作，还要注意如果两端收发的都是 LACP 协议，至少有一端是 active 的，否则两端都不会发起 LACP 数据报。

（4）port-group 命令详解。

命令：
```
port-group <port-group-number>[load-balance{src-mac|dst-src-mac
|src-ip|dst-ip|dst-src-ip}]
no <port-group-number>[load-balance]
```

功能：新建一个 port-group，并且设置该组的流量分担方式。如果没有指定流量分担方式则为设置默认的流量分担模式。该命令的 no 操作为删除该 group 或者恢复该组流量分担的默认值，load-balance 表示恢复默认流量分担，否则为删除该组。

参数：<port-group-number>为 port channel 的组号，范围 1～16，如果已经存在该组号则会报错。dst-mac 根据目的 MAC 进行流量分担，src-mac 根据 MAC 地址进行流量分担，dst-src-mac 根据目的 MAC 和源 MAC 进行流量分担，dst-ip 根据目的 IP 地址进行流量分担，src-ip 根据源 IP 地址进行流量分担，dst-src-ip 根据目的 IP 和源 IP 进行流量分担。如果修改流量分担方式，并且该 port-group 已经形成一个 port-channel，则这次修改的流量分担方式只有在下次再次汇聚时才会生效。

默认情况：默认交换机端口不属于 port channel，不启动 LACP 协议。

命令模式：交换机全局配置模式。

举例：新建一个 port group，并且采用默认的流量分担方式。

```
switch(config)#port-group 1
```

删除一个 port group。

```
switch(config)#no port-group 1
```

（5）port-group mode 命令详解。

命令：
```
port-group <port-group-number> mode {active|passive|on}
No port-group <port-group-number>
```

功能：将物理端口加入 port channel，该命令的 no 操作为将端口从 port channel 中去除。

参数：<port-group-number>为 port channel 的组号，范围为 1～16，active（0）启动端口的 LACP 协议，并设置为 active 模式，passive（1）启动端口的 LACP 协议，并设置为 passive 模式，on（2）强制端口加入 port channel，不启动 LACP 协议。

命令模式：交换机端口配置模式。

默认情况：默认交换机端口不属于 port channel，不启动 LACP 协议。

使用指南：如果不存在该组则会先建立该组，然后再将端口加到组中。在一个 port-group 中所有的端口加入的模式必须一样，以第一个加入该组的端口模式为准。端口以 on 模式加入一个组是强制性的，所谓强制性的表示本端交换机端口聚合不依赖对端的信息，只要在组中有 2 个以上的端口，并且这些端口的 VLAN 信息都一致则组中的端口就能聚合成功。端口以 active 和 passive 方式加入一个组是运行 LACP 的，但两端必须有一个组中的端口是以 active 方式加入的，如果两端都是 passive，端口永远无法聚合起来。

（6）show port-group 命令详解。

命令：
```
show port-group [<port-group-number>]{brief|detail|load-balance|port
|port-channel}
```

参数：<port-group-number>为要显示的 port channel 的组号，范围为 1～16，brief 显示摘要信息，detail 显示详细信息，load-balance 显示流量分担信息，port 显示成员端口信息，port-channel 显示聚合端口信息。如果没指定 port-group-number 则显示所有 port-group 的信息。

命令模式：特权配置模式。

拓展与提高

（1）一些命令不能在 port channel 端口使用，包括：arp、bandwidth、ip、ip-forward 等。

（2）在使用强制生成端口聚合组时，由于汇聚是手工配置触发的，如果由于 VLAN 信息不一致导致汇聚失败的话，汇聚组一直会停留在没有汇聚的状态，必须通过往该 group 端口增加和删除端口来触发端口再次汇聚，如果 VLAN 信息还是不一致，仍然不能汇聚成功。直到 VLAN 信息都一致并且有增加和删除端口汇聚的情况下端口才能汇聚成功。

（3）port-channel 一旦形成之后，所有对于端口的设置只能在 port-channel 端口上进行。

（4）LACP 必须和 Secrity、802.1x 的端口互斥，如果端口已经配置了上述两种协议，就不允许被启用 LACP。

（5）interface port-channel 命令详解。

命令：`interface port-channel <port-channel-number>`

功能：进入聚合端口配置模式。

命令模式：全局配置模式。

使用指南：进入聚合端口模式下配置时，如果是对 gvrp，spanning tree 模块做配置则对聚合端口生效，如果聚合端口不存在，也就是说在端口没有聚合起来时先提示错误信息，记录该用户配置操作，当端口真正聚合起来以后恢复用户刚才对形成聚合端口的配置动作，注意只能恢复一次，如果因为某种原因聚合组被拆散然后又聚合起来，用户一开始的配置不能被恢复。如果是对其他模块做配置，比如做 shutdown，speed 配置，则是对该 port-channel 对应的 port-group 中的所有成员端口生效，起到一个群配的作用。

思考与练习

在上述任务的基础上，将增加交换机之间带宽的两条网线改成三条网线并进行实验验证。

任务七　防止交换机因环路死机

任务描述

交换机之间具有冗余链路本来是一件很好的事情，但是它有可能引起的问题比它能够解决的问题还要多。如果准备两条以上的链路，就必然形成一个环路，交换机并不知道如何处理环路，只有周而复始地转发帧，形成一个“死环路”，这个“死环路”会造成整个网络处于阻塞状态，导致网络瘫痪。采用生成树协议可以避免环路。

生成树协议的根本目的是将一个存在物理环路的交换网络变成一个没有环路的逻辑树形网络。IEEE 802.1d 协议通过在交换机上运行一套复杂的 STA 算法，使冗余端口置于“阻断状态”，使得接入网络的计算机在与其他计算机网络通信时，只有一条链路生效，而当这个链路出现故障无法使用时，IEEE 802.1d 协议会重新计算网络链路，将处于“阻断状态”的端口重新打开，从而既保证网络正常运转，又保证了冗余能力。

任务分析

本任务采用 2 台交换机之间连接 2 根网线，默认下交换机所有端口属于 VLAN1，并分别在 2 台交换机连接 PC1 和 PC2 作为测试，当没有在交换机上启用生成树协议时，用 2 条网络连接 2 台交换机将导致形成广播风暴，不一会儿，交换机出现死机状态，PC1 和 PC2 不能正常通信，因此必须在 2 台交换机启用生成树协议来阻止因交换机物理环路死机的现象。现将 IP 地址和网络参数按表 2-19 设置，如果正确配置了生成树协议，则 PC1 可以 ping 通 PC2。

表 2-19　IP 地址网络参数设置

设　　备	IP	Mask
交换机 A	10.1.157.100	255.255.255.0
交换机 B	10.1.157.101	255.255.255.0
PC1	10.1.157.103	255.255.255.0
PC2	10.1.157.104	255.255.255.0

网线连接（见表 2-20）:

表 2-20　网线连接设置

设　　备	端　　口	设　　备	端　　口
交换机 A	1	交换机 B	3
交换机 A	2	交换机 B	4
PC1		交换机 A	24
PC2		交换机 B	23

所需设备：

（1）S4600-28P-SI 交换机 2 台。

（2）PC 2 台。

（3）Console 线 1～2 根。

（4）直通线 4～8 根。

实验拓扑（见图 2-32）:

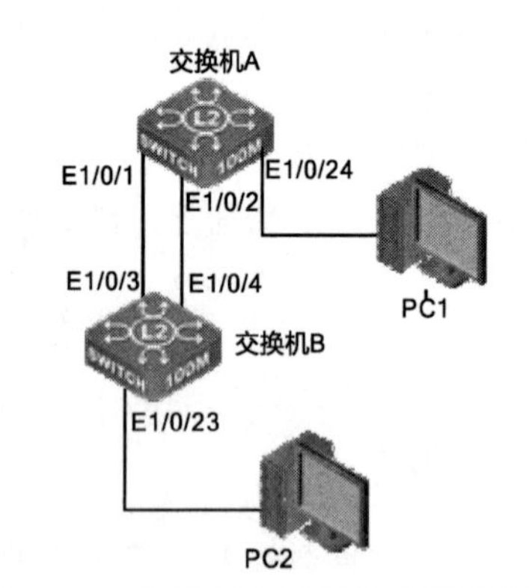

图 2-32　交换机生成树协议配置拓扑

任务实施

步骤一：正确连接网线，恢复出厂设置之后，进行初始配置。

交换机 A:

```
switch#config
switch(config)#hostname SwitchA              !交换机命名为 SwitchA
SwitchA(config)#interface vlan 1             !进入 VLAN1 的接口
SwitchA(Config-if-Vlan1)#ip address 10.1.157.100 255.25.255.0
                                             !配置 VLAN1 的 IP 地址
SwitchA(Config-if-Vlan1)#no shutdown         !开启该端口
```

```
SwitchA(Config-if-Vlan1)#exit
SwitchA(config)#
```

交换机 B:

```
Switch#config
Switch(config)#hostname switchB          !交换机命名为 SwitchB
SwitchB(Config)#interface vlan 1         !进入 VLAN1 的接口
SwitchB(Config-if-Vlan1)#ip address 10.1.157.101  255.25.255.0
                                         !配置 VLAN1 的 IP 地址
SwitchB(Config-if-Vlan1)#no shutdown     !开启该端口
SwitchB(Config-if-Vlan1)#exit
SwitchB(config)#
```

步骤二：输入命令"PC1 ping PC2 -t"观察现象。

（1）ping 不通。

（2）所有连接网线端口的绿灯很频繁地闪烁，表明该端口收发数据量很大，已经在交换机内部形成广播风暴。

（3）有时交换机启动时默认开启生成树协议，则不会出现上述现象。

步骤三：在两台交换机中都启用生成树协议。

交换机 A:

```
SwitchA(config)#spanning-tree            !启用生成树协议
MSTP is starting now,please wait…………..
MSTP is enabled successfully.
switchA(config)#
```

交换机 B:

```
SwitchB(config)#spanning-tree            !启用生成树协议
MSTP is starting now, please wait…………..
MSTP is enabled successfully.
SwitchB(config)#
```

验证配置:

交换机 A:

```
SwitchA#show spanning-tree               !显示生成树协议信息
SwitchA(config)#show spanning-tree
--MSTP Bridge Config Info--
Standard     :IEEE 802.1s
Bridge MAC   :00:03:0f:13:3f:39
Bridge Times :Max Age 20,Hello Time 2,Forward Delay 15
Force Version:3
########################### Instance 0 ###########################
Self Bridge Id    : 32768-00:03:0f:13:3f:39
Root Id           : this switch
Ext.RootPathCost :0
Region Root Id    :this switch
Int.RootPathCost :0
Root Port ID     :0
Current port list in Instance 0:
Ethernet1/0/1 Ethernet1/0/2(Total 2)
PortName   ID    ExtRPC  IntRPC  State Role    DsgBridge      DsgPort
-------------- ------- --------- --------- --- ---- ---------------- -------
Ethernet1/0/1 128.001   0       0 FWD DSGN 32768.00030f133f39 128.001
Ethernet1/0/2 128.002   0       0 FWD DSGN 32768.00030f133f39 128.002
```

交换机 B：

```
SwitchB(config)#show spanning-tree          !显示生成树协议信息
--MSTP Bridge Config Info--
Standard    :IEEE 802.1s
Bridge MAC   :00:03:0f:13:3f:3d
Bridge Times:  Max Age 20, Hello Time 2,Forward Delay 15
Force Version:3
########################### Instance 0 ###########################
Self Bridge Id    : 32768 -  00:03:0f:13:3f:3d
Root Id          : 32768.00:03:0f:13:3f:39
Ext.RootPathCost : 200000
Region Root Id    : this switch
Int.RootPathCost : 0
Root Port ID     : 128.3
Current port list in Instance 0:
Ethernet1/0/3 Ethernet1/0/4 (Total 2)
PortName   ID   ExtRPC  IntRPC  State Role   DsgBridge     DsgPort
-------------- ------- --------- --------- --- ---- ---------------- -------
Ethernet1/0/3 128.003         0  0 FWD ROOT 32768.00030f133f39 128.001
Ethernet1/0/4 128.004         0  0 BLK ALTR 32768.00030f133f39 128.002
SwitchB(config)#
```

小贴士

交换机A和交换机B之间两条链路形成了环路，经过在两台交换机配置了生成树协议后，交换机B的端口 e1/0/4 成为了阻塞端口，所以避免了两台交换机之间由于环路而引起的端口频繁闪烁的不正常现象，此时端口 e1/0/4 是备用端口，连接它的链路成为备用链路，因此也起到了冗余作用。

步骤四：继续使用“PC1 ping PC2 –t”观察现象。

（1）拔掉交换机B端口4的网线，观察现象，出现了短暂中断，如图 2–33 所示。

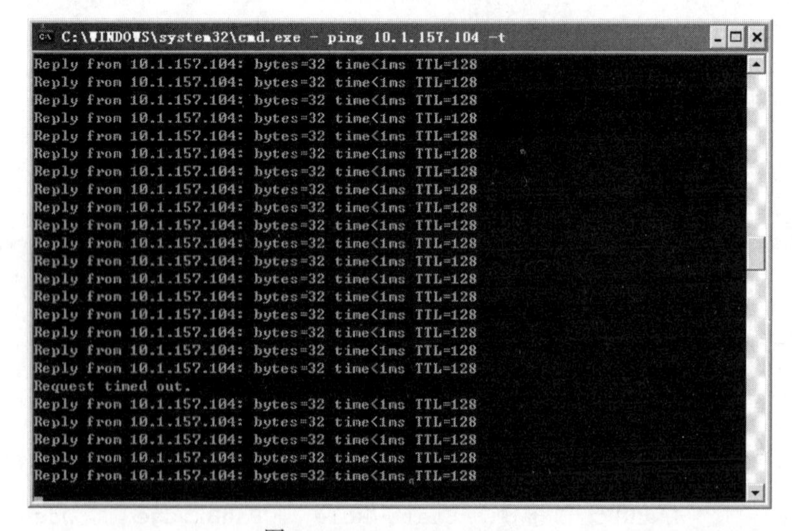

图 2–33　PC1 ping PC2 –t

（2）再插上交换机B端口4的网线，观察现象，同样出现了短暂中断，如图 2–34 所示。

```
C:\WINDOWS\system32\cmd.exe - ping 10.1.157.104 -t
Reply from 10.1.157.104: bytes=32 time<1ms TTL=128
Reply from 10.1.157.104: bytes=32 time<1ms TTL=128
Reply from 10.1.157.104: bytes=32 time<1ms TTL=128
Reply from 10.1.157.104: bytes=32 time<1ms TTL=128
Reply from 10.1.157.104: bytes=32 time<1ms TTL=128
Reply from 10.1.157.104: bytes=32 time<1ms TTL=128
Reply from 10.1.157.104: bytes=32 time<1ms TTL=128
Reply from 10.1.157.104: bytes=32 time<1ms TTL=128
Reply from 10.1.157.104: bytes=32 time<1ms TTL=128
Reply from 10.1.157.104: bytes=32 time<1ms TTL=128
Reply from 10.1.157.104: bytes=32 time<1ms TTL=128
Reply from 10.1.157.104: bytes=32 time<1ms TTL=128
Reply from 10.1.157.104: bytes=32 time<1ms TTL=128
Reply from 10.1.157.104: bytes=32 time<1ms TTL=128
Reply from 10.1.157.104: bytes=32 time<1ms TTL=128
Reply from 10.1.157.104: bytes=32 time<1ms TTL=128
Reply from 10.1.157.104: bytes=32 time<1ms TTL=128
Reply from 10.1.157.104: bytes=32 time<1ms TTL=128
Request timed out.
Reply from 10.1.157.104: bytes=32 time<1ms TTL=128
Reply from 10.1.157.104: bytes=32 time<1ms TTL=128
Reply from 10.1.157.104: bytes=32 time<1ms TTL=128
Reply from 10.1.157.104: bytes=32 time<1ms TTL=128
Reply from 10.1.157.104: bytes=32 time<1ms TTL=128
```

图 2-34　PC1 ping PC2 –t

相关知识与技能

生成树协议的功能是维护一个无环路的网络，如果将网络环路中的某个端口暂时“阻塞”，到每个目的地的无环路路径就形成了，设计冗余链路的目的就是当网络发生故障时（某个端口失效）有一条后备路径替补上来。在全局模式下运行命令 spanning-tree 即启用生成树协议。命令 spanning-tree mode {mstp|stp}为设置交换机运行 spanning-tree 的模式，本命令的 no 操作为恢复交换机默认的模式，默认模式下交换机运行 MSTP 多实例生成树协议。

1. STP 生成树协议

目的：为了防止冗余时候产生的环路。

原理：所有 VLAN 成员端口都加入一棵树里面，将备用链路的端口设为 BLOCK，直到主链路出问题之后，BLOCK 的链路才成为 UP，端口的状态转换：

BLOCK>LISTEN>LERARN>FORWARD>DISABLE 总共经历 50 s 时间，生成树协议工作时，正常情况下，交换机的端口要经过几个工作状态的转变。物理链路待接通时，将在 block 状态停留 20 s，之后是 listen 状态 15 s，经过 15 s 的 learn，最后成为 forward 状态。

缺点：收敛速度慢，效率低。

解决收敛速度慢的补丁：POSTFACT/UPLINKFAST（检查直连链路）/BACKBONEFAST。

2. MSTP 多实例生成树协议

目的：解决 STP 与 RSTP 中的效率低，占用资源的问题。

原理：部分 VLAN 为一棵树。

如果想在交换机上运行 MSTP，首先必须在全局打开 MSTP 开关。在没有打开全局 MSTP 开关之前，打开端口的 MSTP 开关是不允许的。MSTP 定时器参数之间是有相关性的，错误配置可能导致交换机不能正常工作。用户在修改 MSTP 参数时，应该清楚所产生的各个拓扑。除了全局的基于网桥的参数配置外，其他的是基于各个实例的配置，在配置时一定要注意参数对应的实例是否正确。

拓展与提高

动动手：实现多实例生成树技术。

某公司人员增多，部门也随之多起来，现公司增加到4台交换机设备，管理员决定采用基于VLAN的多实例生成树协议，销售部的PC1和PC3在VLAN10中，技术部的PC2和PC4在VLAN 20中。

所需设备：

（1）S4600-28P-SI交换机2台。

（2）DCRS-5650交换机2台。

（3）PC 4台。

（4）Console线1根。

（5）双绞线10根。

实验拓扑（见图2-35）：

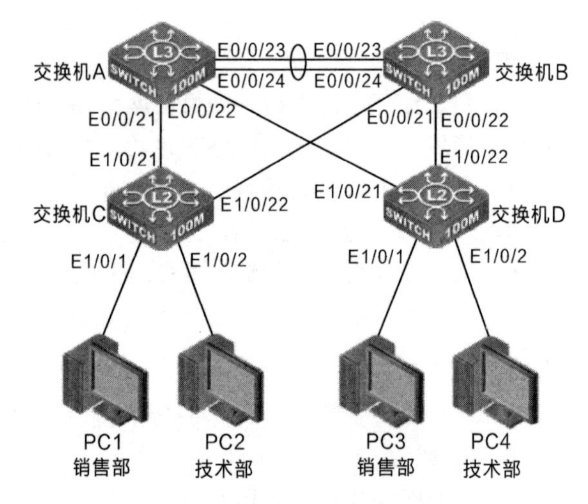

图2-35　交换机实现多生成树实例技术

工作过程：

在交换机A和交换机B上分别划分两个基于端口的VLAN：VLAN10、VLAN20，如表2-21所示。

表2-21　VLAN划分、Trunk口和端口聚合设置

VLAN	端口成员
10	
20	
trunk	E1/0/21、E1/0/22
聚合	E1/0/23、E1/0/24

在交换机C和交换机D上也划分两个基于端口的VLAN：VLAN10、VLAN20。把端口21和端口22都设置成Trunk口，如表2-22所示。

表 2-22　VLAN 划分、Trunk 口设置

VLAN	端 口 成 员
10	
20	
trunk	E1/0/21、E1/0/22

网线连接（见表 2-23）：

表 2-23　网线连接设置

设　　备	端　　口	设　　备	端　　口
交换机 A	23	交换机 B	23
交换机 A	24	交换机 B	24
交换机 A	21	交换机 C	21
交换机 A	22	交换机 D	21
交换机 B	21	交换机 C	22
交换机 B	22	交换机 D	22
PC1		交换机 A	1
PC2		交换机 A	2
PC3		交换机 B	1
PC4		交换机 B	2

步骤一：正确连接网线，交换机全部恢复出厂设置之后，进行初始配置。

```
switch>enable                                  !进入特权配置模式
switch#set default                             !恢复出厂设置
Are you sure?[Y/N] = y
switch#write
switch#reload                                  !重启交换机
Process with reboot? [Y/N]y
```

步骤二：配置端口聚合。

交换机 A:

```
switch(config)#hostname SwitchA
SwitchA(config)#interface e1/0/23-24
SwitchA(config-If-Port-Range)#switchport mode trunk
SwitchA(config-If-Port-Range)#port-group 1 mode on
```

交换机 B:

```
switch(config)#hostname SwitchB
SwitchB(config)#interface e1/0/23-24
SwitchB(config-If-Port-Range)#switchport mode trunk
SwitchB(config-If-Port-Range)#port-group 1 mode on
```

步骤三：启用生成树协议。

交换机 A:

```
SwitchA(config)#spanning-tree
MSTP is starting now, please wait...........
MSTP is enabled successfully.
```

交换机B:

```
SwitchB(config)#spanning-tree
MSTP is starting now, please wait...........
MSTP is enabled successfully.
```

交换机C:

```
switch(config)#hostname SwitchC
SwitchC(config)#spanning-tree
MSTP is starting now, please wait...........
MSTP is enabled successfully.
```

交换机D:

```
Switch(config)#hostname SwitchD
SwitchD(config)#spanning-tree
MSTP is starting now, please wait...........
MSTP is enabled successfully.
```

步骤四:创建VLAN,并把相应端口分配给VLAN和启动相应端口的Trunk。

交换机A:

```
SwitchA(config)#vlan 10
SwitchA(config)#vlan 20
SwitchA(config)#interface e1/0/21
SwitchA(config-if-ethernet1/0/21)#switchoport mode trunk
SwitchA(config)#interface 1/0/22
SwitchA(config-if-ethernet1/0/22)#switchoport mode trunk
```

交换机B:

```
SwitchB(config)#vlan 10
SwitchB(config)#vlan 20
SwitchB(config)#interface e1/0/21
SwitchB(config-if-ethernet1/0/21)#switchoport mode trunk
SwitchB(config)#interface 1/0/22
SwitchB(config-if-ethernet1/0/22)#switchoport mode trunk
```

交换机C:

```
SwitchC(config)#vlan 10
SwitchC(config)#vlan 20
SwitchC(config)#interface e1/0/1
SwitchC(config-if- ethernet1/0/1)#switchoport access vlan 10
SwitchC(config)#interface e010/2
SwitchC(config-if- ethernet1/0/2)#switchoport access vlan 20
SwitchC(config)#interface e1/0/21
SwitchC(config-if- ethernet1/0/21)#switchoport mode trunk
SwitchC(config)#interface 1/0/22
SwitchC(config-if- ethernet1/0/22)#switchoport mode trunk
```

交换机D:

```
SwitchD(config)#vlan 10
SwitchD(config)#vlan 20
SwitchD(config)#interface e1/0/1
SwitchD(config-if- ethernet1/0/1)#switchoport access vlan 10
SwitchD(config)#interface e1/0/2
```

```
SwitchD(config-if- ethernet1/0/2)#switchoport access vlan 20
SwitchD(config)#interface e1/0/21
SwitchD(config-if- ethernet1/0/21)#switchoport mode trunk
SwitchD(config)#interface 1/0/22
SwitchD(config-if- ethernet1/0/22)#switchoport mode trunk
```

步骤五：配置实例 1 和实例 2，并配置名称和版本。

交换机 A：

```
SwitchA(config)#spanning-tree mst configuration
SwitchA(config-mstp-region)#revision-level 1
SwitchA(config-mstp-region)#name region1
SwitchA(config-mstp-region)#instance 1 vlan 10
SwitchA(config-mstp-region)#instance 2 vlan 20
SwitchA(config-mstp-region)#
```

交换机 B：

```
SwitchB(config)#spanning-tree mst configuration
SwitchB(config-mstp-region)#revision-level 1
SwitchB(config-mstp-region)#name region1
SwitchB(config-mstp-region)#instance 1 vlan 10
SwitchB(config-mstp-region)#instance 2 vlan 20
SwitchB(config-mstp-region)#
```

交换机 C：

```
SwitchC(config)#spanning-tree mst configuration
SwitchC(config-mstp-region)#revision-level 1
SwitchC(config-mstp-region)#name region1
SwitchC(config-mstp-region)#instance 1 vlan 10
SwitchC(config-mstp-region)#instance 2 vlan 20
SwitchC(config-mstp-region)#
```

交换机 D：

```
SwitchD(config)#spanning-tree mst configuration
SwitchD(config-mstp-region)#revision-level 1
SwitchD(config-mstp-region)#name region1
SwitchD(config-mstp-region)#instance 1 vlan 10
SwitchD(config-mstp-region)#instance 2 vlan 20
SwitchD(config-mstp-region)#
```

步骤六：配置优先级。

交换机 A：

```
SwitchA(config)# spanning-tree mst 1 priority 0
                                    !配置优先级，使其成为 instance 1 中的根
SwitchA(config)# spanning-tree mst 2 priority 4096
```

交换机 B：

```
SwitchB(config)#spanning-tree mst 1 priority 4096
SW2(config)#spanning-tree mst 2 priority 0
                                    !配置优先级，使其成为 instance2 中的根
```

步骤七：验证。

在交换机 C 上查看生成树的配置。

```
SwitchC#show spanning-tree mst config
Name          region1
Revision       1
Instance       Vlans Mapped
----------------------------------
00           1-9, 11-19, 21-4094
01           10
02           20
----------------------------------
```

在交换机D上查看每个VLAN是无环的链路。

```
SwitchD#show spanning-tree interface e1/0/22
Ethernet1/0/22:
Mst   ID       IntRPC    State Role    DsgBridge        DsgPort VlanCount
--- ------- ---------   --- ---- ------------------ ------- ---------
  0 128.022         0   FWD  DSGN 32768.00030f1324dd 128.022       1
  1 128.022    100000   BLK  ALTR  4096.00030f1da543 128.022       1
  2 128.022         0   FWD  ROOT     0.00030f1da543 128.022       1
```

思考与练习

（1）使用2根网线连接2台交换机，使用“spanning-tree mode mstp”来进行实验，体验备用链路启用和断开所需时间的长短。

（2）3台设备启用生成树，两两互连，任意断开一条链路，设备间的通信是否会中断？

任务八　提高网络稳定性

虚拟路由器冗余协议（VRRP）是一种选择协议，它可以把一个虚拟路由器的责任动态分配到局域网上的 VRRP 路由器中的一台。控制虚拟路由器 IP 地址的 VRRP 路由器称为主路由器，它负责转发数据包到这些虚拟 IP 地址。一旦主路由器不可用，这种选择过程就提供了动态的故障转移机制，这就允许虚拟路由器的 IP 地址可以作为终端主机的默认第一跳路由器。使用 VRRP 的好处是有更高的默认路径的可用性，而无需在每个终端主机上配置动态路由或路由发现协议。

任务描述

某公司企业网络核心层原来采用1台三层交换机，随着网络应用的日益增多，对网络的可靠性也提出了越来越高的要求，公司决定采用默认网关进行冗余备份，以便在其中1台设备出现故障时，备份设备能够及时接管数据转发工作，为用户提供透明的切换，提高网络的稳定性。

任务分析

本任务可以采用2台三层交换机作为核心层设备，使用 VRRP 技术使得2台交换机互相备份，以此来提高网络的可靠性和稳定性。现将各交换机 VLAN 划分表、IP 地址和网络参数按照表2-24和2-25设置，如果正确配置了 VRRP 协议，则网络将不会受到单点故障的影响，这样就很好地解决了网络中核心交换机切换的问题。

表 2-24　各交换机 VLAN 划分

设　　备	VLAN	端口成员
交换机 A	10	1
	100	24
	trunk	23
交换机 B	20	1
	100	24
	trunk	23
交换机 C	100	1
	trunk	23、24

表 2-25　交换机和 PC IP 地址网络参数设置

设　　备	端　　口	IP	Mask	网　　关
交换机 A	VLAN10	192.168.10.1	255.255.255.0	
	VLAN100	192.168.100.1	255.255.255.0	
交换机 B	VLAN20	192.168.20.1	255.255.255.0	
	VLAN100	192.168.100.2	255.255.255.0	
交换机 C	VLAN100			
PC1	E1/0/1	192.168.100.100	255.255.255.0	192.168.100.254
PC2	E0/0/1	192.168.10.2	255.255.255.0	192.168.10.1
PC3	E0/0/1	192.168.20.2	255.255.255.0	192.168.20.1

网线连接（见表 2-26）：

表 2-26　网线连接设置

设　　备	端　　口	设　　备	端　　口
交换机 A	24	交换机 B	24
交换机 A	23	交换机 C	23
交换机 B	23	交换机 C	24
PC1		交换机 C	1
PC2		交换机 A	1
PC3		交换机 B	1

所需设备：

（1）DCRS-5650 交换机 2 台。

（2）DCS-3950 交换机 1 台。

（3）Console 线 1 条。

（4）PC 3 台。

（5）交叉线 3 条。

（6）直连线 3 条。

实验拓扑（见图 2-36）：

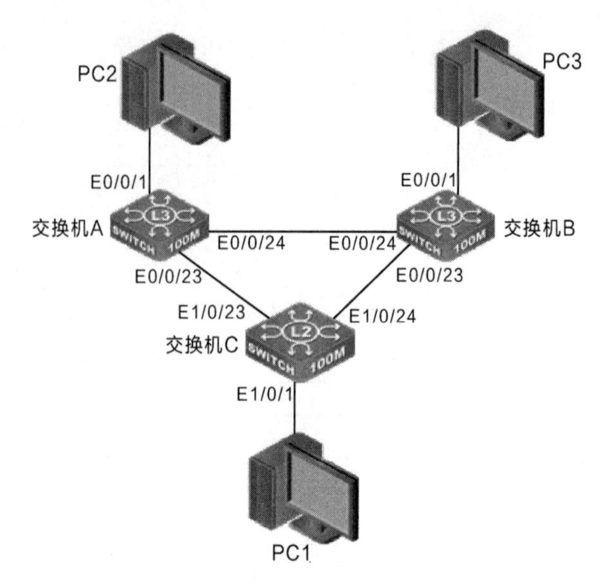

图 2-36　交换机的 VRRP 服务拓扑

任务实施

步骤一：正确连接网线，将各交换机分别恢复出厂设置。

```
switch>enable                                    !进入特权配置模式
switch#set default                               !恢复出厂设置
Are you sure?[Y/N] = y
switch#write
switch#reload                                    !重启交换机
Process with reboot? [Y/N]y
```

步骤二：配置各交换机的主机名称和划分 VLAN。

交换机 A：

```
DCRS-5650-28>
DCRS-5650-28>enable
DCRS-5650-28#config
DCRS-5650-28(config)#hostname SwitchA
SwitchA(config)#vlan 10
SwitchA(Config-Vlan10)#switchport interface e0/0/1
Set the port Ethernet0/0/1 access vlan 10 successfully
SwitchA(Config-Vlan10)#exit
SwitchA(config)#vlan 100
SwitchA(Config-Vlan100)#switchport interface e0/0/24
Set the port Ethernet0/0/24 access vlan 100 successfully
SwitchA(Config-Vlan100)#exit
SwitchA(config)#int e0/0/23
SwitchA(Config-If-Ethernet0/0/23)#switchport mode trunk
Set the port Ethernet0/0/23 mode TRUNK successfully
SwitchA(Config-If-Ethernet0/0/23)#
```

交换机 B：

```
DCRS-5650-28>
DCRS-5650-28>enable
DCRS-5650-28#config
DCRS-5650-28(config)#hostname  SwitchB
SwitchB(config)#vlan 20
SwitchB(Config-Vlan20)#exit
SwitchB(Config-Vlan20)#switchport interface e0/0/1
Set the port Ethernet0/0/1 access vlan 20 successfully
SwitchB(config)#vlan 100
SwitchB(Config-Vlan100)#switchport interface e0/0/24
Set the port Ethernet0/0/24 access vlan 100 successfully
SwitchB(Config-Vlan100)#exit
SwitchB(config)#int e0/0/23
SwitchB(Config-If-Ethernet0/0/23)#switchport mode trunk
Set the port Ethernet0/0/23 mode TRUNK successfully
SwitchB(Config-If-Ethernet0/0/23)#
```

交换机 C：

```
S4600-28P-SI#enable
S4600-28P-SI#config
S4600-28P-SI(config)#hostname SwitchC
SwitchC(config)#vlan 100
SwitchC(config-vlan100)#switchport interface e1/0/1
Set the port Ethernet1/0/1 access vlan 100 successfully
SwitchC(config-vlan100)#exit
SwitchC(config)#int e1/0/23
SwitchC(config-if-ethernet1/0/23)#switchport mode trunk
Set the port Ethernet1/0/23 mode TRUNK successfully
SwitchC(config-if-ethernet1/0/23)#int e1/0/24
SwitchC(config-if-ethernet1/0/24)#switchport mode trunk
Set the port Ethernet1/0/24 mode TRUNK successfully
SwitchC(config-if-ethernet1/0/24)#exit
SwitchC(config)#
```

查看交换机 A 上划分的 VLAN：

```
SwitchA#show vlan
VLAN Name         Type       Media     Ports
---- ---------- --------- -------- --------------------------------------
1    default      Static     ENET   Ethernet0/0/2        Ethernet0/0/3
                                    Ethernet0/0/4        Ethernet0/0/5
                                    Ethernet0/0/6        Ethernet0/0/7
                                    Ethernet0/0/8        Ethernet0/0/9
                                    Ethernet0/0/10       Ethernet0/0/11
                                    Ethernet0/0/12       Ethernet0/0/13
                                    Ethernet0/0/14       Ethernet0/0/15
```

```
                                              Ethernet0/0/16     Ethernet0/0/17
                                              Ethernet0/0/18     Ethernet0/0/19
                                              Ethernet0/0/20     Ethernet0/0/21
                                              Ethernet0/0/22     Ethernet0/0/23(T)
                                              Ethernet0/0/25     Ethernet0/0/26
                                              Ethernet0/0/27     Ethernet0/0/28
20   VLAN0010     Static     ENET  Ethernet0/0/1      Ethernet0/0/23(T)
100  VLAN0100     Static     ENET  Ethernet0/0/23(T)  Ethernet0/0/24
SwitchA#
```

查看交换机 B 上划分的 VLAN:

```
SwitchB#show vlan
VLAN Name         Type       Media     Ports
---- ----------- --------- -------- ------------------------------------
1    default      Static     ENET  Ethernet0/0/2      Ethernet0/0/3
                                   Ethernet0/0/4      Ethernet0/0/5
                                   Ethernet0/0/6      Ethernet0/0/7
                                   Ethernet0/0/8      Ethernet0/0/9
                                   Ethernet0/0/10     Ethernet0/0/11
                                   Ethernet0/0/12     Ethernet0/0/13
                                   Ethernet0/0/14     Ethernet0/0/15
                                   Ethernet0/0/16     Ethernet0/0/17
                                   Ethernet0/0/18     Ethernet0/0/19
                                   Ethernet0/0/20     Ethernet0/0/21
                                   Ethernet0/0/22     Ethernet0/0/23(T)
                                   Ethernet0/0/25     Ethernet0/0/26
                                   Ethernet0/0/27     Ethernet0/0/28
20   VLAN0020     Static     ENET  Ethernet0/0/1      Ethernet0/0/23(T)
100  VLAN0100     Static     ENET  Ethernet0/0/23(T)  Ethernet0/0/24
SwitchB#
```

查看交换机 C 上划分的 VLAN:

```
SwitchC##show vlan
VLAN Name         Type       Media     Ports
---- ----------- --------- -------- ------------------------------------
1    default      Static     ENET  Ethernet0/0/2      Ethernet0/0/3
                                   Ethernet0/0/4      Ethernet0/0/5
                                   Ethernet0/0/6      Ethernet0/0/7
                                   Ethernet0/0/8      Ethernet0/0/9
                                   Ethernet0/0/10     Ethernet0/0/11
                                   Ethernet0/0/12     Ethernet0/0/13
                                   Ethernet0/0/14     Ethernet0/0/15
                                   Ethernet0/0/16     Ethernet0/0/17
                                   Ethernet0/0/18     Ethernet0/0/19
                                   Ethernet0/0/20     Ethernet0/0/21
                                   Ethernet0/0/22     Ethernet0/0/23(T)
```

```
                                          Ethernet0/0/24(T)   Ethernet0/0/25
                                          Ethernet0/0/26
100  VLAN0100    Static    ENET          Ethernet0/0/1       Ethernet0/0/23(T)
                                          Ethernet0/0/24(T)
SwitchC#
```

步骤三：在交换机上配置IP地址。

交换机A：

```
SwitchA(config)#int vlan 10
SwitchA(Config-if-Vlan10)#ip add 192.168.10.1 255.255.255.0
SwitchA(Config-if-Vlan10)#no shut
SwitchA(Config-Vlan10)#exit
SwitchA(config)#int vlan 100
SwitchA(Config-if-Vlan100)#ip add 192.168.100.1 255.255.255.0
SwitchA(Config-if-Vlan100)#no shut
SwitchA(Config-Vlan100)#exit
```

交换机B：

```
SwitchB(config)#int vlan 20
SwitchB(Config-if-Vlan20)#ip add 192.168.20.1 255.255.255.0
SwitchB(Config-if-Vlan20)#no shut
SwitchB(Config-Vlan20)#exit
SwitchB(config)#int vlan 100
SwitchB(Config-if-Vlan100)#ip add 192.168.100.2 255.255.255.0
SwitchB(Config-if-Vlan100)#no shut
SwitchB(Config-Vlan100)#exit
```

步骤四：开启交换机的生成树协议，防止环路出现。

交换机A：

```
SwitchA(config)#
SwitchA(config)#spanning-tree
MSTP is starting now, please wait...........
MSTP is enabled successfully.
SwitchA(config)#
```

交换机B：

```
SwitchB(config)#
SwitchB(config)#spanning-tree
MSTP is starting now, please wait...........
MSTP is enabled successfully.
SwitchB(config)#
```

交换机C：

```
SwitchC(config)#
SwitchC(config)#spanning-tree
MSTP is starting now, please wait...........
MSTP is enabled successfully.
SwitchC(config)#
```

步骤五：配置静态路由。

在交换机 A 上配置到 PC3 的静态路由：

```
SwitchA(config)#
SwitchA(config)#ip route 192.168.20.0 255.255.255.0 192.168.100.2
SwitchA(config)#
```

在配置交换机 B 配置到 PC2 的静态路由：

```
SwitchB(config)#
SwitchB(config)#ip route 192.168.10.0 255.255.255.0 192.168.100.1
SwitchB(config)#
```

步骤六：查看路由表。

交换机 A：

```
SwitchA#show ip route
Codes: K - kernel, C - connected, S - static, R - RIP, B - BGP
……
C      127.0.0.0/8 is directly connected, Loopback
C      192.168.10.0/24 is directly connected, Vlan10
S      192.168.20.0/24 [1/0] via 192.168.100.2, Vlan100
C      192.168.100.0/24 is directly connected, Vlan100
Total routes are : 4 item(s)
SwitchA#
```

交换机 B：

```
SwitchB#show ip route
Codes: K - kernel, C - connected, S - static, R - RIP, B - BGP
….
C      127.0.0.0/8 is directly connected, Loopback
S      192.168.10.0/24 [1/0] via 192.168.100.1, Vlan100
C      192.168.20.0/24 is directly connected, Vlan20
C      192.168.100.0/24 is directly connected, Vlan100
Total routes are : 4 item(s)
SwitchB#
```

步骤七：测试网络的连通性，此时全网已经互通，如图 2-37 所示。

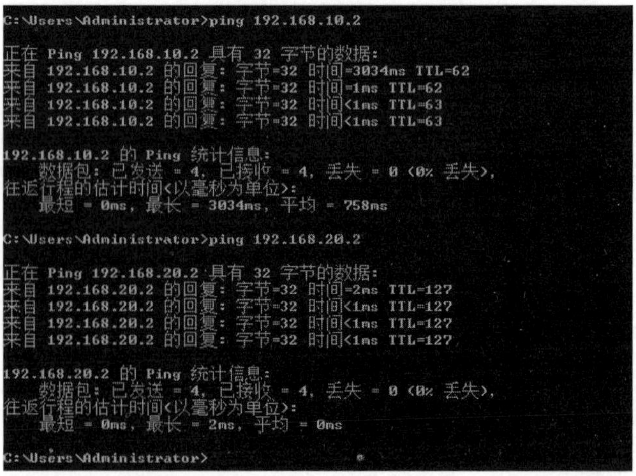

```
C:\Users\Administrator>ping 192.168.10.2

正在 Ping 192.168.10.2 具有 32 字节的数据:
来自 192.168.10.2 的回复: 字节=32 时间=3034ms TTL=62
来自 192.168.10.2 的回复: 字节=32 时间=1ms TTL=62
来自 192.168.10.2 的回复: 字节=32 时间<1ms TTL=63
来自 192.168.10.2 的回复: 字节=32 时间<1ms TTL=63

192.168.10.2 的 Ping 统计信息:
    数据包: 已发送 = 4, 已接收 = 4, 丢失 = 0 (0% 丢失),
往返行程的估计时间(以毫秒为单位):
    最短 = 0ms, 最长 = 3034ms, 平均 = 758ms

C:\Users\Administrator>ping 192.168.20.2

正在 Ping 192.168.20.2 具有 32 字节的数据:
来自 192.168.20.2 的回复: 字节=32 时间=2ms TTL=127
来自 192.168.20.2 的回复: 字节=32 时间<1ms TTL=127
来自 192.168.20.2 的回复: 字节=32 时间<1ms TTL=127
来自 192.168.20.2 的回复: 字节=32 时间<1ms TTL=127

192.168.20.2 的 Ping 统计信息:
    数据包: 已发送 = 4, 已接收 = 4, 丢失 = 0 (0% 丢失),
往返行程的估计时间(以毫秒为单位):
    最短 = 0ms, 最长 = 2ms, 平均 = 0ms

C:\Users\Administrator>
```

图 2-37　连通性测试效果一

步骤八：配置 VRRP。

交换机 A：

```
SwitchA#config
SwitchA(config)#router vrrp 1
SwitchA(config-router)#virtual-ip 192.168.100.254 !虚拟网关 IP
SwitchA(config-router)#int vlan 100
SwitchA(config-router)#enable
SwitchA(config-router)#
```

交换机 B：

```
SwitchB#config
SwitchB(config)#router vrrp 1
SwitchB(config-router)#virtual-ip 192.168.100.254
SwitchB(config-router)#int vlan 100
SwitchB(config-router)#priority 150                 !优先级
SwitchB(config-router)#enable
SwitchB(config-router)#
```

步骤九：查看 VRRP 配置。

交换机 A：

```
SwitchA#show vrrp
VrId 1
 State is Backup                          !此交换机为备份交换机
 Virtual IP is 192.168.100.254 (Not IP owner)
 Interface is Vlan100
 Priority is 100                          !默认优先级，所以此交换机为备份交换机
 Advertisement interval is 1 sec
 Preempt mode is TRUE
SwitchA#
```

交换机 B：

```
SwitchB#show vrrp
VrId 1
 State is Master                               !此交换机为主
 Virtual IP is 192.168.100.254 (Not IP owner)
 Interface is Vlan100
 Priority is 150                               !优先级 150，所以此交换机为主
 Advertisement interval is 1 sec
 Preempt mode is TRUE
SwitchB#
```

步骤十：测试网络的连通性。

在 PC1 上 ping PC2 的 IP 地址 192.168.10.2 网络是通的，将交换机 B 和交换机 C 之间的网线拔掉，断了几秒后仍然是通的，如图 2-38 所示。

```
C:\Users\Administrator>ping 192.168.10.2 -t

正在 Ping 192.168.10.2 具有 32 字节的数据:
来自 192.168.10.2 的回复: 字节=32 时间<1ms TTL=63
来自 192.168.10.2 的回复: 字节=32 时间<1ms TTL=63
来自 192.168.10.2 的回复: 字节=32 时间<1ms TTL=63
来自 192.168.10.2 的回复: 字节=32 时间<1ms TTL=63
来自 192.168.10.2 的回复: 字节=32 时间<1ms TTL=63
来自 192.168.10.2 的回复: 字节=32 时间<1ms TTL=63
来自 192.168.10.2 的回复: 字节=32 时间<1ms TTL=63
请求超时。
来自 192.168.10.2 的回复: 字节=32 时间<1ms TTL=63
来自 192.168.10.2 的回复: 字节=32 时间<1ms TTL=63
来自 192.168.10.2 的回复: 字节=32 时间<1ms TTL=63
来自 192.168.10.2 的回复: 字节=32 时间<1ms TTL=63
来自 192.168.10.2 的回复: 字节=32 时间<1ms TTL=63

192.168.10.2 的 Ping 统计信息:
    数据包: 已发送 = 13, 已接收 = 12, 丢失 = 1 (7% 丢失),
往返行程的估计时间(以毫秒为单位):
    最短 = 0ms, 最长 = 0ms, 平均 = 0ms
Control-C
^C
C:\Users\Administrator>
```

图 2-38 连通性测试效果二

在 PC1 上 ping PC3 的 IP 地址 192.168.20.2 网络是通的，将交换机 B 和交换机 C 之间的网线拔掉，断了几秒后仍然是通的，如图 2-39 所示。

```
C:\Users\Administrator>ping 192.168.20.2 -t

正在 Ping 192.168.20.2 具有 32 字节的数据:
来自 192.168.20.2 的回复: 字节=32 时间<1ms TTL=127
来自 192.168.20.2 的回复: 字节=32 时间<1ms TTL=127
来自 192.168.20.2 的回复: 字节=32 时间<1ms TTL=127
请求超时。
请求超时。
请求超时。
请求超时。
请求超时。
请求超时。
请求超时。
来自 192.168.20.2 的回复: 字节=32 时间=3590ms TTL=126
来自 192.168.20.2 的回复: 字节=32 时间=1ms TTL=126
来自 192.168.20.2 的回复: 字节=32 时间<1ms TTL=127
来自 192.168.20.2 的回复: 字节=32 时间<1ms TTL=127
来自 192.168.20.2 的回复: 字节=32 时间<1ms TTL=127
来自 192.168.20.2 的回复: 字节=32 时间<1ms TTL=127
来自 192.168.20.2 的回复: 字节=32 时间<1ms TTL=127
来自 192.168.20.2 的回复: 字节=32 时间<1ms TTL=127
来自 192.168.20.2 的回复: 字节=32 时间<1ms TTL=127

192.168.20.2 的 Ping 统计信息:
    数据包: 已发送 = 19, 已接收 = 12, 丢失 = 7 (36% 丢失),
往返行程的估计时间(以毫秒为单位):
    最短 = 0ms, 最长 = 3590ms, 平均 = 299ms
Control-C
^C
C:\Users\Administrator>
```

图 2-39 连通性测试效果三

相关知识与技能

虚拟路由冗余协议（Virtual Router Redundancy Protocol，VRRP）是由因特网工程任务组（Internet Engineering Task Force，IETF）提出的解决局域网中配置静态网关出现单点失效现象的路由协议，1998 年已推出正式的 RFC2338 协议标准。VRRP 广泛应用在边缘网络中，它的设计目标是支持特定情况下 IP 数据流量失败转移不会引起混乱，允许主机使用单路由器，以及及时在实际第一跳路由器使用失败的情形下仍能够维护路由器间的连通性。

VRRP 是一种选择协议，它可以把一个虚拟路由器的责任动态分配到局域网上的 VRRP 路由器中的一台。控制虚拟路由器 IP 地址的 VRRP 路由器称为主路由器，它负责转发数据包到这些虚拟 IP 地址。一旦主路由器不可用，这种选择过程就提供了动态的故障转移机制，这就允许虚拟路由器的 IP 地址可以作为终端主机的默认网关。一个局域网络内的所有主机都设置缺省网关，这样主机发出的目的地址不在本网段的报文将被通过缺省网关发往三层交换机，从而实现了主机和外部网络的通信。

VRRP 是一种路由容错协议，也可以称为备份路由协议。一个局域网络内的所有主机都设置缺省路由，当网内主机发出的目的地址不在本网段时，报文将被通过缺省路由发往外部路由器，从而实现了主机与外部网络的通信。当缺省路由器 down 掉(即端口关闭)之后，内部主机将无法与外部通信，如果路由器设置了 VRRP 时，那么这时，虚拟路由将启用备份路由器，从而实现全网通信。

参考命令配置如下：

```
Switch#config
Switch(config)#router vrrp 1                          !启动 vrrp 组
Switch(config-router)#virtual-ip 192.168.100.254      !虚拟 IP 地址
Switch(config-router)#int vlan 100
Switch(config-router)#priority 150                    !优先级
Switch(config-router)#enable                          !在 vlan100 中生效
Switch(config-router)#
```

思考与练习

在本任务中，在 PC1 上使用 tracert 命令跟踪信息到 PC2 的路径走向，之后将交换机 B 和交换机 C 之间的网线拔掉，在 PC1 上再使用 tracert 命令跟踪信息到 PC2 的路径走向，查看两次信息路径是否不一致。

项目实训　某公司利用交换机构建小型网络

项目描述

某公司有 2 台内部服务器，分别提供部门员工查看公司动态信息的 Web 服务器和资源共享的 FTP 服务器。公司部门的客户端通过二层交换机接入公司网络，为了提供部门客户端快速访问服务器的要求，2 台服务器分别连接在公司三层交换机上，并在三层交换机之间形成两条链路的聚合链路以增加带宽。为了防止二层交换机和三层交换机之间线路出现故障引起公司工作中断，公司决定在二层交换机和三层交换机之间线路连接上采用备份设计。由于公司对设备安全的重视，需在各交换机配置特权密码，并使 Web 服务器能用 Telnet 方式管理交换机。利用 4 台 PC 代表不同部门的客户端。

根据设计要求，网络互联的拓扑结构如图 2-40 所示，请按图中要求完成相关网络设备的连接。

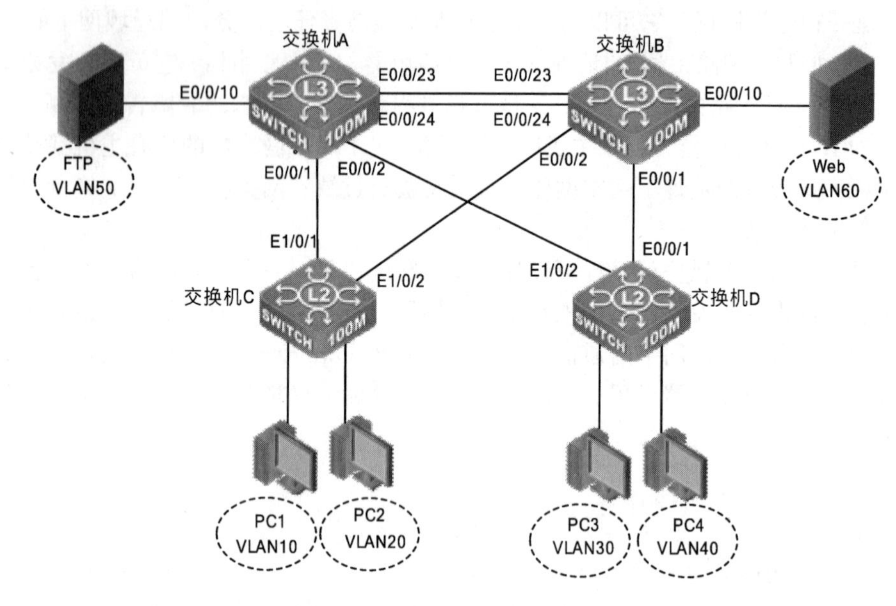

图 2-40 某公司网络拓扑结构

项目要求

（1）按网络拓扑结构图要求制作连接网线并正确连接设备；

（2）清空交换机之前的所有配置并正确命名各交换机；

（3）按照表 2-27 和表 2-28 正确配置各交换机划分 VLAN、配置各 VLAN 的 IP 地址、各 PC 和服务器的网络参数；

（4）配置各交换机的明文加密特权密码为 123abc；

（5）要求仅 Web 服务器能远程登录到交换机 A，用户名为 admin，密码为 abc123；

（6）交换机 A 和交换机 B 之间形成链路聚合，以增加链路带宽；

（7）为了防止因网络出现环路而引起交换机死机现象，在各交换机运行生成树协议；

（8）要求 4 台客户端 PC 都能访问 Web 服务器和 FTP 服务器的资源，并且 Web 服务器和 FTP 服务器之间也能互访。

表 2-27 各交换机 VLAN 配置

设　备	VLAN	IP	端　口	Mask
交换机 A	VLAN1	192.168.1.1		255.255.255.0
	VLAN10	192.168.10.1		255.255.255.0
	VLAN20	192.168.20.1		255.255.255.0
	VLAN30	192.168.30.1		255.255.255.0
	VLAN40	192.168.40.1		255.255.255.0
	VLAN50	192.168.50.1	10	255.255.255.0

续表

设　备	VLAN	IP	端　口	Mask
交换机 B	VLAN1	192.168.1.2		255.255.255.0
	VLAN10	192.168.10.2		255.255.255.0
	VLAN20	192.168.20.2		255.255.255.0
	VLAN30	192.168.30.2		255.255.255.0
	VLAN40	192.168.40.2		255.255.255.0
	VLAN60	192.168.60.1	10	255.255.255.0
交换机 C	VLAN10		3～13	
	VLAN20		14～24	
交换机 D	VLAN30		3～13	
	VLAN40		14～24	

注：交换机 A 和 B 通过各自的 23～24 端口连接，形成链路聚合。

表 2-28　各 PC 网络参数配置

PC	端　口	IP	Gateway	Mask
PC1	3～13	192.168.10.10	192.168.10.1	255.255.255.0
PC2	14～24	192.168.20.20	192.168.20.1	255.255.255.0
PC3	3～13	192.168.30.30	192.168.30.2	255.255.255.0
PC4	14～24	192.168.40.40	192.168.40.2	255.255.255.0
FTP	10	192.168.50.2	192.168.50.1	255.255.255.0
Web	10	192.168.60.2	192.168.60.1	255.255.255.0

项目提示

完成本项目需认真审读，首先要根据给出的拓扑图能完成基本的网络配置，即交换机 VLAN 划分、VLAN 接口 IP 地址设置、PC 地址参数设置，然后参照各知识点按照项目要求进行网络设计。

项目评价

本项目综合应用到了所学的二层交换机和三层交换机配置的基本知识，主要包括交换机配置文件清空、交换机几种配置模式、交换机命名、基于端口的 VLAN 划分、VLAN 接口的 IP 地址配置、特权密码、Telnet 登录交换机、链路聚合、生成树协议、三层路由通信和二层交换与三层交换的区别。

通过本项目的学习，学生既能够理解所学的知识点，又能够把所学的知识点应用到实际的生产环境中，可以提高学生综合分析问题、解决问题的实战能力，起到学以致用的目的。

根据实际情况填写项目实训评价表。

项目实训评价表

	内容		评价		
	能力目标	评价项目	3	2	1
职业能力	通过CONSOLE方式带外管理交换机、Telnet方式带内管理交换机	配置管理			
	交换机端口划分VLAN、跨交换机实现VLAN互访、三层交换机上不同VLAN路由通信	掌握VLAN及互访			
	配置生成树协议防止环路、链路聚合增加交换机带宽	理解环路和聚合			
	交换机配置模式、交换机基本配置命令、交换机文件备份和还原	基本配置			
	三层交换机和路由器的区别	理解三层与路由			
通用能力	知识理解能力				
	小组合作能力				
	自主学习能力				
	解决问题能力				
	自我提高能力				
综合评价					

项目三 运用路由器构建中型企业网络

随着网络规模的扩大，网络可能分布在多个园区之间，为了实现资源共享，可以把分散在不同园区的网络连接起来，从而提高网络的管理性、安全性。本项目通过对路由器的管理和维护，路由协议的阐述和实践，使得学生能运用路由器构建一个中型园区网络。

能力目标

通过本项目的学习，学生会管理和维护路由器，能运用路由协议实现园区网络的互联，会运用NAT技术实现IP地址不足情况下的Internet连接。

应会内容

- 路由器的基本管理方法
- 维护路由器的配置文件
- 路由器单臂路由的配置
- 路由器静态路由的配置方法
- 路由器RIP协议的配置方法

3-1 基本管理

应知内容

- 路由器以太网端口单臂路由配置
- 路由器默认路由的配置方法
- 路由器实现DHCP的配置方法
- 路由器RIP协议v1和v2的区别
- 路由器OSPF协议的配置方法

3-2 配置静态路由

3-3 动态路由RIP实现网络互通

3-4 配置OSPF单区域

3-4 配置OSPF多区域

3-5 DHCP动态获取

任务一　路由器的基本配置

任务描述

某学校来了 1 名新网管，学校使用神州数码的网络设备构建网络。该网管需要熟悉神州数码的网络设备，需要登录路由器，了解和掌握路由器的命令行操作、路由器的命名配置、路由器端口配置的基本参数。

任务分析

用 Console 线将 DCR-2655 路由器的 Console 口与 PC 的 COM 口连接起来，用交叉线将 DCR-2655 路由器的 F0/0 与 PC 的网卡连接起来。

所需设备：

（1）DCR-2655 路由器 1 台。

（2）PC 1 台。

（3）Console 线缆、交叉线各 1 条。

实验拓扑（见图 3-1）：

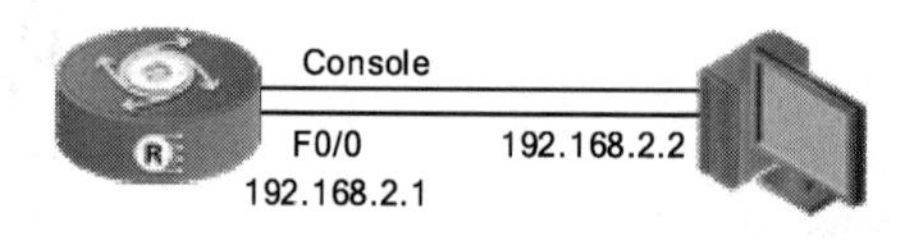

图 3-1　路由器基本配置拓扑

任务实施

步骤一：用 Console 线将路由器的 Console 口与 PC 的串口相连。

步骤二：在 PC 上运行 SecureCRT 程序。设置终端的硬件参数，如图 3-2 所示。

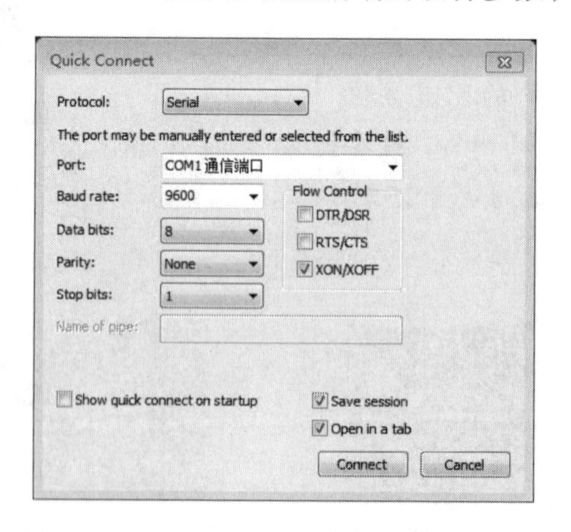

图 3-2　终端仿真配置图

步骤三：路由器加电，超级终端显示路由器的自检信息，自检结束后出现如下命令提示。“press RETURN to get started”。

```
System Bootstrap, Version 0.1.8
Serial num:8IRT01V11B01000054 ,ID num:000847
Copyright (c) 1996-2000 by China Digitalchina CO.LTD
DCR-1700 Processor MPC860T @ 50Mhz
The current time: 2067-9-12 6:31:30
Loading DCR-1702.bin......
Start Decompress DCR-1702.bin
########################################################################
#####################################################################
#####################################################################
#####################################################################
######## Decompress 3587414 byte,Please wait system up..
Digitalchina Internetwork Operating System Software
DCR-1700 Series Software , Version 1.3.2E, RELEASE SOFTWARE
System start up OK
Router console 0 is now available
Press RETURN to get started
```

步骤四：按【Enter】键进入用户配置模式。DCR路由器出厂时没有定义密码，用户按【Enter】键直接进入普通用户模式，可以使用权限允许范围内的命令，需要帮助可以随时输入“？”，输入“enable”，按【Enter】键即可进入超级用户模式，在超级配置模式下，用户拥有最大的权限，可以任意配置，需要帮助可以随时输入“?”。

```
Router-A>enable              ! 进入特权模式
Router-A#2004-1-1 00:04:39 User DEFAULT enter privilege mode from console
0, level = 15
Router-A#?                   ! 查看可用的命令
cd                           -- Change directory
chinese                      -- Help message in Chinese
chmem                        -- Change memory of system
chram                        -- Change memory
clear                        -- Clear something
config                       -- Enter configurative mode
connect                      -- Open a outgoing connection
copy                         -- Copy configuration or image data
date                         -- Set system date
debug                        -- Debugging functions
delete                       -- Delete a file
dir                          -- List files in flash memory
disconnect                   -- Disconnect an existing outgoing network connection
download                     -- Download with ZMODEM
enable                       -- Turn on privileged commands
english                      -- Help message in English
enter                        -- Turn on privileged commands
exec-script                  -- Execute a script on a port or line
exit                         -- Exit / quit
format                       -- Format file system
help                         -- Description of the interactive help system
history                      -- Look up history
```

```
Router-A#ch?                 ! 使用? 帮助
chinese                      -- Help message in Chinese
chmem                        -- Change memory of system
chram                        -- Change memory
Router-A#chinese             ! 设置中文帮助
Router-A#?                   ! 再次查看可用命令
cd                           -- 改变当前目录
Chinese                      -- 中文帮助信息
chmem                        -- 修改系统内存数据
chram                        -- 修改内存数据
clear                        -- 清除
config                       -- 进入配置态
connect                      -- 打开一个向外的连接
copy                         -- 拷贝配置方案或内存映像
date                         -- 设置系统时间
debug                        -- 分析功能
delete                       -- 删除一个文件
dir                          -- 显示闪存中的文件
disconnect                   -- 断开活跃的网络连接
download                     -- 通过 ZMODEM 协议下载文件
enable                       -- 进入特权方式
english                      -- 英文帮助信息
enter                        -- 进入特权方式
exec-script                  -- 在指定端口运行指定的脚本
exit                         -- 退回或退出
format                       -- 格式化文件系统
help                         -- 交互式帮助系统描述
history                      -- 查看历史
keepalive                    -- 保活探测
--More—
```

步骤五：设置路由器以太网接口地址并验证连通性。

```
Router>enable                                        ! 进入特权模式
Router#config                                        ! 进入全局配置模式
Router_config#interface f0/0                         ! 进入接口模式
Router_config_f0/0#ip address 192.168.2.1 255.255.255.0  ! 设置 IP 地址
Router_config_f0/0#no shutdown
Router_config_f0/0#^Z
Router#show interface f0/0                           ! 验证
FastEthernet0/0 is up, line protocol is up           ! 接口和协议都必须 up
address is 00e0.0f18.1a70
Interface address is 192.168.2.1/24
MTU 1500 bytes, BW 100000 kbit, DLY 10 usec
Encapsulation ARPA, loopback not set
Keepalive not set
ARP type: ARPA, ARP timeout 04:00:00
60 second input rate 0 bits/sec, 0 packets/sec!
60 second output rate 6 bits/sec, 0 packets/sec!
Full-duplex, 100Mb/s, 100BaseTX, 1 Interrupt
0 packets input, 0 bytes, 200 rx_freebuf
Received 0 unicasts, 0 lowmark, 0 ri, 0 throttles
```

```
0 input errors, 0 CRC, 0 framing, 0 overrun, 0 long
1 packets output, 46 bytes, 50 tx_freebd, 0 underruns
0 output errors, 0 collisions, 0 interface resets
0 babbles, 0 late collisions, 0 deferred, 0 err600
0 lost carrier, 0 no carrier 0 grace stop 0 bus error
0 output buffer failures, 0 output buffers swapped out
```

步骤六：设置 PC 的 IP 地址并测试连通性，如图 3-3 所示。

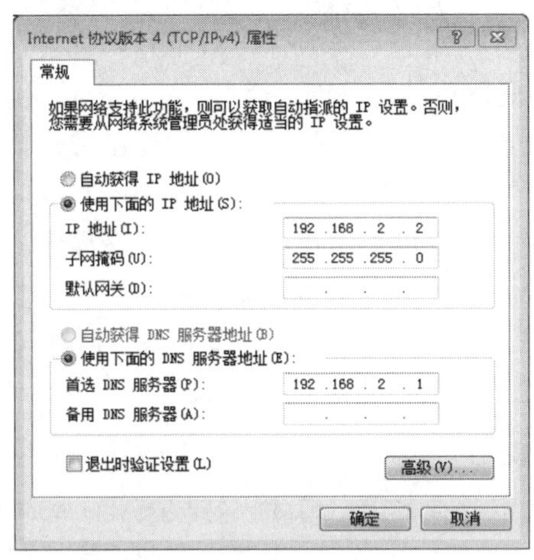

图 3-3　设置 PC 的 IP 地址

使用 ping 命令测试连通性，如图 3-4 所示。

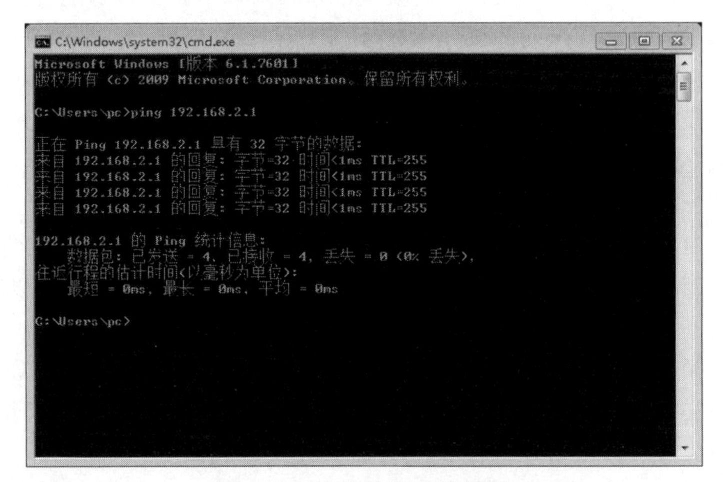

图 3-4　连通性测试效果图

小贴士

（1）在超级终端中的配置是对路由器的操作，这时的 PC 只是输入/输出设备。

（2）计算机和路由器直连需要使用交叉线，否则计算机将无法 ping 通路由器。

（3）要按照步骤二设置终端的硬件参数，否则计算机将无法 ping 通路由器。

（4）要选择正确的计算机 COM 口。

相关知识与技能

1．路由器的管理方式

路由器的管理方式可以分为带内管理和带外管理。带内管理，是指网络的管理控制信息与用户网络的承载业务信息通过同一个逻辑信道传送，简而言之，就是占用业务带宽。带外管理，是指网络的管理控制信息与用户网络的承载业务信息在不同的逻辑信道传送，也就是设备提供专门用于管理的带宽。目前很多高端的交换机都带有带外网管接口，使网络管理的带宽和业务带宽完全隔离，互不影响，构成单独的网管网。通过 Console 口管理是最常用的带外管理方式，通常用户会在首次配置交换机或者无法进行带内管理时使用带外管理方式。带外管理方式也是使用频率最高的管理方式。带外管理的时候，我们可以采用 Windows 操作系统自带的超级终端程序来连接交换机，当然，用户也可以采用自己熟悉的终端程序。带外管理方式就是通过路由器的 Console 口管理路由器的方式，不占用路由器的网络接口，但特点是线缆特殊，需要近距离配置。第一次使用路由器时，必须采用 Console 口对路由器进行配置，使其支持 Telnet 远程管理。带内管理的方式有 Telnet 方式配置和 Web 方式配置。

2．路由器的命令行操作模式

路由器的命令行操作模式主要有：用户模式、特权模式、配置模式。

用户模式：进入路由器后得到的第一个操作模式，此模式下用户只具有最底层的权限，可以查看路由器的软、硬件版本信息，但不能对路由器进行配置。

特权模式：用户模式的下一级模式，此模式下用户可以对路由器的配置文件进行管理，查看路由器的配置信息，进行网络的测试和调试等。

全局配置模式：特权模式的下一级模式，此模式下可以配置路由器的全局参数，如主机名、登录信息等，在此模式下可以进入下一级的配置模式，对路由器具体的功能进行配置。

拓展与提高

如果配置好路由器的接口 IP 地址且能进行网络通信时，则可以通过局域网或广域网，使用 Telnet 客户端登录到路由器上，对路由器进行本地或者远程的配置。这样可以降低管理员的工作量。

路由器生产厂家会不断推出新的版本，增加新的功能，需要及时升级，管理员还要做好文件的备份工作，当文件损坏或设备更换时能快速恢复。正常情况下，可以通过 TFTP 或者 FTP 方式恢复，当设备无法正常启动时，可以通过 ZMODEM 方式恢复。

动动手一：通过 Telnet 访问路由器。

所需设备：

（1）DCR-2655 路由器 1 台。

（2）S4600-28P-SI 交换机 1 台。

（3）PC 1 台。

（3）直通线 2 条。

（5）Console 线 2 条。

实验拓扑（见图 3-5）：

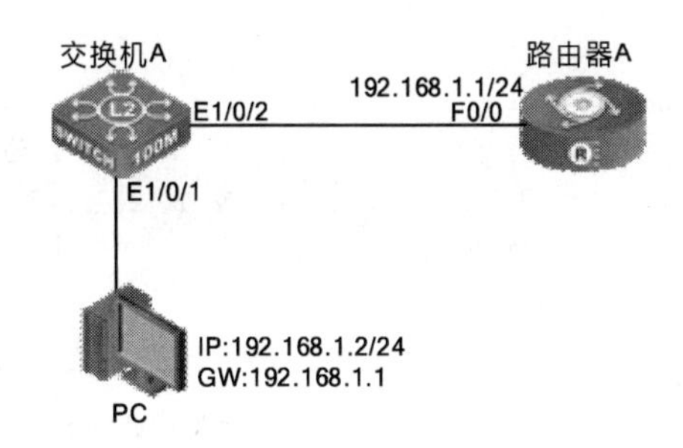

图 3-5 Telnet 访问路由器拓扑

工作过程：

步骤一：恢复交换机的出厂配置。

```
switch>enable                                    ! 进入特权配置模式
switch#set default                               ! 恢复出厂设置
Are you sure?[Y/N] = y
switch#write
switch#reload                                    !重启交换机
Process with reboot? [Y/N]y
```

步骤二：恢复路由器的出厂配置。

```
Router-A>enable                                  ! 进入特权模式
Router-A#2004-1-1 00:32:10 User DEFAULT enter privilege mode from console
0, level = 15
Router-A#show running-config                     ! 查看当前配置
Building configuration...
Current configuration:
!
!version 1.3.2E
<省略>
Router-A#delete                                  ! 删除配置文件
this file will be erased,are you sure?(y/n)y
Router-A#reboot                                  ! 重新启动
Do you want to reboot the router(y/n)?y
Please wait…..
```

步骤三：设置交换机 A 的主机名称和管理 IP 地址。

```
S4600-28P-SI>enable
S4600-28P-SI#config
S4600-28P-SI(config)#host Switch-A
Switch-A(config)#int vlan 1
Switch-A(config-if-vlan1)#
Switch-A(config-if-vlan1)#ip add 192.168.1.10 255.255.255.0
Switch-A(config-if-vlan1)#exit
Switch-A(config)#ip default-gateway 192.168.1.1
Switch-A(config)#
```

步骤四：设置路由器 A 的主机名称和接口 IP 地址。

```
Router>enable                                    ! 进入特权模式
```

```
Router#config                                          ! 进入全局配置模式
Router_config#hostname Router-A                        ! 修改机器名
Router-A_config#interface fa0/0                        ! 进入接口模式
Router-A_config_f0/0#ip address 192.168.1.1 255.255.255.0  ! 配置IP地址
Router-A_config_f0/0#no shutdown                       ! 打开接口
```

步骤五：查看路由器A的端口IP地址配置情况。

```
Router-A#show ip int brief
Interface              IP-Address      Method Protocol-Status
Async0/0               unassigned      manual down
Serial0/1              unassigned      manual down
Serial0/2              unassigned      manual down
FastEthernet0/0        192.168.1.1     manual up
FastEthernet0/3        unassigned      manual down
Router-A#
```

步骤六：设置特权模式密码。

```
Router-A_config#enable password 0 digitalchina  ! 0表示明文
Router-A_config# aaa authentication enable default enable
Router-A_config#^Z
Router-A#2004-1-1 16:38:49 Configured from console 0 by DEFAULT
Router-A#exit
Router-A>enable                                        ! 再次进入特权模式
Password:                                              ! 需要输入密码
Access deny !
Router-A>enable
Password:                                              ! 注意输入时不显示
Router-A#2004-1-1 16:39:14 User DEFAULT enter privilege mode from console
0, level = 15
Router-A#
```

步骤七：保存设置。

```
Router-A#write                                         ! 保存配置
Saving current configuration...
OK!
```

步骤八：查看配置序列。

```
Router-A#show running-config
Building configuration...
Current configuration:
!
!version 1.3.3H
service timestamps log date
service timestamps debug date
no service password-encryption
!
hostname Router-A                                      ! 查看机器名
!
enable password 0 digitalchina level 15                ! 注意到密码可以显示
!
intrface FastEthernet0/0
```

```
 ip address 192.168.1.1 255.255.255.0            ! 查看 IP 地址
 no ip directed-broadcast
!
< 省略….>
interface Serial1/1
 no ip address
 no ip directed-broadcast
!
interface Async0/0
 no ip address
 no ip directed-broadcast
!
```

步骤九：配置 Telnet。

```
Router-A_config#username admin password 0 123456
                               ! 定义 Telnet 用户名为 admin，密码为 123456
Router-A_config#aaa authentication login telnet local
                               ! 开启路由器登录认证，定义该登录认证过程名为 Telnet
Router-A_config#line vty 0 4   ! 进入虚拟 Telnet 口
Router_config_line#login authentication telnet
                               ! 将登录认证过程 Telnet 应用到虚拟的 Telnet 接口
```

步骤十：Telnet 测试，如图 3-6 和图 3-7 所示。

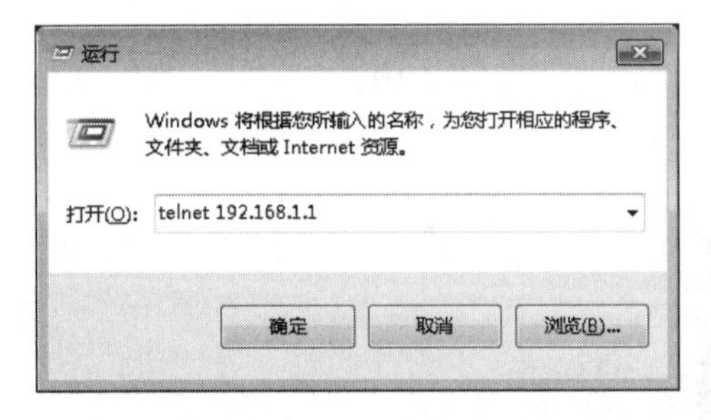

图 3-6　运行 Telnet 路由器

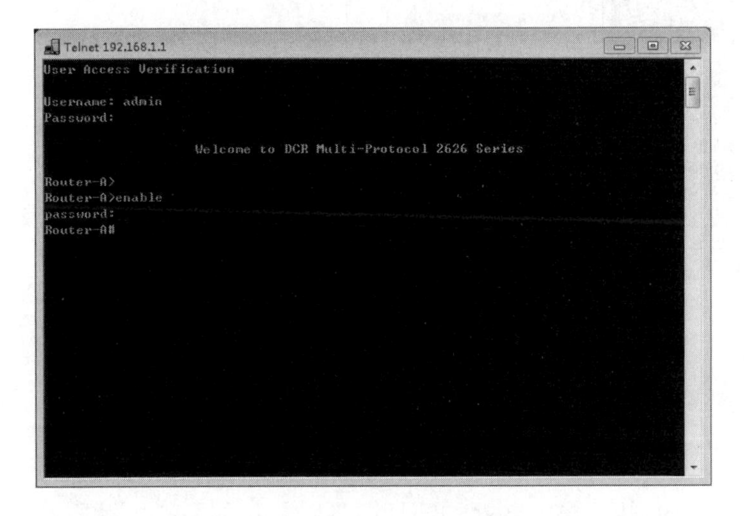

图 3-7　Telnet 路由器效果图

小贴士

(1)CR-V35FC所连的接口为DCE,需要配置时钟频率,CR-V35MT所连的接口为DTE。

(2)查看接口状态,如果接口是DOWN状态,通常是线缆故障;如果协议是DOWN状态,通常是时钟频率没有配置,或者是两端封装协议不一致。

动动手二:维护路由器的配置文件。

所需设备:

(1)DCR-2655路由器 1台。

(2)PC 1台。

(3)TFTP 软件。

(4)交叉线1条。

实验拓扑(见图3-8):

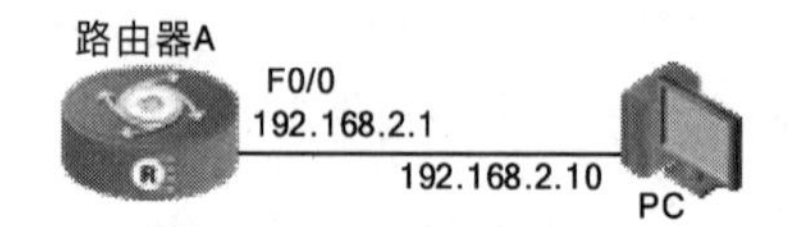

图3-8 维护路由器配置文件拓扑

工作过程:

步骤一:设置PC网卡地址为192.168.2.10,并安装TFTP 软件,如图3-9所示。

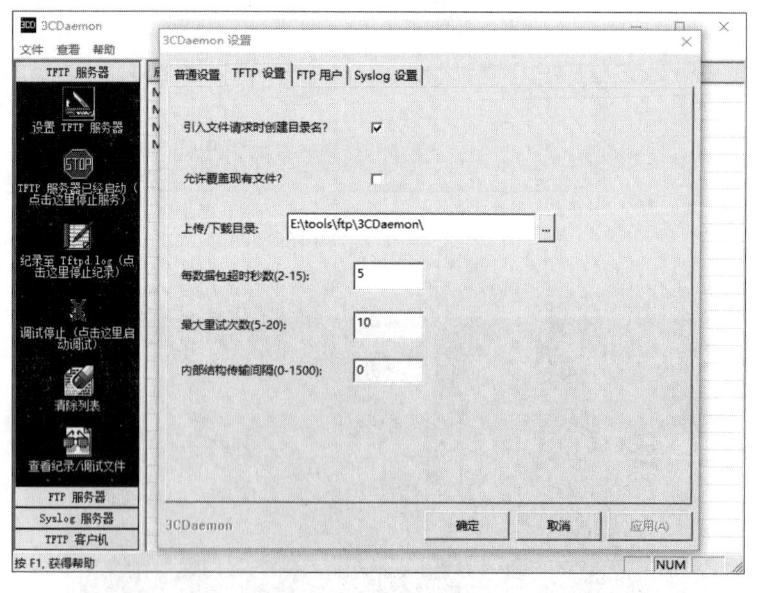

图3-9 安装TFTP软件

步骤二:设置Router-A的F0/0接口地址为192.168.1.1,并测试连通性。

```
Router-A#config
Router-A_config#interface f0/0
Router-A_config_f0/0#ip address 192.168.2.1 255.255.255.0
Router-A_config_f0/0#no shutdown
```

```
Router-A_config_f0/0#^Z
Router-A#show interface f0/0
FastEthernet0/0 is up, line protocol is up
address is 00e0.0f18.1a70
Interface address is 192.168.2.1/24
MTU 1500 bytes, BW 100000 kbit, DLY 10 usec
Encapsulation ARPA, loopback not set
Keepalive not set
<省略... >
Router-A#ping 192.168.2.10 ! PING PC 的地址
PING 192.168.2.10 (192.168.2.1): 56 data bytes
!!!!!
--- 192.168.2.1 ping statistics ---
5 packets transmitted, 5 packets received, 0% packet loss
round-trip min/avg/max = 20/22/30 ms
```

步骤三：查看路由器文件，并将配置文件下载到TFTP服务器上。

```
Router-A#dir
Directory of /:
2 DCR-1751.bin <FILE> 3589526 Sun Feb 7 06:28:15 2106
3 startup-config <FILE> 516 Thu Jan 1 00:03:09 2004
free space 4751360
Router-A#copy flash:startup-config tftp:              ! 上传配置文件作为备份
Remote-server ip address[]?192.168.2.10              ! TFTP 服务器的 IP 地址
Destination file name[startup-config]?               ! 默认的文件名
#
TFTP:successfully send 2 blocks ,516 bytes
```

步骤四：使用写字板打开下载后的配置文件，修改机器名称，上传到路由器中，重新启动后通过show命令观察到机器名已经被修改。

小贴士

（1）路由器和PC直接相连的时候，使用交叉线。
（2）要保证路由器和TFTP服务器的连通性。
（3）在升级过程中不要断电，否则可能造成操作系统被破坏。
（4）关闭PC上的防火墙。

思考与练习

通过Console口管理路由器和维护路由器配置文件。

所需设备：

（1）DCR-2655路由器1台。
（2）PC 1台。
（3）Console线缆、交叉线各1条。
（4）TFTP 软件。

实验拓扑（见图3-10）：

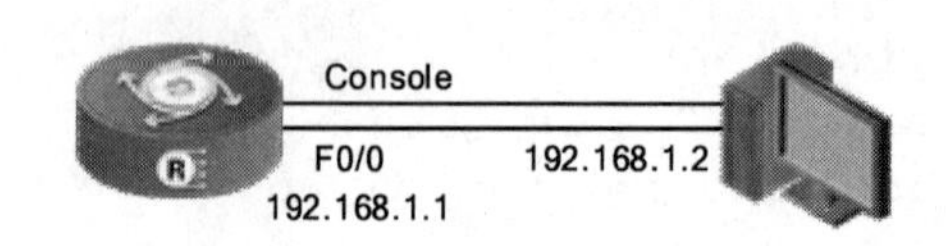

图 3-10　通过 Console 口管理路由器拓扑

要求：

根据实验拓扑，使用 Console 口管理路由器和维护路由器的配置文件。

任务二　静态路由实现网络连通

任务描述

某公司刚成立，规模很小。该公司的网络管理员经过考虑，决定在公司的路由器与运营商路由器之间使用静态路由，实现网络的互联。

任务分析

由于该网络规模较小且不经常变动，所以使用静态路由比较合适。2 台路由器之间通过以太网口相连，每台路由器连接 1 台计算机。

所需设备：

（1）DCR-2655 路由器 2 台。

（2）PC 2 台。

（3）交叉线 3 条。

实验拓扑（见图 3-11）：

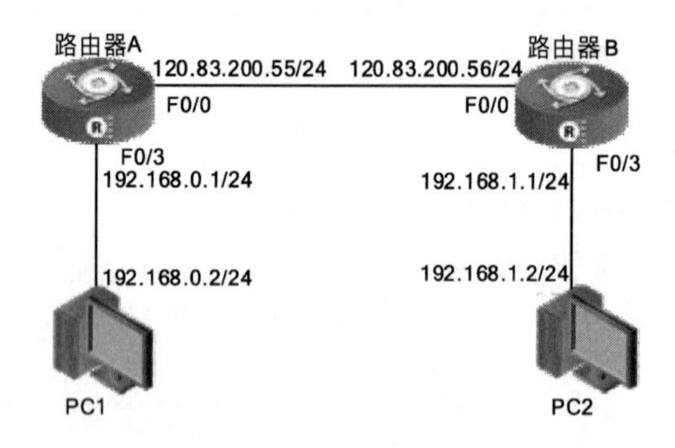

图 3-11　静态路由拓扑

任务实施

步骤一：正确连接网线，将 2 台路由器恢复出厂设置。

```
Router>enable                                         ! 进入特权模式
Router#2004-1-1 00:32:10 User DEFAULT enter privilege mode from console 0,
level = 15
Router#delete                                         ! 删除配置文件
this file will be erased,are you sure?(y/n)y
Router#reboot                                         ! 重新启动
```

```
Do you want to reboot the router(y/n)?y
Please wait…..
```

步骤二：为 2 台路由器设置名称及其接口 IP 地址。

路由器 A：

```
Router>enable
Router#conf
Router_config#hostname Router-A
Router-A_config#interface Fastethernet 0/0
Router-A_config_f0/0#ip address 120.83.200.55  255.255.255.0
Router-A_config#interface Fastethernet 0/3
Router-A_config_f0/3#ip address 192.168.0.1  255.255.255.0
Router-A_config_f0/3#exit
Router-A_config#
```

路由器 B：

```
Router>enable
Router#conf
Router_config#hostname Router-B
Router-B_config#interface Fastethernet 0/0
Router-B_config_f0/0#ip address 120.83.200.56  255.255.255.0
Router-B_config#interface Fastethernet 0/3
Router-B_config_f0/3#ip address 192.168.1.1  255.255.255.0
Router-B_config_f0/3#exit
Router-B_config#
```

步骤三：查看 2 台路由器的端口 IP 地址配置情况。

路由器 A：

```
Router-A#show ip int brief
Interface               IP-Address      Method Protocol-Status
Async0/0                unassigned      manual down
Serial0/1               unassigned      manual down
Serial0/2               unassigned      manual down
FastEthernet0/0         120.83.200.55   manual up
FastEthernet0/3         192.168.0.1     manual up
Router-A#
```

路由器 B：

```
Router-B#show ip int brief
Interface               IP-Address      Method Protocol-Status
Async0/0                unassigned      manual down
Serial0/1               unassigned      manual down
Serial0/2               unassigned      manual down
FastEthernet0/0         120.83.200.56   manual up
FastEthernet0/3         192.168.1.1     manual up
Router-B#
```

步骤四：查看路由器 A 的路由表。

```
Router-A#show ip route
Codes: C - connected, S - static, R - RIP, B - BGP, BC - BGP connected
D - DEIGRP, DEX - external DEIGRP, O - OSPF, OIA - OSPF inter area
```

```
ON1 - OSPF NSSA external type 1, ON2 - OSPF NSSA external type 2  OE1 - OSPF
external type 1, OE2 - OSPF external type 2
DHCP - DHCP type
VRF ID: 0
C 120.83.200.0/24 is directly connected, FastEthernet0/0    ! 直连的路由
C 192.168.0.0/24 is directly connected, FastEthernet0/3     ! 直连的路由
```

步骤五：查看路由器 B 的路由表。

```
Router-B#show ip route
Codes: C - connected, S - static, R - RIP, B - BGP, BC - BGP connected
D - DEIGRP, DEX - external DEIGRP, O - OSPF, OIA - OSPF inter area
ON1 - OSPF NSSA external type 1, ON2 - OSPF NSSA external type 2
OE1 - OSPF external type 1, OE2 - OSPF external type 2
DHCP - DHCP type
VRF ID: 0
C 120.83.200.0/24 is directly connected, FastEthernet0/0    ! 直连的路由
C 192.168.1.0/24 is directly connected, FastEthernet0/3     ! 直连的路由
```

步骤六：ping 命令测试网络的连通性。

（1）在 PC1 上 ping 192.168.1.2，网络未通如图 3-12 所示。

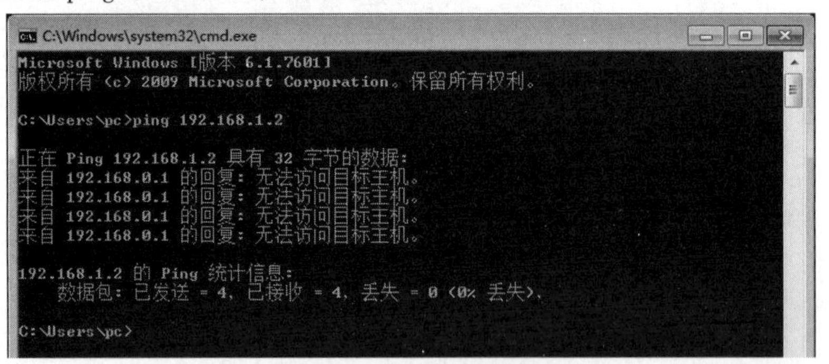

图 3-12　连通性测试效果图一

（2）在 PC2 上 ping 192.168.0.2，网络未通，如图 3-13 所示。

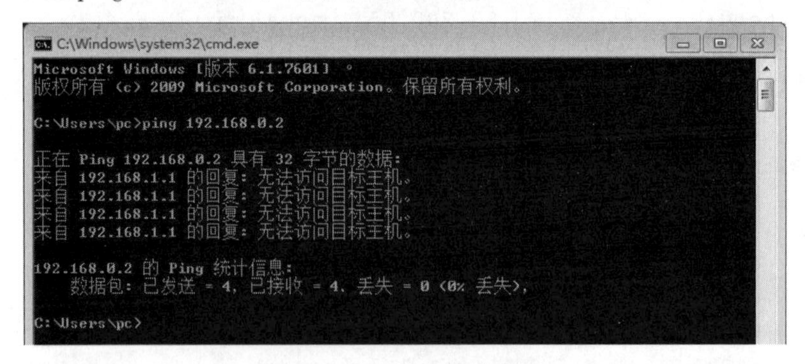

图 3-13　连通性测试效果图二

步骤七：在路由器 A 上配置静态路由并测试网络的连通性。

在路由器 A 上配置静态路由。

```
Router_A#config
Router_A_config#ip route 192.168.1.0 255.255.255.0 120.83.200.56
```

查看路由器 A 的路由表。

```
Router-A#show ip route
......
VRF ID: 0

C 192.168.0.0/24 is directly connected, FastEthernet0/3
C 120.83.200.0/24  is directly connected, FastEthernet0/0
S 192.168.1.0/24 [1,0] via 120.83.200.56 (on FastEthernet0/0)
                                    ！注意静态路由的管理距离是1
```

（1）在 PC1 上 ping 192.168.1.2，网络已通，如图 3-14 所示。

```
C:\Windows\system32\cmd.exe
Microsoft Windows [版本 6.1.7601]
版权所有 (c) 2009 Microsoft Corporation。保留所有权利。

C:\Users\pc>ping 192.168.1.2

正在 Ping 192.168.1.2 具有 32 字节的数据:
来自 192.168.1.2 的回复: 字节=32 时间=2ms TTL=62
来自 192.168.1.2 的回复: 字节=32 时间=1ms TTL=62
来自 192.168.1.2 的回复: 字节=32 时间=1ms TTL=62
来自 192.168.1.2 的回复: 字节=32 时间=1ms TTL=62

192.168.1.2 的 Ping 统计信息:
    数据包: 已发送 = 4，已接收 = 4，丢失 = 0 (0% 丢失)，
往返行程的估计时间(以毫秒为单位):
    最短 = 1ms，最长 = 2ms，平均 = 1ms

C:\Users\pc>
```

图 3-14　连通性测试效果图三

（2）在 PC2 上 ping 192.168.0.2 网络未通，如图 3-15 所示。

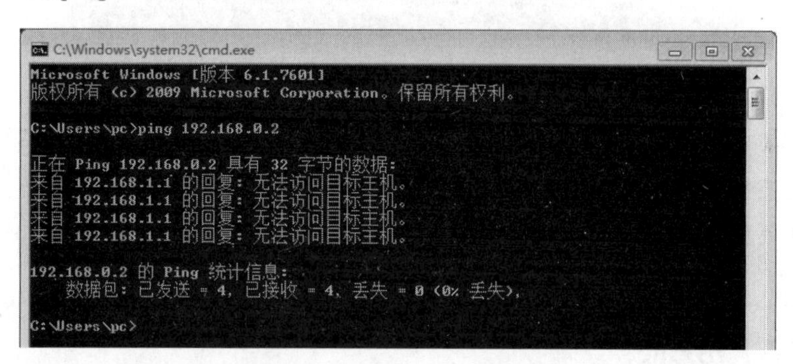

图 3-15　连通性测试效果图四

步骤八：在路由器 B 上配置及查看静态路由。

在路由器 B 上配置静态路由。

```
Router_B#config
Router_B_config#ip route 192.168.0.0  255.255.255.0  120.83.200.55
```

在路由器 B 上查看的路由表。

```
Router-B#show ip route
......
VRF ID: 0
C 192.168.1.0/24 is directly connected, FastEthernet0/3
C 120.83.200.0/24  is directly connected, FastEthernet0/0
S 192.168.0.0/24 [1,0] via 120.83.200.555(on FastEthernet0/0)
                                    ！注意静态路由的管理距离是1
```

步骤九：验证网络的连通性。

（1）在 PC1 上 ping 192.168.1.2，网络已通，如图 3-16 所示。

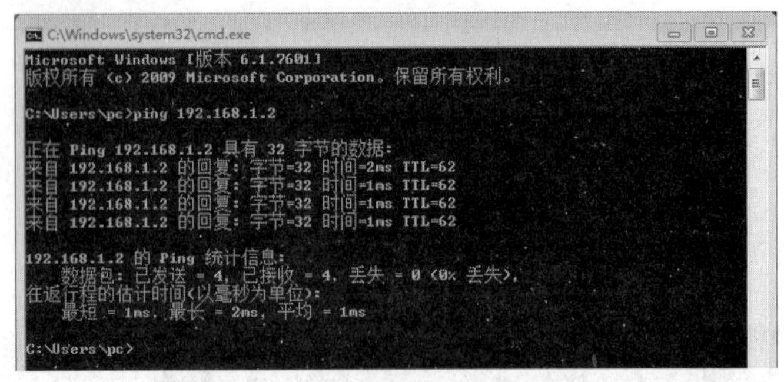

图 3-16　连通性测试效果图五

（2）在 PC2 上 ping 192.168.0.2，网络已通，如图 3-17 所示。

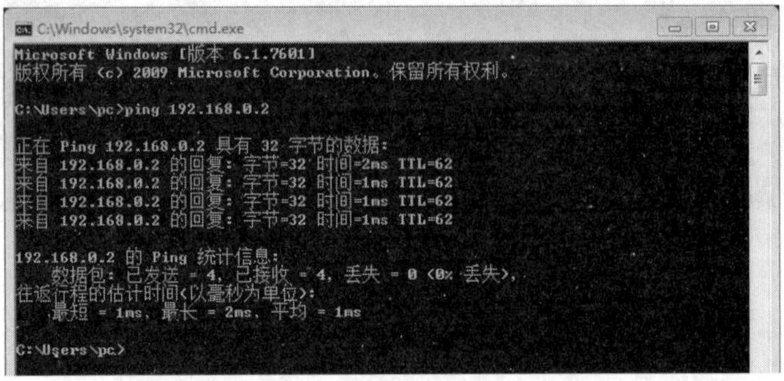

```
C:\Windows\system32\cmd.exe
Microsoft Windows [版本 6.1.7601]
版权所有 (c) 2009 Microsoft Corporation。保留所有权利。

C:\Users\pc>ping 192.168.0.2

正在 Ping 192.168.0.2 具有 32 字节的数据:
来自 192.168.0.2 的回复: 字节=32 时间=2ms TTL=62
来自 192.168.0.2 的回复: 字节=32 时间=1ms TTL=62
来自 192.168.0.2 的回复: 字节=32 时间=1ms TTL=62
来自 192.168.0.2 的回复: 字节=32 时间=1ms TTL=62

192.168.0.2 的 Ping 统计信息:
    数据包: 已发送 = 4，已接收 = 4，丢失 = 0 (0% 丢失)，
往返行程的估计时间(以毫秒为单位):
    最短 = 1ms，最长 = 2ms，平均 = 1ms

C:\Users\pc>
```

图 3-17　连通性测试效果图六

小贴士

（1）在配置静态路由时，必须双向配置才能互通。

（2）非直连的网段都要配置路由。

（3）2 台路由器使用串口连接时，必须将其中一端设置为 DCE 端。

相关知识与技能

1. 路由表的产生方式

路由器在转发数据时，首先要在路由表中查找相应的路由。路由表的产生方式有 3 种。

- 直连网络：路由器自动添加和自己直接连接的网络路由。
- 静态路由：由网络管理员手工配置的路由信息。当网络的拓扑结构或链路发生变化时，需要网络管理员手动修改路由表中的相关路由信息。
- 动态路由：由路由协议动态产生的路由。

2. 静态路由的优缺点

静态路由优点：使用静态路由的好处是网络安全保密性高。动态路由因为需要路由器之间频繁地交换各自的路由表，而对路由表的分析可以揭示网络的拓扑结构和网络地址等信息。因此，出于网络安全方面的考虑可以采用静态路由。

静态路由缺点：大型和复杂的网络环境通常不宜采用静态路由。一方面，网络管理员难以全面地了解整个网络的拓扑结构；另一方面，当网络的拓扑结构和链路状态发生变化时，路由器中的静态路由信息需要大范围的调整，这一工作的难度和复杂程度非常高。

在小型的网络中，使用静态路由是较好的选择，管理员想控制数据转发路径时，也会使用静态路由。

静态路由的配置命令是：

```
ip route 目标网络的 IP 地址 子网掩码 下一跳 IP 地址/本地接口
```

拓展与提高

默认路由是一种特殊的静态路由，是指当路由表中与包的目的地址之间没有匹配的表项时，路由器能够做出的选择。如果没有默认路由，那么目的地址在路由表中没有匹配表项的包将被丢弃。默认路由在某些时候非常有效，当存在末梢网络时，默认路由会大大简化路由器的配置，减轻管理员的工作负担，提高网络性能。

默认路由和静态路由的命令格式一样。只是把目的地的 IP 地址和子网掩码改成 0.0.0.0 和 0.0.0.0。默认路由的配置命令是：

```
ip route 0.0.0.0 0.0.0.0 下一跳 IP 地址
```

动动手：利用默认路由实现网络连通。

所需设备：

（1）DCR-2655 路由器 2 台。

（2）PC 2 台。

（3）交叉线 3 条。

实验拓扑（见图 3-18）：

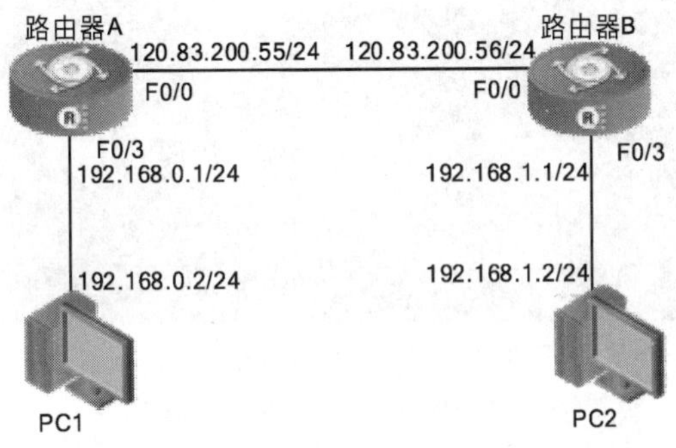

图 3-18　默认路由拓扑

工作过程：

步骤一：在路由器 A 上取消静态路由的配置。

```
Router-A#config
Router-A_config#no ip route 192.168.1.0 255.255.255.0 120.83.200.56
```

步骤二：在路由器 B 上取消静态路由的配置。

```
Router-B#config
Router-B_config#no ip route 192.168.0.0 255.255.255.0 120.83.200.55
```

步骤三：在路由器 A 上配置默认路由。

```
Router-A#config
Router-A_config# ip route 0.0.0.0 0.0.0.0 120.83.200.56
```

步骤四：在路由器 B 上配置默认路由。

```
Router-B#config
Router-B_config#ip route 0.0.0.0 0.0.0.0 120.83.200.55
```

步骤五：在路由器 A 上查看路由表。

```
Router-A#show ip route
......
VRF ID: 0

S       0.0.0.0/0            [1,0] via 120.83.200.56(on FastEthernet0/0)
C       120.83.200.0/24       is directly connected, FastEthernet0/0
C       192.168.0.0/24        is directly connected, FastEthernet0/3
Router-A#
```

步骤六：在路由器 B 上查看路由表。

```
Router-B#show ip route
......
VRF ID: 0

S       0.0.0.0/0            [1,0] via 120.83.200.55(on FastEthernet0/0)
C       120.83.200.0/24       is directly connected, FastEthernet0/0
C       192.168.1.0/24        is directly connected, FastEthernet0/3
Router-B#
```

步骤七：验证网络的连通性。

（1）在 PC1 上 ping 192.168.1.2，网络已通，如图 3-19 所示。

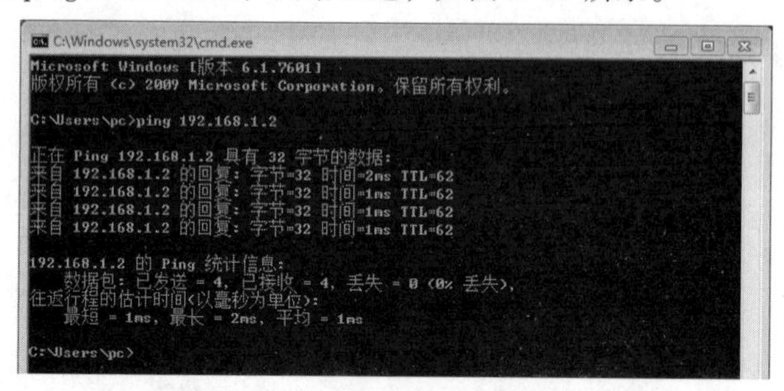

图 3-19　连通性测试效果图七

（2）在 PC2 上 ping 192.168.0.2，网络已通，如图 3-20 所示。

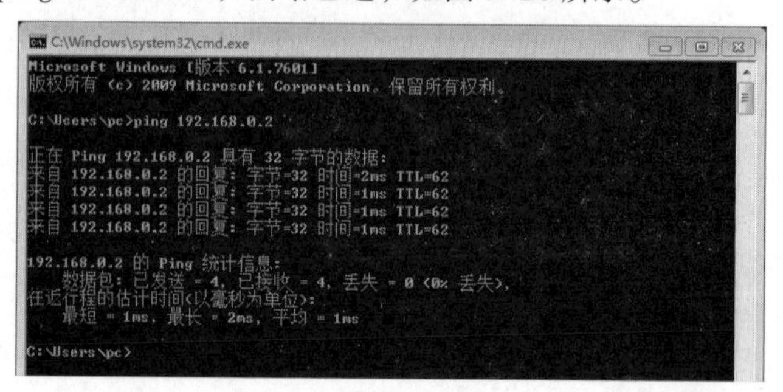

图 3-20　连通性测试效果图八

思考与练习

（1）静态路由实现网络的连通。

所需设备：

① DCR-2655 路由器 2 台。

② PC 2 台。

③ 交叉线 3 条。

实验拓扑（见图 3-21）：

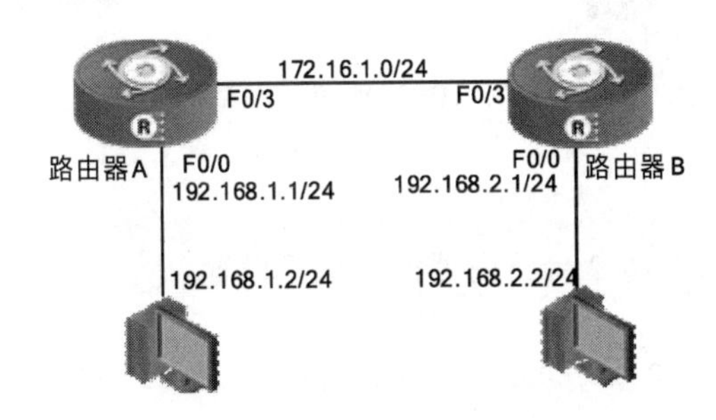

图 3-21　静态路由拓扑

要求：

根据实验拓扑，使用静态路由实现网络的连通。

（2）默认路由实现网络的连通。

实验拓扑（见图 3-21）：

要求：

根据实验拓扑，使用默认路由实现网络的连通。

任务三　动态路由 RIP 实现网络互通

任务描述

随着公司规模的不断扩大，路由器的数量已经达到了 5 台。该公司的网络管理员发现原有的静态路由已经不适合现在的公司需求，因此，决定在公司的路由器之间使用动态的 RIP 路由协议，实现网络的互联。

任务分析

由于公司的网络规模开始扩大，管理员发现使用静态路由确实不合适了，所以决定使用动态的 RIP 路由协议。

所需设备：

（1）DCR-2655 路由器 2 台。

（2）PC 2 台。

（3）交叉线 3 条。

实验拓扑（见图 3-22）：

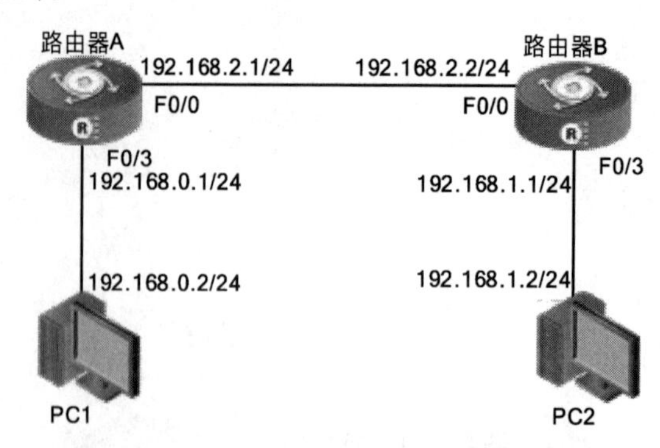

图 3-22　利用 RIP 实现园区网络的连通拓扑

任务实施

步骤一：正确连接网线，将 2 台路由器恢复出厂设置。

```
Router>enable                                                    ! 进入特权模式
Router#2004-1-1 00:32:10 User DEFAULT enter privilege mode from console 0,
level = 15
Router#delete                                                    ! 删除配置文件
this file will be erased,are you sure?(y/n)y
Router#reboot                                                    ! 重新启动
Do you want to reboot the router(y/n)?y
Please wait…..
```

步骤二：为 2 台路由器设置名称及其接口 IP 地址。

路由器 A：

```
Router>enable
Router#conf
Router_config#hostname Router-A
Router-A_config#interface Fastethernet 0/0
Router-A_config_f0/0#ip address 192.168.2.1  255.255.255.0
Router-A_config#interface Fastethernet 0/3
Router-A_config_f0/3#ip address 192.168.0.1  255.255.255.0
Router-A_config_f0/3#exit
Router-A_config#
```

路由器 B：

```
Router>enable
Router#conf
Router_config#hostname Router-B
Router-B_config#interface Fastethernet 0/0
Router-B_config_f0/0#ip address 192.168.2.2  255.255.255.0
Router-B_config#interface Fastethernet 0/3
Router-B_config_f0/3#ip address 192.168.1.1  255.255.255.0
Router-B_config_f0/3#exit
Router-B_config#
```

步骤三：查看 2 台路由器的端口 IP 地址配置情况。

路由器 A：

```
Router-A#show ip int brief
Interface                IP-Address      Method Protocol-Status
Async0/0                 unassigned      manual down
Serial0/1                unassigned      manual down
Serial0/2                unassigned      manual down
FastEthernet0/0           192.168.2.1    manual up
FastEthernet0/3           192.168.0.1    manual up
Router-A#
```

路由器 B：

```
Router-B#show ip int brief
Interface                IP-Address      Method Protocol-Status
Async0/0                 unassigned      manual down
Serial0/1                unassigned      manual down
Serial0/2                unassigned      manual down
FastEthernet0/0           192.168.2.2    manual up
FastEthernet0/3           192.168.1.1    manual up
Router-B#
```

步骤四：查看路由器 A 的路由表。

```
Router-A#show ip route
……

VRF ID: 0
C 192.168.2.0/24 is directly connected, FastEthernet0/0    ! 直连的路由
C 192.168.0.0/24 is directly connected, FastEthernet0/3    ! 直连的路由
```

步骤五：查看路由器 B 的路由表。

```
Router-B#show ip route
……

VRF ID: 0
C 192.168.2.0/24 is directly connected, FastEthernet0/0    ! 直连的路由
C 192.168.1.0/24 is directly connected, FastEthernet0/3    ! 直连的路由
```

步骤六：ping 命令测试网络的连通性。

（1）在 PC1 上 ping 192.168.1.2，网络未通，如图 3-23 所示。

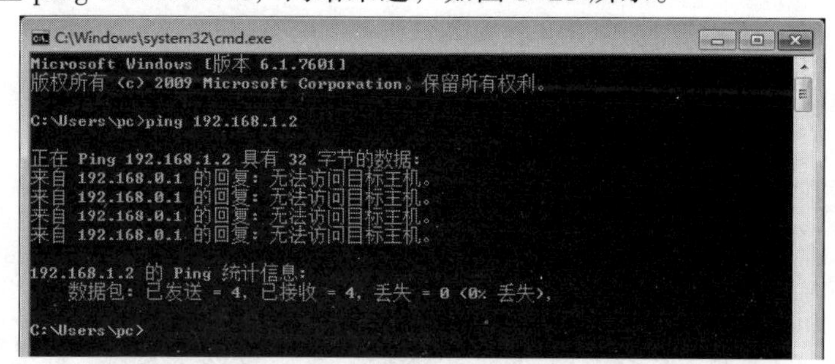

图 3-23　连通性测试效果图一

（2）在 PC2 上 ping 192.168.0.2，网络未通，如图 3-24 所示。

```
C:\Windows\system32\cmd.exe
Microsoft Windows [版本 6.1.7601]
版权所有 (c) 2009 Microsoft Corporation。保留所有权利。

C:\Users\pc>ping 192.168.0.2

正在 Ping 192.168.0.2 具有 32 字节的数据:
来自 192.168.1.1 的回复: 无法访问目标主机。
来自 192.168.1.1 的回复: 无法访问目标主机。
来自 192.168.1.1 的回复: 无法访问目标主机。
来自 192.168.1.1 的回复: 无法访问目标主机。

192.168.0.2 的 Ping 统计信息:
    数据包: 已发送 = 4, 已接收 = 4, 丢失 = 0 (0% 丢失),

C:\Users\pc>
```

图 3-24　连通性测试效果图二

步骤七：在路由器 A 上配置动态路由 RIP 并测试网络的连通性。

在路由器 A 上配置动态路由 RIP。

```
Router-A_config#router rip
Router-A_config_rip#network 192.168.0.0
Router-A_config_rip#network 192.168.1.0
Router-A_config_rip#
```

查看路由器 A 的路由表。

```
Router-A#show ip route
……
VRF ID: 0

C      192.168.0.0/24      is directly connected, FastEthernet0/3
R      192.168.1.0/24      [120,1] via 192.168.2.2(on FastEthernet0/0)
                         !注意 RIP 路由的管理距离是 120
C      192.168.2.0/24      is directly connected, FastEthernet0/0
Router-A#
```

(1) 在 PC1 上 ping 192.168.1.2，网络已通，如图 3-25 所示。

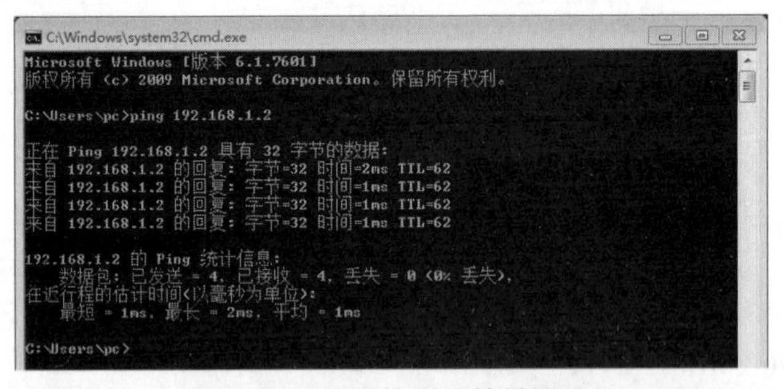

图 3-25　连通性测试效果图三

(2) 在 PC2 上 ping 192.168.0.2 网络未通，如图 3-26 所示。

```
C:\Windows\system32\cmd.exe
Microsoft Windows [版本 6.1.7601]
版权所有 (c) 2009 Microsoft Corporation。保留所有权利。

C:\Users\pc>ping 192.168.0.2

正在 Ping 192.168.0.2 具有 32 字节的数据:
来自 192.168.1.1 的回复: 无法访问目标主机。
来自 192.168.1.1 的回复: 无法访问目标主机。
来自 192.168.1.1 的回复: 无法访问目标主机。
来自 192.168.1.1 的回复: 无法访问目标主机。

192.168.0.2 的 Ping 统计信息:
    数据包: 已发送 = 4, 已接收 = 4, 丢失 = 0 (0% 丢失),

C:\Users\pc>
```

图 3-26　连通性测试效果图四

步骤八：在路由器 B 上配置及查看动态路由 RIP。

在路由器 B 上配置动态路由 RIP。

```
Router-B_config#router rip
Router-B_config_rip#network 192.168.1.0
Router-B_config_rip#network 192.168.2.0
Router-B_config_rip#
```

在路由器 B 上查看的路由表。

```
Router-B#show ip route
......
VRF ID: 0
R      192.168.0.0/24      [120,1] via 192.168.2.1(on FastEthernet0/0)
                    !注意静态路由的管理距离是 120
C      192.168.1.0/24      is directly connected, FastEthernet0/3
C      192.168.2.0/24      is directly connected, FastEthernet0/0
Router-B#
```

步骤九：验证网络的连通性。

（1）在 PC1 上 ping 192.168.1.2，网络已通，如图 3-27 所示。

```
C:\Windows\system32\cmd.exe
Microsoft Windows [版本 6.1.7601]
版权所有 (c) 2009 Microsoft Corporation。保留所有权利。

C:\Users\pc>ping 192.168.1.2

正在 Ping 192.168.1.2 具有 32 字节的数据:
来自 192.168.1.2 的回复: 字节=32 时间=2ms TTL=62
来自 192.168.1.2 的回复: 字节=32 时间=1ms TTL=62
来自 192.168.1.2 的回复: 字节=32 时间=1ms TTL=62
来自 192.168.1.2 的回复: 字节=32 时间=1ms TTL=62

192.168.1.2 的 Ping 统计信息:
    数据包: 已发送 = 4，已接收 = 4，丢失 = 0 (0% 丢失)，
往返行程的估计时间(以毫秒为单位):
    最短 = 1ms，最长 = 2ms，平均 = 1ms

C:\Users\pc>
```

图 3-27　连通性测试效果图五

（2）在 PC2 上 ping 192.168.0.2，网络已通，如图 3-28 所示。

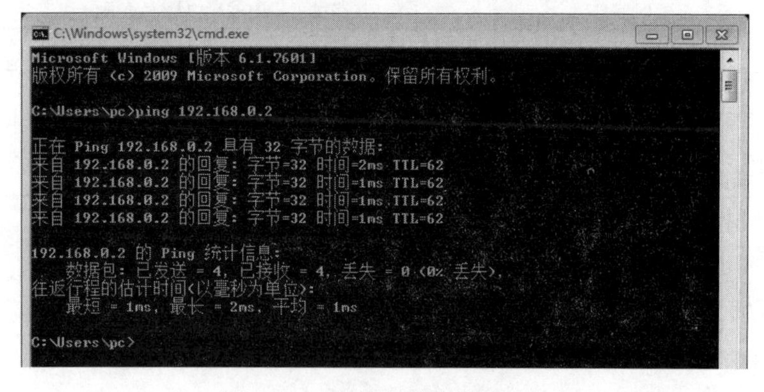

```
C:\Windows\system32\cmd.exe
Microsoft Windows [版本 6.1.7601]
版权所有 (c) 2009 Microsoft Corporation。保留所有权利。

C:\Users\pc>ping 192.168.0.2

正在 Ping 192.168.0.2 具有 32 字节的数据:
来自 192.168.0.2 的回复: 字节=32 时间=2ms TTL=62
来自 192.168.0.2 的回复: 字节=32 时间=1ms TTL=62
来自 192.168.0.2 的回复: 字节=32 时间=1ms TTL=62
来自 192.168.0.2 的回复: 字节=32 时间=1ms TTL=62

192.168.0.2 的 Ping 统计信息:
    数据包: 已发送 = 4，已接收 = 4，丢失 = 0 (0% 丢失)，
往返行程的估计时间(以毫秒为单位):
    最短 = 1ms，最长 = 2ms，平均 = 1ms

C:\Users\pc>
```

图 3-28　连通性测试效果图六

相关知识与技能

在大中型网络中，环境相对复杂，手工配置静态路由会给管理员带来很大的负担。因此需要一种便于管理的动态路由协议，动态路由协议主要有路由信息协议（Routing Information Protocol，RIP）和开放最短通路优先协议。RIP 主要用于小型网络中，是典型的距离矢量协议，以跳数作为衡量路径的开销，最大跳数为 15，超过 15 跳将不可达。

RIP 是应用较早、使用较普遍的内部网关协议（Interior Gateway Protocol，IGP），适用于小型同类网络的一个自治系统（AS）内的路由信息的传递。RIP 协议的管理距离为 120。RIP 是基于距离矢量算法的。它使用“跳数”，即 metric 来衡量到达目标地址的路由距离，取值为 1～15，数值 16 表示无穷大。RIP 进程使用 UDP 的 520 端口来发送和接收 RIP 分组。RIP 分组每隔 30 s 以广播的形式发送一次，为了防止出现“广播风暴”，其后续的的分组将做随机延时后发送。在 RIP 中，如果一个路由在 180 s 内未被刷，则相应的距离就被设定成无穷大，并从路由表中删除该表项。

使用距离矢量路由协议的路由器并不了解到达目的网络的整条路径。距离矢量协议将路由器作为通往最终目的地的路径上的路标。 路由器唯一了解的远程网络信息就是到该网络的距离（即度量）以及可通过哪条路径或哪个接口到达该网络。 距离矢量路由协议并不了解确切的网络拓扑图。

有 2 个距离矢量 IPv4 的 IGP：

（1）RIPv1：第一代传统协议。

（2）RIPv2：简单距离矢量路由协议。

拓展与提高

RIPv1 被提出较早，其中有许多缺陷。为了改善 RIPv1 的不足，在 RFC 1388 中提出了改进的 RIPv2，并在 RFC 1723 和 RFC 2453 中进行了修订。

RIP 有两个版本，分别为 RIPv1 和 RIPv2，两者的区别如表 3-1 所示。

表 3-1 RIPv1 和 RIPv2 的区别

RIPv1	RIPv2
在路由更新的过程中不携带子网信息	在路由更新的过程中携带子网信息
不提供认证	提供明文和 MD5 认证
不支持 VLSM 和 CIDR	支持 VLSM 和 CIDR
采用广播更新	采用组播（224.0.0.9）
有类别（Classful）路由协议	无类别（Classless）路由协议

动动手：利用 RIPv2 实现园区网络的连通。

所需设备：

（1）DCR-2655 路由器 2 台。

（2）PC 2 台。

（3）交叉线 3 条。

实验拓扑（见图 3-29）：

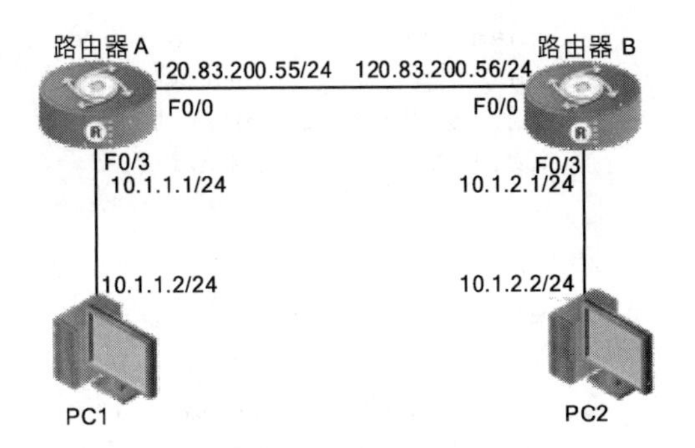

图 3-29 利用 RIPv2 实现园区网络的连通拓扑

工作过程：

步骤一：正确连接网线，将 2 台路由器恢复出厂设置。

```
Router>enable                                        ! 进入特权模式
Router#2004-1-1 00:32:10 User DEFAULT enter privilege mode from console 0,
level = 15
Router#delete                                        ! 删除配置文件
this file will be erased,are you sure?(y/n)y
Router#reboot                                        ! 重新启动
Do you want to reboot the router(y/n)?y
Please wait…..
```

步骤二：为 2 台路由器设置名称及其接口 IP 地址。

路由器 A：

```
Router>enable
Router#conf
Router_config#hostname Router-A
Router-A_config#interface Fastethernet 0/0
Router-A_config_f0/0#ip address 120.83.200.55  255.255.255.0
Router-A_config#interface Fastethernet 0/3
Router-A_config_f0/3#ip address 10.1.1.1  255.255.255.0
Router-A_config_f0/3#exit
Router-A_config#
```

路由器 B：

```
Router>enable
Router#conf
Router_config#hostname Router-B
Router-B_config#interface Fastethernet 0/0
Router-B_config_f0/0#ip address 120.83.200.56  255.255.255.0
Router-B_config#interface Fastethernet 0/3
Router-B_config_f0/3#ip address 10.1.2.1  255.255.255.0
Router-B_config_f0/3#exit
Router-B_config#
```

步骤三：查看 2 台路由器的端口 IP 地址配置情况。

路由器 A：

```
Router-A#show ip int brief
Interface               IP-Address      Method Protocol-Status
Async0/0                unassigned      manual down
```

```
Serial0/1              unassigned      manual down
Serial0/2              unassigned      manual down
FastEthernet0/0        120.83.200.55   manual up
FastEthernet0/3        10.1.1.1        manual up
Router-A#
```

路由器 B：

```
Router-B#show ip int brief
Interface              IP-Address      Method Protocol-Status
Async0/0               unassigned      manual down
Serial0/1              unassigned      manual down
Serial0/2              unassigned      manual down
FastEthernet0/0        120.83.200.56   manual up
FastEthernet0/3        10.1.2.1        manual up
Router-B#
```

步骤四：在 2 台路由器上配置动态路由 RIPv1 并测试网络的连通性。

路由器 A：

```
Router-A_config#router rip
Router-A_config_rip#network 120.83.200.0
Router-A_config_rip#network 10.1.1.0
Router-A_config_rip#
```

路由器 B：

```
Router-B_config#router rip
Router-B_config_rip#network 120.83.200.0
Router-B_config_rip#network 10.1.2.0
Router-B_config_rip#
```

步骤五：在 2 台路由器上查看路由表。

路由器 A：

```
Router-A#show ip route
……
VRF ID: 0

C     10.1.1.0/24         is directly connected, FastEthernet0/3
C     120.83.200.0/24     is directly connected, FastEthernet0/0
Router-A#
```

路由器 B：

```
Router-B#show ip route
……

VRF ID: 0

C     10.1.2.0/24         is directly connected, FastEthernet0/3
C     120.83.200.0/24     is directly connected, FastEthernet0/0
Router-B#
```

步骤六：ping 命令测试网络的连通性。

（1）在 PC1 上 ping 10.1.2.2，网络未通，如图 3-30 所示。

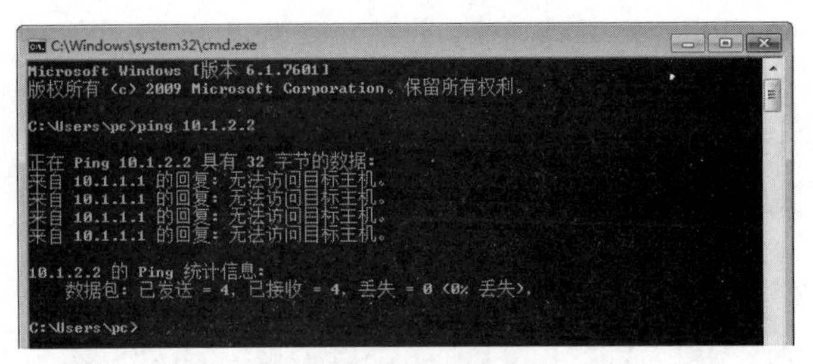

图 3-30　连通性测试效果图一

步骤七：在 2 台路由器上配置 RIP v2 版本和关闭自动汇总。

路由器 A：

```
Router-A_config#router rip                  ! 启动 RIP
Router-A_config_rip#version 2               ! 指明为版本 2
Router-A_config_rip#no auto-summary         ! 关闭自动汇总
```

路由器 B：

```
Router-_config#router rip                   ! 启动 RIP 协议
Router-B_config_rip#version 2             ! 指明为版本 2
Router-B_config_rip#no auto-summary         ! 关闭自动汇总
```

步骤八：查看路由器 A 的路由表。

```
Router-A#
......
C      10.1.1.0/24          is directly connected, FastEthernet0/3
R      10.1.2.0/24          [120,1] via 120.83.200.56(on FastEthernet0/0)
                                              ! 从 Router-B 学习到的路由，类型为 R。
C      120.83.200.0/24      is directly connected, FastEthernet0/0
Router-A#
```

步骤九：查看路由器 B 的路由表。

```
Router-B#show ip route
......
R      10.1.1.0/24          [120,1] via 120.83.200.55(on FastEthernet0/0)
C      10.1.2.0/24          is directly connected, FastEthernet0/3
                                             ! 从 Router-B 学习到的路由，类型为 R。
C      120.83.200.0/24      is directly connected, FastEthernet0/0
Router-B#
```

步骤十：验证网络的连通性。

（1）在 PC1 上 ping 10.1.2.2，网络已通，如图 3-31 所示。

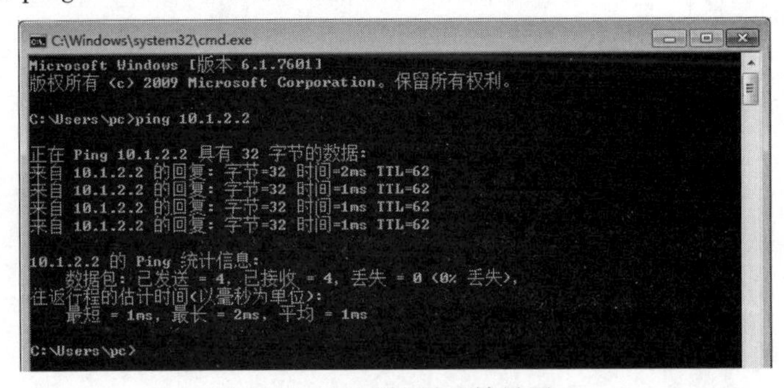

图 3-31　连通性测试效果图二

（2）在PC2上ping 10.1.1.2，网络已通，如图3-32所示。

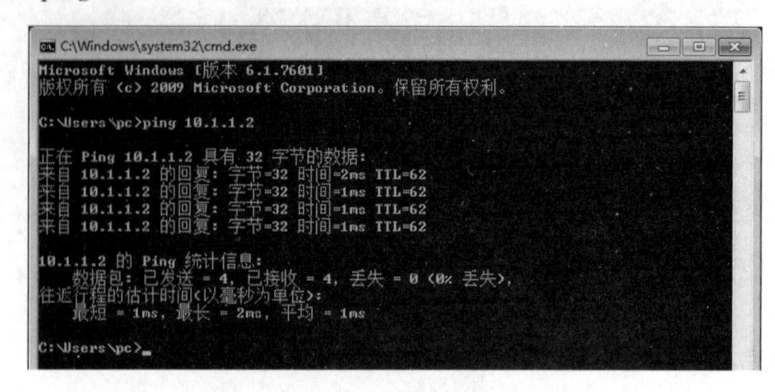

图3-32　连通性测试效果图三

步骤十一：查看路由器A使用的RIP协议版本。

```
Router-A#show ip rip protocol
RIP is Active
update interval 30(s), Invalid interval 180(s)
Holddown interval 120(s), Trigger interval 5(s)
Automatic network summarization: Disable
Network List:
  network 10.0.0.0      !宣告的网段
  network 120.0.0.0     !宣告的网段
Filter list:
Offset list:
Redistribute policy:
Interface send version and receive version:
Global version : V2           !使用的版本2
  Interface                Send-version   Recv-version   Nbr_number
  FastEthernet0/0              V2             V2              1
  FastEthernet0/3              V2             V2              0
Distance: 0 (default is 120):
Maximum route count: 1024,     Current route count:5
Router-A#
```

思考与练习

RIP实现网络的连通。

所需设备：

（1）DCR-2655路由器2台。

（2）PC 2台。

（3）CR-V35MT 1条。

（4）CR-V35FC 1条。

（5）交叉线2条。

实验拓扑（见图3-33）：

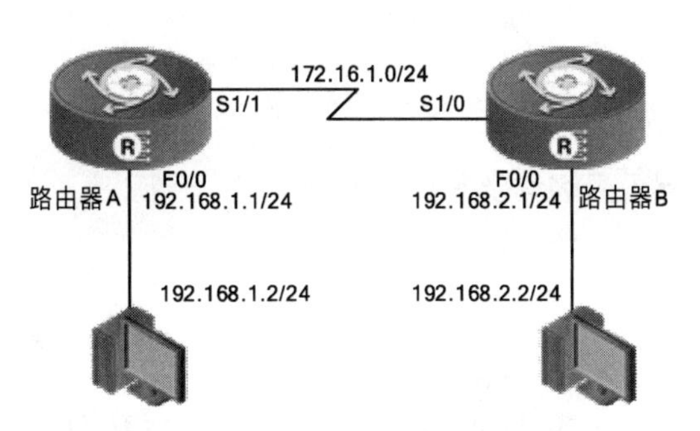

图 3-33　RIP 实现网络连通拓扑图

要求：

根据实验拓扑，使用 RIP 实现网络的连通。

任务四　动态路由 OSPF 实现网络互通

任务描述

某公司发展的逐渐壮大，网络中路由器的数量也逐渐增多，已经达到了 8 台。该公司网络管理员经过测试，发现原有的路由协议也已不再适合现有公司的应用了，因此，决定在公司的路由器之间使用动态的 OSPF 路由协议，实现网络的互联。

任务分析

由于公司的网络规模越来越大，管理员发现使用 OSPF 路由协议再适合不过了，因为 OSPF 路由协议可以实现快速的收敛，并且出现环路的可能性不大，适合中大型企业网络。

所需设备：

（1）DCR-2655 路由器 2 台。

（2）CR-V35MT 1 条。

（3）CR-V35FC 1 条。

实验拓扑（见图 3-34）：

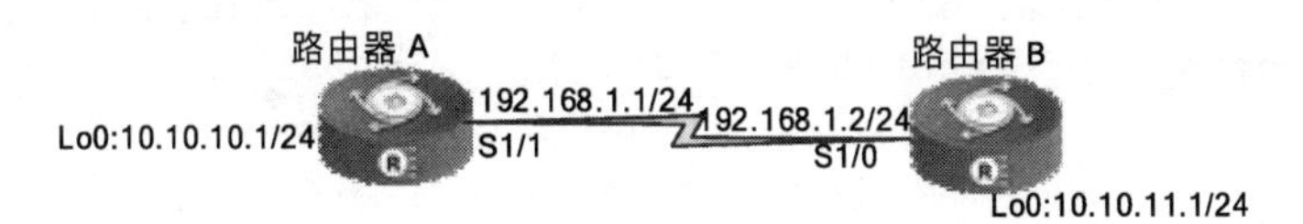

图 3-34　配置 OSPF 协议拓扑

任务实施

步骤一：正确连接网线，将 2 台路由器恢复出厂设置。

```
Router>enable                                        ! 进入特权模式
Router#2004-1-1 00:32:10 User DEFAULT enter privilege mode from console 0,
level = 15
Router#delete                                        ! 删除配置文件
this file will be erased,are you sure?(y/n)y
```

```
Router#reboot                                    ! 重新启动
Do you want to reboot the router(y/n)?y
Please wait…..
```

步骤二:为2台路由器设置名称及其接口IP地址。

路由器A:

```
Router>enable
Router#conf
Router_config#hostname Router-A
Router-A_config#interface loopback0 ! 以loopback接口地址为设备分配一个router-id
Router-A_config_l0#ip address 10.10.10.1 255.255.255.0
Router-A_config_l0#exit
Router-A_config#interface s1/1
Router-A_config_s1/1#ip address 192.168.1.1 255.255.255.0
Router-A_config_s1/1#no shutdown
```

路由器B:

```
Router>enable
Router#conf
Router_config#hostname Router-B
Router-B_config#interface loopback0
                                           ! 以loopback接口地址为设备分配一个router-id
Router-B_config_l0#ip address 10.10.11.1 255.255.255.0
Router-B_config_l0#exit
Router-B_config#interface s1/0
Router-B_config_s1/1#ip address 192.168.1.2 255.255.255.0
```

步骤三:在路由器B上验证接口配置。

```
Router-B#sh interface loopback0
Loopback0 is up, line protocol is up
Hardware is Loopback
Interface address is 10.10.11.1/24
MTU 1514 bytes, BW 8000000 kbit, DLY 500 usec
```

步骤四:路由器的OSPF配置。

路由器A的配置:

```
Router-A_config#router ospf 2      ! 启动OSPF进程,进程号为2
Router-A_config_ospf_1#network 10.10.10.0 255.255.255.0 area 0
                                             ! 注意要写掩码和区域号
Router-A_config_ospf_1#network 192.168.1.0 255.255.255.0 area 0
```

路由器B的配置:

```
Router-B_config#router ospf 1
Router-B_config_ospf_1#network 10.10.11.0 255.255.255.0 area 0
Router-B_config_ospf_1#network 192.168.1.0 255.255.255.0 area 0
```

步骤五:查看路由表。

路由器A:

```
Router-A#sh ip route
……
VRF ID: 0
```

```
C 10.10.10.0/24 is directly connected, Loopback0
O 10.10.11.1/32 [110,1600] via 192.168.1.2(on Serial1/1)
                                          !注意到环回接口产生的是主机路由
C 192.168.1.0/24 is directly connected, Serial1/1
```

路由器B：

```
Router-B#show ip route
……
VRF ID: 0

O 10.10.10.1/32 [110,1601] via 192.168.1.1(on Serial1/0)
                 !注意管理距离为110
C 10.10.11.0/24 is directly connected, Loopback0
C 192.168.1.0/24 is directly connected, Serial1/0
```

步骤六：其他验证命令。

```
Router-B#sh ip ospf 1                     !显示该OSPF进程的信息
OSPF process: 1, Router ID: 192.168.2.1
Distance: intra-area 110, inter-area 110, external 150
SPF schedule delay 5 secs, Hold time between two SPFs 10 secs
SPFTV:11(1), TOs:24, SCHDs:27
All Rtrs support Demand-Circuit.
Number of areas is 1
AREA: 0
Number of interface in this area is 2(UP: 3)
Area authentication type: None
All Rtrs in this area support Demand-Circuit.
Router-A#show ip ospf interace            ! 显示OSPF接口状态和类型
Serial1/1 is up, line protocol is up
Internet Address: 192.168.1.1/24
Nettype: Point-to-Point
OSPF process is 2, AREA: 0, Router ID: 192.168.1.1
Cost: 1600, Transmit Delay is 1 sec, Priority 1
Hello interval is 10, Dead timer is 40, Retransmit is 5
OSPF INTF State is IPOINT_TO_POINT
Neighbor Count is 1, Adjacent neighbor count is 1
Adjacent with neighbor 192.168.1.2
Loopback0 is up, line protocol is up
Internet Address: 10.10.10.1/24
Nettype: Broadcast                        ! 环回接口的网络类型默认为广播
OSPF process is 2, AREA: 0, Router ID: 192.168.1.1
Cost: 1, Transmit Delay is 1 sec, Priority 1
Hello interval is 10, Dead timer is 40, Retransmit is 5
OSPF INTF State is ILOOPBACK
Neighbor Count is 0, Adjacent neighbor count is 0
Router-A#sh ip ospf neighbor              ! 显示OSPF邻居
----------------------------------------------------------------------
OSPF process: 2
AREA: 0
Neighbor ID Pri State DeadTime Neighbor Addr Interface
192.168.2.1 1 FULL/- 31 192.168.1.2 Serial1/1
```

步骤七：修改环回接口的网络类型。

```
Router-A#conf
Router-A_config#interface loopback 0
Router-A_config_l0#ip ospf network point-to-point  ！将类型改为点对点
```

步骤八：查看接口状态和路由器B的路由表。

```
Router-A#sh ip ospf interface
Serial1/1 is up, line protocol is up
Internet Address: 192.168.1.1/24
Nettype: Point-to-Point
OSPF process is 2, AREA: 0, Router ID: 192.168.1.1
Cost: 1600, Transmit Delay is 1 sec, Priority 1
Hello interval is 10, Dead timer is 40, Retransmit is 5
OSPF INTF State is IPOINT_TO_POINT
Neighbor Count is 1, Adjacent neighbor count is 1
Adjacent with neighbor 192.168.1.2
Loopback0 is up, line protocol is up
Internet Address: 10.10.10.1/24
Nettype: Point-to-Point
OSPF process is 2, AREA: 0, Router ID: 192.168.1.1
Cost: 1, Transmit Delay is 1 sec, Priority 1
Hello interval is 10, Dead timer is 40, Retransmit is 5
OSPF INTF State is IPOINT_TO_POINT
Neighbor Count is 0, Adjacent neighbor count is 0
Router-B#sh ip route
Codes: C - connected, S - static, R - RIP, B - BGP, BC - BGP connected
D - DEIGRP, DEX - external DEIGRP, O - OSPF, OIA - OSPF inter area
ON1 - OSPF NSSA external type 1, ON2 - OSPF NSSA external type 2
OE1 - OSPF external type 1, OE2 - OSPF external type 2
DHCP - DHCP type
VRF ID: 0
O 10.10.10.0/24 [110,1600] via 192.168.1.1(on Serial1/0)
C 10.10.11.0/24 is directly connected, Loopback0
C 192.168.1.0/24 is directly connected, Serial1/0
```

小贴士

（1）每个路由器的OSPF进程号可以不同，一个路由器可以有多个OSPF进程。

（2）OSPF是无类路由协议，一定要加掩码。

（3）第一个区域必须是区域0。

相关知识与技能

开放最短路径优先（OSPF）协议是一种链路状态路由协议，旨在替代距离矢量路由协议RIP。RIP是网络和Internet早期广为接受的路由协议。但是，RIP依靠跳数作为确定最佳路由的唯一度量，很快便呈现出了问题。在拥有速度各异的多条路径的大型网络中，使用跳数无法很好地扩展。OSPF与RIP相比具有巨大优势，因为它既能快速收敛，又能扩展到更大型的网络。其特性如下：

（1）适应范围广——支持各种规模的网络，最多可支持几百台路由器。

（2）收敛快速——在网络的拓扑结构发生变化后立即发送更新报文，使这一变化在自治系统中同步。

（3）无自环——OSPF 根据收集到的链路状态用最短路径树算法计算路由，从算法本身保证了不会生成自环路由。

（4）区域划分管理——允许自制系统的网络被划分成区域来管理，区域间传送的路由信息被进一步抽象，从而减少了占用的网络带宽。

（5）路由分级——使用 4 类不同等级的路由，按优先顺序来说分别是：区域内路由、区域间路由、第一类外部路由、第二类外部路由。

（6）支持验证——支持基于接口的报文验证以保证路由计算的安全性。

（7）可以多播发送——在有多播发送能力的链路层上以多播地址收发报文，既达到了广播的作用，又最大程度地减少了对其它网络的干扰。

OSPF 路由协议通过向全网通告自己的路由信息，使网络中每台设备最终同步一个具有全网链路状态的数据库（LSDB），然后路由器采用 SPF 算法，以自己为根，计算到达其他网络的最短路径，最终形成全网路由信息。

在大型的网络环境中，OSPF 支持区域的划分，将网络进行合理规划。划分区域时必须存在 area0（骨干区域）。其他区域和骨干区域直接相连，或通过虚链路的方式连接。

要创建 OSPF 路由进程，在全局命令配置模式下，执行以下命令：

```
router#config
router_config#router ospf process-id    !启动 ospf 路由进程
router_config_router_process-id#network   network   netmask      area
area-id   !定义接口所属区域
router_config_router_process-id#
```

说明：进程号的数值范围为 1～65535，在网络中每台路由器上的进程号可以相同也可以不同。神州数码路由器中，在使用 OSPF 路由协议时，network 后面跟的是直连网段和相应的子网掩码，这点和其它品牌的路由器有所区别，需要特别注意。下面介绍一个配置 OSPF 协议命令的例子：

```
Router-A_config#router ospf 1                        ! 启动 OSPF 进程号，进程号为 1
Router-A_config_ospf_1#network 192.168.0.0 255.255.255.0 area 0
                                                     ! 注意要写掩码和区域号
```

拓展与提高

动动手：实现动态路由 OSPF 协议多区域。

所需设备：

（1）DCR-2655 路由器 3 台。

（2）PC 3 台。

（3）CR-V35MT 1 条。

（4）CR-V35FC 1 条。

（5）交叉线 4 条。

实验拓扑（见图 3-35）：

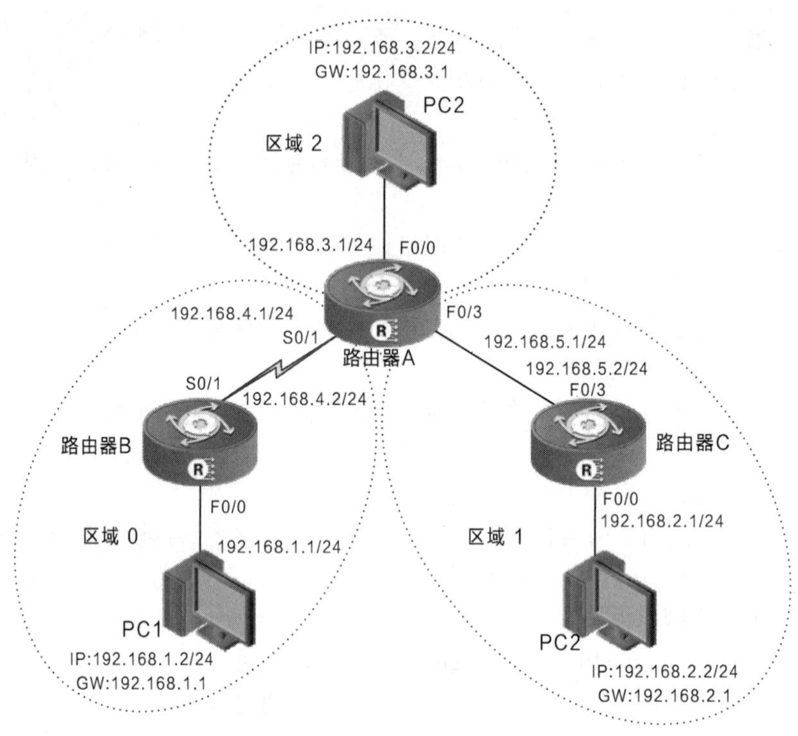

图 3-35 配置动态路由 OSPF 多区域

工作过程：

步骤一：正确连接网线，将 3 台路由器恢复出厂设置。

```
Router>enable                                   ! 进入特权模式
Router#delete                                   ! 删除配置文件
this file will be erased,are you sure?(y/n)y
Router#reboot                                   ! 重新启动
Do you want to reboot the router(y/n)?y
Please wait…..
```

步骤二：配置各路由器的名称及其接口 IP 地址。

路由器 A：

```
Router_config#hostname Router-A
Router-A_config#int fa0/0
Router-A_config_f0/0#ip add 192.168.3.1 255.255.255.0
Router-A_config_f0/0#no shutdown
Router-A_config_f0/0#interface serial 0/1
Router-A_config_s0/1# physical-layer speed 2048000
Router-A_config_s0/1#ip address 192.168.4.1  255.255.255.0
Router-A_config_s0/1#no shutdown
Router-A_config_s0/1#int fa0/3
Router-A_config_f0/3#ip add 192.168.5.1 255.255.255.0
Router-A_config_f0/3#no shutdown
```

路由器 B：

```
Router_config#hostname Router-B
```

```
Router-B_config#int fa0/0
Router-B_config_f0/0#ip add 192.168.1.1 255.255.255.0
Router-B_config_f0/0#no shutdown
Router-B_config_f0/0#interface serial 0/1
Router-B_config_s0/1# physical-layer speed 2048000
Router-B_config_s0/1#ip address 192.168.4.2  255.255.255.0
Router-B_config_s0/1#no shutdown
```

路由器 C：

```
Router_config#hostname Router-C
Router-C_config#int fa0/0
Router-C_config_f0/0#ip add 192.168.2.1 255.255.255.0
Router-C_config_f0/0#no shutdown
Router-C_config_f0/0#int fa0/3
Router-C_config_f0/3#ip add 192.168.5.2 255.255.255.0
Router-C_config_f0/3#no shutdown
```

步骤三：查看路由器 A 的路由表。

```
Router-A#show ip route
......

C      192.168.3.0/24      is directly connected, FastEthernet0/0
C      192.168.4.0/24      is directly connected, Serial0/1
C      192.168.5.0/24      is directly connected, FastEthernet0/3
Router-A#
```

同理：查看路由器 B 和路由器 C 的路由表，也都是只有直连网段。

步骤四：配置路由协议前，验证网络的连通性，如表 3-2 所示。

表 3-2　ping 命令验证

机　　器	机　　器	动　　作	结　　果
PC1	PC2	ping	不通
PC1	PC3	ping	不通
PC2	PC1	ping	不通
PC2	PC3	ping	不通
PC3	PC1	ping	不通
PC3	PC2	ping	不通

步骤五：在各路由器上配置 OSPF 的多区域。

路由器 A：

```
Router-A_config#router ospf 1
Router-A_config_ospf_1#network 192.168.3.0 255.255.255.0 area 2
Router-A_config_ospf_1#network 192.168.4.0 255.255.255.0 area 0
Router-A_config_ospf_1#network 192.168.5.0 255.255.255.0 area 1
Router-A_config_ospf_1#
```

路由器 B：

```
Router-B_config#router ospf 1
```

```
Router-B_config_ospf_1#network 192.168.1.0 255.255.255.0 area 0
Router-B_config_ospf_1#network 192.168.4.0 255.255.255.0 area 0
Router-B_config_ospf_1#
```

路由器C:

```
Router-C_config#router ospf 1
Router-C_config_ospf_1#network 192.168.2.0 255.255.255.0 area 1
Router-C_config_ospf_1#network 192.168.5.0 255.255.255.0 area 1
Router-C_config_ospf_1#
```

步骤六:查看各路由器的路由表。

路由器A:

```
Router-A#show ip route
......
O      192.168.1.0/24      [110,1601] via 192.168.4.2(on Serial0/1)
O      192.168.2.0/24      [110,2] via 192.168.5.2(on FastEthernet0/3)
C      192.168.3.0/24      is directly connected, FastEthernet0/0
C      192.168.4.0/24      is directly connected, Serial0/1
C      192.168.5.0/24      is directly connected, FastEthernet0/3
Router-A#
```

路由器B:

```
Router-B#show ip route
......
C      192.168.1.0/24      is directly connected, FastEthernet0/0
O IA   192.168.2.0/24      [110,1602] via 192.168.4.1(on Serial0/1)
O IA   192.168.3.0/24      [110,1601] via 192.168.4.1(on Serial0/1)
C      192.168.4.0/24      is directly connected, Serial0/1
O IA   192.168.5.0/24      [110,1601] via 192.168.4.1(on Serial0/1)
Router-B#
```

路由器C:

```
Router-C#show ip route
......
O IA   192.168.1.0/24      [110,1602] via 192.168.5.1(on FastEthernet0/3)
C      192.168.2.0/24      is directly connected, FastEthernet0/0
O IA   192.168.3.0/24      [110,2] via 192.168.5.1(on FastEthernet0/3)
O IA   192.168.4.0/24      [110,1601] via 192.168.5.1(on FastEthernet0/3)
C      192.168.5.0/24      is directly connected, FastEthernet0/3
Router-C#
```

步骤七:配置路由协议后,验证网络的连通性,如表3-3所示。

表3-3 ping命令验证

机　器	机　器	动　作	结　果
PC1	PC2	ping	通
PC1	PC3	ping	通
PC2	PC1	ping	通
PC2	PC3	ping	通
PC3	PC1	ping	通
PC3	PC2	ping	通

思考与练习

OSPF 协议实现网络的连通。

所需设备：

（1）DCR-2655 路由器 2 台。

（2）PC 2 台。

（3）交叉线 3 条。

实验拓扑（见图 3-36）：

要求：

根据实验拓扑，使用 OSPF 协议实现网络的连通。

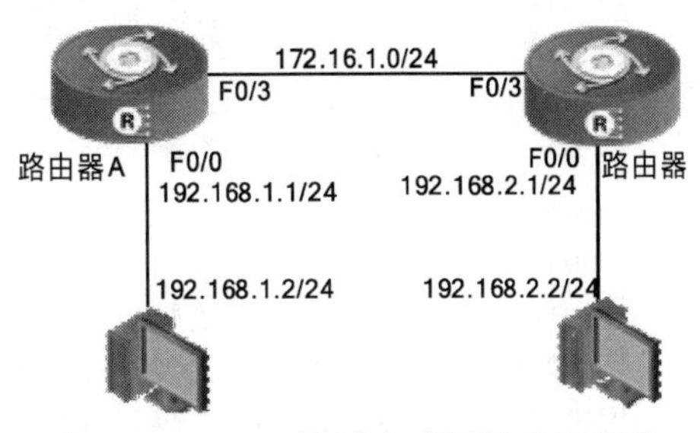

图 3-36 OSPF 协议实现网络连通拓扑

任务五 实现部门计算机动态获取地址

任务描述

某公司总经理发现自己的计算机出现 IP 地址冲突并且上不了网，于是找来网络管理员解决该问题，网络管理员认为是有员工擅自修改 IP 地址导致的，需要通过在现有的路由器上使用 DHCP 技术来解决该问题。

任务分析

如果网络管理员为每一台计算机手动分配一个 IP 地址，这样将会大大加重网络管理员的工作负担，还容易导致 IP 地址分配错误。为了不再增加网络硬件就可以解决该问题，采用在现有的路由器上使用 DHCP 技术是可行的办法。

所需设备：

（1）DCR-2655 路由器 1 台。

（2）PC 1 台。

（3）交叉线 1 条。

实验拓扑（见图 3-37）：

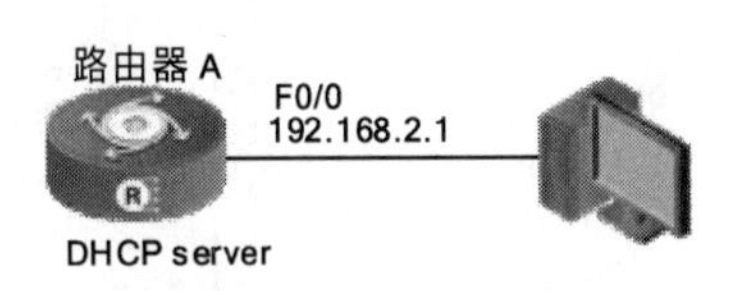

图 3-37 DHCP 配置拓扑

任务实施

步骤一：正确连接网线，将路由器恢复出厂设置。

```
Router>enable                                        ! 进入特权模式
Router#delete                                        ! 删除配置文件
this file will be erased,are you sure?(y/n)y
Router#reboot                                        ! 重新启动
Do you want to reboot the router(y/n)?y
Please wait…..
```

步骤二：为路由器 A 设置名称及其接口 IP 地址。

```
Router>enable                              !进入特权模式
Router#config                              !进入全局配置模式
```

```
Router_config#hostname Router-A                  !修改机器名
Router-A_config#interface f0/0                    !进入接口模式
Router-A_config_f0/0#ip address 192.168.2.1 255.255.255.0
Router-A_config_f0/0#no shutdown
Router-A_config_f0/0#^Z                           !按【Ctrl+Z】组合键进入特权模式
```

步骤三：DHCP 服务器的配置。

```
Router-A#conf
Router-A_config#ip dhcpd pool 1                                    !定义地址池
Router-A_config_dhcp#network 192.168.2.0 255.255.255.0            !定义网络号
Router-A_config_dhcp#range 192.168.2.10 192.168.2.20              !定义地址范围
Router-A_config_dhcp##default-router 192.168.2.1                  !定义默认网关
Router-A_config_dhcp#lease 1                                      !定义租约为 1 天
Router-A_config_dhcp#exit
Router-A_config#ip dhcpd enable                                   !启动 DHCP 服务
```

步骤四：验证。

```
Router-A#sh ip dhcp pool
DHCP Server Address Pool Information:
Pool 1 :
Network : 192.168.2.0 255.255.255.0
Range : 192.168.2.10 - 192.168.2.20
Total address : 11
Leased address : 1
Abandoned address : 0
Available address : 11
```

步骤五：配置 PC 及验证获得地址。

(1) 设置 PC 的 IP，如图 3-38 所示。

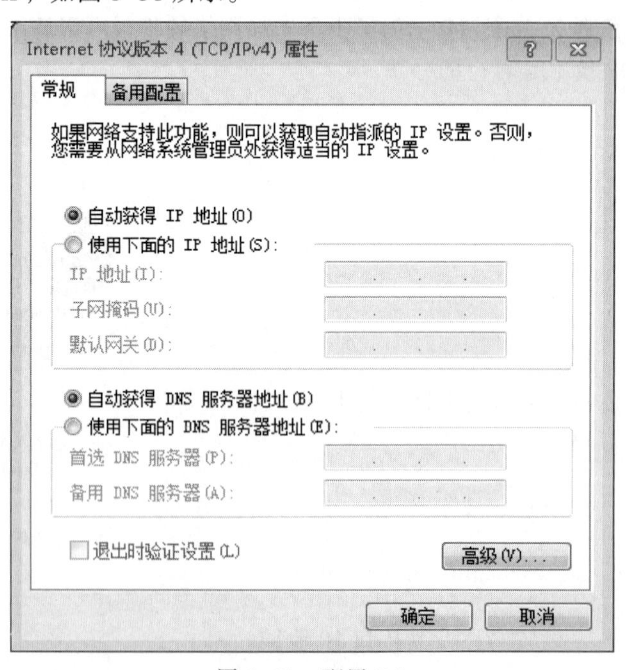

图 3-38　配置 PC

(2)单击“开始”→“运行”命令，在文本框内输入“cmd”，在“cmd”窗口中输入“ipconfig/all”。如图 3-39 所示。

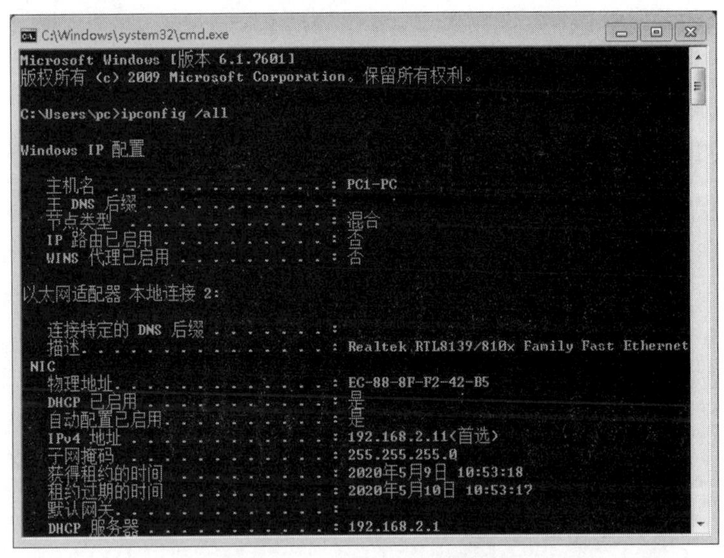

图 3-39　DHCP 验证效果图

小贴士

路由器与 PC 连接要使用交叉线。

相关知识与技能

DHCP 是由服务器控制的一段 IP 地址范围，客户机登录服务器时就可以自动获得服务器分配的 IP 地址、子网掩码、网关和 DNS 地址。首先，网络中必须存在一部 DHCP 服务器，这个服务器是可以采用 Windows Server 2008 或 Linux 系统的计算机，也可以是交换机或路由器设备；其次，客户机计算机要设置为自动获取 IP 的方式才能正常获取到 DHCP 服务器提供的 IP 地址。

拓展与提高

动动手：路由器以太网端口单臂路由配置。

单臂路由，即在路由器上设置多个逻辑子接口，每个子接口对应一个 VLAN。在每个子接口的数据在物理链路上传递都要标记封装。对于路由器的端口，在支持子接口的同时，还必须支持 Trunk 功能。

使用单臂路由器模式配置 VLAN 间路由时，路由器的物理接口必须与相邻交换机的 Trunk 链路相连。在路由器上，子接口是为网络上每个唯一 VLAN 而创建的。每个子接口会分配专属于其子网 VLAN 的 IP 地址，同时也为了便于为该 VLAN 标记帧。这样，路由器可以在流量通过 Trunk 链路返回交换机时区分不同子接口的流量。

路由器一般是基于软件处理方式来实现路由，存在一定的延时，难以达到限速交换。所以，随着 VLAN 通信流量的增多，路由器将成为通信的瓶颈，因此，单臂路由适用于通信流量较少的情况。

所需设备：

（1）S4600-28P-SI 交换机 1 台。

（2）DCR-2655 路由器 1 台。

（3）PC 2 台。

（4）直通双绞线 3 根。

实验拓扑（见图 3-40）：

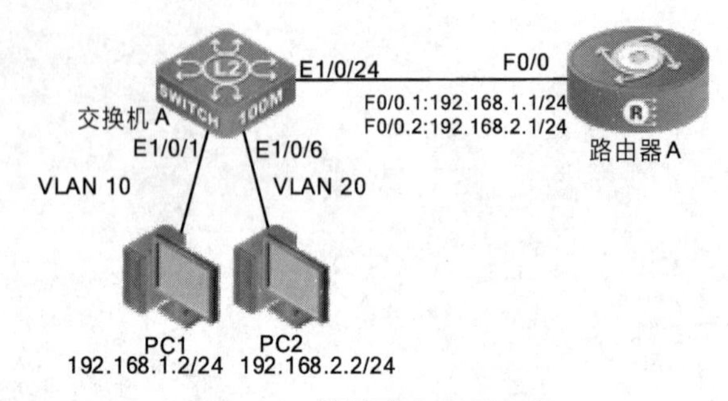

图 3-40　单臂路由配置拓扑

工作过程：

步骤一：正确连接网线，将交换机和路由器恢复出厂设置。

交换机恢复出厂设置：

```
switch#set default                                          !恢复出厂设置
switch#write                                                !保存配置
switch#reload                                               !重新启动交换机
```

路由器恢复出厂设置：

```
Router>enable                                               ! 进入特权模式
Router#2004-1-1 00:32:10 User DEFAULT enter privilege mode from console 0,
level = 15
Router#delete                                               ! 删除配置文件
this file will be erased,are you sure?(y/n)y
Router#reboot                                               ! 重新启动
Do you want to reboot the router(y/n)?y
Please wait…...
```

步骤二：正确配置 PC 的 IP 地址及网关,如图 3-41 和 3-42 所示。

步骤三：在交换机 A 上设置名称及其 VLAN。

```
Switch>enable
switch#conf
switch(config)#hostname Switch-A
switch-A(Config)#vlan 10
switch-A(Config-Vlan100)#switchport interface e1/0/1-5
switch-A(Config-Vlan100)#vlan 20
switch-A(Config-Vlan200)#switchport interface e1/0/6-10
switch-A(Config)#interface ethernet 0/0/24
switch-A(Config-Ethernet0/0/24)#switchport mode trunk
```

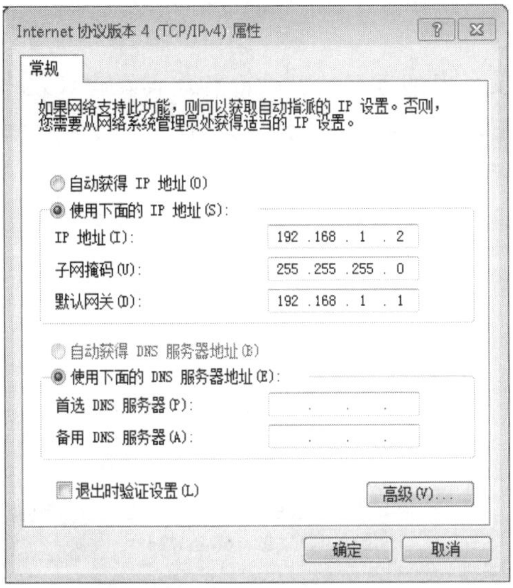

图 3-41　配置 PC1 地址及网关 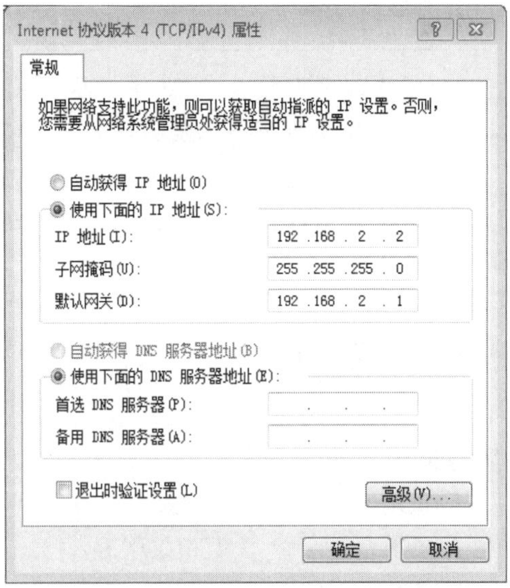　　　　图 3-42　配置 PC2 地址及网关

步骤四：为路由器 A 设置名称及其接口 IP 地址。

```
Router>enable
Router#conf
Router_config#hostname Router-A
Router-A_config#interface f0/0
Router-A_config_f0/0#no ip add
Router-A_config_f0/0#no shutdown
Router-A_config#interface f0/0.1          ! 进入 f0/0.1 子接口
Router-A_config_f0/0.1#encapsulation dot1q 10
                                          !封装 trunk 协议 dot1q，10 为 vlan 号
Router-A_config_f0/0.1#ip address 192.168.1.1 255.255.255.0
Router-A_config#interface f0/0.2
Router-A_config_f0/0.2#encapsulation dot1q 20
Router-A_config_f0/0.2#ip address 192.168.2.1 255.255.255.0
```

步骤五：测试连通性。PC1 ping 192.168.2.2，网络已通，如图 3-43 所示。

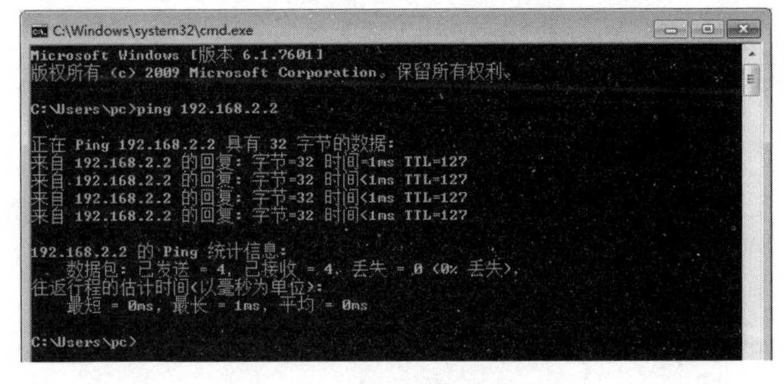

图 3-43　连通性测试效果图

小贴士

（1）此时在以太网接口 F0/0 中不要配置 IP 地址，因为这种情况下的物理存在接口在配置封装之后仅仅作为一个二层的链路通道存在，而不是具备三层地址的接口。

（2）路由器中一定要创建两个 VLAN 才能进行后续配置。

（3）测试时不可以使用 VLAN1 的成员进行测试，单臂路由不可以使 Trunk 接口与主 VLAN 成员连通。

思考与练习

DHCP 配置。

所需设备：

（1）DCR-5650 交换机 1 台。

（2）PC 1 台。

（3）直连线 1 条。

实验拓扑（见图 3-44）：

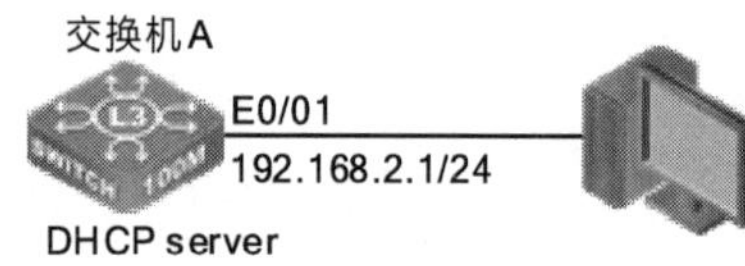

图 3-44　交换机实现 DHCP

要求：

根据实验拓扑，使得 PC 机可以获取交换机动态分配的地址。

项目实训　金融机构网络建设

项目描述

你是某系统集成公司的高级技术工程师，公司现在承接一个某金融机构网络的建设项目，客户要求网络设计涉及省行、地市行、县级网点三级结构，并通过网络能够实现省行与县级网点的业务通信，经过与客户的充分沟通，所设计的项目方案已经得到客户的认可，请你负责整个网络的实施。

网络互联的拓扑结构如图 3-45 所示，请按图中要求完成相关网络设备的连接，并完成相关的项目要求。

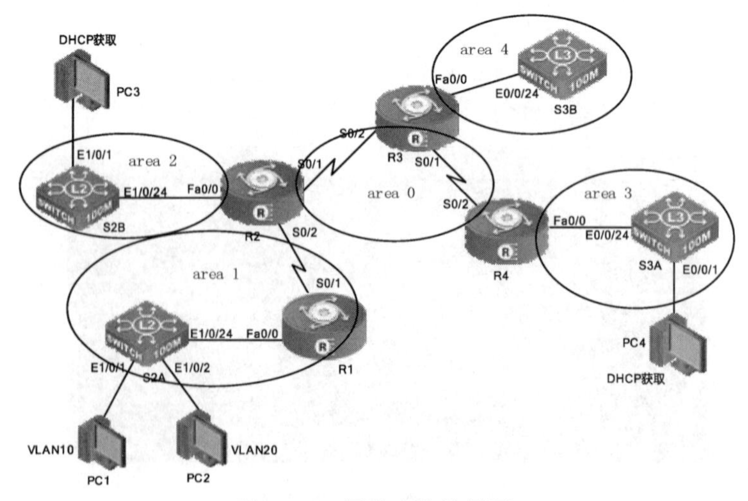

图 3-45　网络连接效果图

项目要求

（1）根据网络拓扑图完成连接。

（2）在交换机上划分 VLAN，并加入相应端口。

交换机名称	VLAN（Trunk）	端　　口
S2A	VLAN10	E1/0/1
	VLAN20	E1/0/2
	trunk	E1/0/24
S2B	trunk	E1/0/24
S3A	VLAN40	E0/0/24
	VLAN50	E0/0/1
S3B	VLAN20	E0/0/24

（3）在三层交换机上分别配置 VLAN 的接口 IP 地址。

交换机名称	接　　口	IP
三层 A	VLAN40	191.16.3.2/24
	VLAN50	19116.5.1/24
三层 B	VLAN30	191.16.4.2/24

（4）在路由器上配置接口 IP 地址。

路由器名称	接　　口	IP
R1	S0/1	119.1.12.1/30
	F0/0.10	191.16.1.1/24
	F0/0.20	191.16.2.1/24
R2	S0/1	191.1.24.1/24
	S0/2	119.1.21.2/30
	F0/0	191.16.2.1/24
R3	S0/1	191.1.34.2/24
	S0/2	119.1.24.2/30
	F0/0	191.16.4.1/24
R4	S0/2	191.1.34.1/24
	F0/0	191.16.3.1/24

（5）在路由器 R2 配置 DHCP 服务，使得 PC3 可以动态获取 IP 地址。

（6）在交换机 S3A 上配置 DHCP 服务，使得 PC4 可以动态获取 IP 地址。

（7）在路由器 R1 上配置单臂路由，使得 PC1 和 PC2 实现互相通信。

（8）在路由器和三层交换机之间使用多区域的 OSPF 路由协议实现全网互通。

项目提示

完成本项目需认真考虑整体拓扑并做好规划。先连接好相关设备，保证物理链路的连通性，再配置好接口IP地址，配置网络协议实现网络的互通，最后按项目要求完成实验。

项目评价

本项目应用到了路由器的管理方法、路由协议、路由器接口认证的方法以及NAT技术。通过本项目的训练，可以提高学生构建中小型网络的动手能力。

根据实际情况填写项目实训评价表。

项目实训评价表

<table>
<tr><td rowspan="2"></td><td colspan="2">内容</td><td colspan="3">评价</td></tr>
<tr><td>学习目标</td><td>评价项目</td><td>3</td><td>2</td><td>1</td></tr>
<tr><td rowspan="14">职业能力</td><td rowspan="3">根据拓扑正确连接设备</td><td>能区分T568A、T568B标准</td><td rowspan="3"></td><td rowspan="3"></td><td rowspan="3"></td></tr>
<tr><td>能制作美观可用的网线</td></tr>
<tr><td>能合理使用网线</td></tr>
<tr><td rowspan="4">根据拓扑完成设备命名与基础配置</td><td>能正确命名</td><td rowspan="4"></td><td rowspan="4"></td><td rowspan="4"></td></tr>
<tr><td>VLAN划分合理</td></tr>
<tr><td>能合理规划IP地址</td></tr>
<tr><td>能正确配置相关IP地址</td></tr>
<tr><td rowspan="2">根据需要设置路由器单臂路由</td><td>能对接口封装链路协议</td><td rowspan="2"></td><td rowspan="2"></td><td rowspan="2"></td></tr>
<tr><td>能设置子接口IP地址</td></tr>
<tr><td>根据需要设置路由器DHCP</td><td>能让客户端正确获取IP地址</td><td></td><td></td><td></td></tr>
<tr><td>根据需要设置交换机DHCP</td><td>能让客户端正确获取IP地址</td><td></td><td></td><td></td></tr>
<tr><td>利用OSPF协议实现网络的连通</td><td>动态路由配置合理</td><td></td><td></td><td></td></tr>
<tr><td rowspan="8">通用能力</td><td colspan="2">交流表达能力</td><td></td><td></td><td></td></tr>
<tr><td colspan="2">与人合作能力</td><td></td><td></td><td></td></tr>
<tr><td colspan="2">沟通能力</td><td></td><td></td><td></td></tr>
<tr><td colspan="2">组织能力</td><td></td><td></td><td></td></tr>
<tr><td colspan="2">活动能力</td><td></td><td></td><td></td></tr>
<tr><td colspan="2">解决问题的能力</td><td></td><td></td><td></td></tr>
<tr><td colspan="2">自我提高的能力</td><td></td><td></td><td></td></tr>
<tr><td colspan="2">革新、创新的能力</td><td></td><td></td><td></td></tr>
<tr><td colspan="3">综合评价</td><td colspan="3"></td></tr>
</table>

项目四 构建安全的企业网络

企业网络的安全问题日益突出，可以通过有针对性的一些设置来提高企业网络安全。本项目通过对交换机、路由器以及防火墙安全知识的阐述和实践，可让学生具有最终掌握构建安全企业网络的能力。

能力目标

通过本项目的学习，学生能形成良好的网络安全意识，能运用交换机实现安全接入与访问控制，能运用路由器实现设备间通信的安全性，能运用防火墙保护企业内部网络安全。

应会内容

- 静态实现端口与 MAC 地址的绑定
- 设置网络设备访问密码
- 访问控制列表的应用
- 静态 NAT、动态 NAT、端口复用 NAPT
- 路由器间通过 PPP-PAP 建立安全连接
- 防火墙基本配置

4-1 实现计算机的安全接入

4-2 PPP CHAP 认证

应知内容

- 动态实现 MAC 地址与端口绑定
- MAC 地址表实现绑定和过滤
- 基于时间的访问控制列表
- 路由器间通过 PPP-CHAP 建立安全连接

4-2 PPP PAP 认证

4-2 密码恢复

4-3 扩展访问控制列表

4-3 扩展访问控制列表高级应用

4-3 实现安全的网络访问控制

4-5 NAT 技术

4-5 基本管理

4-6 防火墙路由模式的初始配置

4-6 防火墙设置

4-6 防火墙透明模式的配置

任务一　实现计算机的安全接入

任务描述

在日常工作当中，经常遇到计算机中病毒的情况，如冲击波病毒可造成整个园区网络变慢甚至瘫痪。虽然通过数据流监控软件可以分析出中毒计算机的MAC地址，但由于并未做相关的设置，所以出现问题时查找、定位问题主机很困难，这给管理带来很大的麻烦。为了安全和方便管理，需要将MAC地址与端口进行绑定，在MAC地址与端口进行绑定后，该MAC地址的数据流只能从绑定端口进入，不能从其他端口进入，该端口可以允许其他MAC地址的数据流通过。这样，一旦网络中有哪台计算机出了问题，都能很快定位出来，及时采取有效措施。

任务分析

本任务是通过 MAC 地址与端口绑定技术来实现计算机的安全接入，该任务在交换机上完成，任务实施过程中应按如下几点要求操作。

（1）交换机设置管理IP地址为192.168.1.1/24，PC1的IP地址设置为192.168.1.11/24，PC2的IP地址设置为192.168.1.22/24。

（2）在交换机上对PC1的MAC地址作端口绑定。

（3）将PC1分别连接到绑定的端口和未绑定的端口ping交换机IP，检验理论是否和实验一致。

（4）将PC2分别连接到绑定了PC1的MAC地址的端口和未绑定的端口ping交换机IP，检验理论是否和实验一致。

任务重点：在交换机上对PC1的MAC地址做端口绑定。

任务难点：检验实验结果是否和理论一致。

所需设备：

（1）DCRS-5650交换机1台。

（2）PC 2台。

（3）Console线1根。

（4）直通线2根。

实验拓扑（见图4-1）：

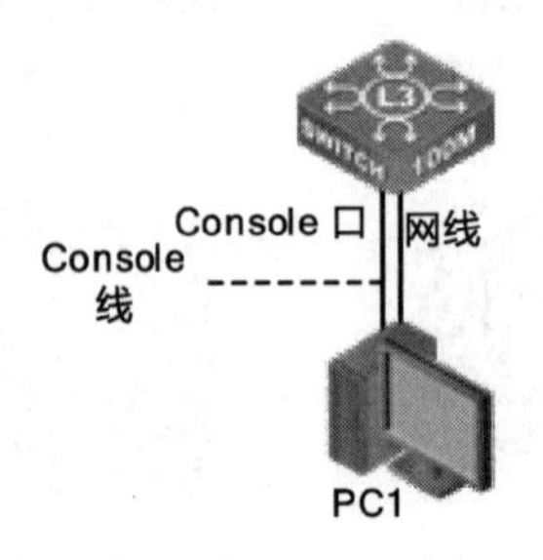

图4-1　安全接入实验拓扑

任务实施

步骤一：获取 PC1 的 MAC 地址。

（1）单击“开始”→“运行”命令，在对话框中输入“cmd”，如图 4-2 所示。

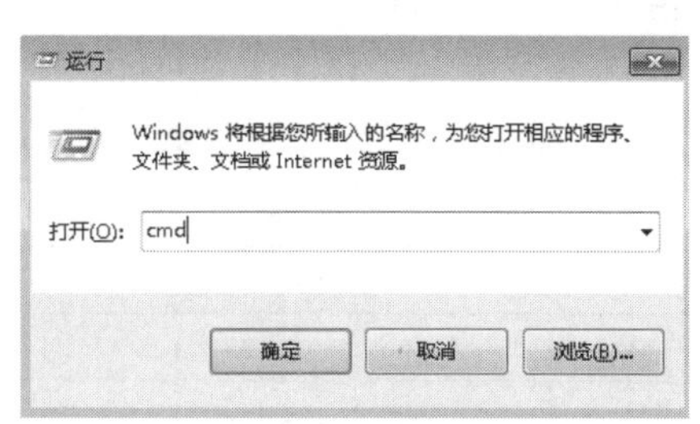

图 4-2 输入“CMD”

（2）打开“cmd”窗口，输入“ipconfig/all”查看 MAC 地址，如图 4-3 所示。

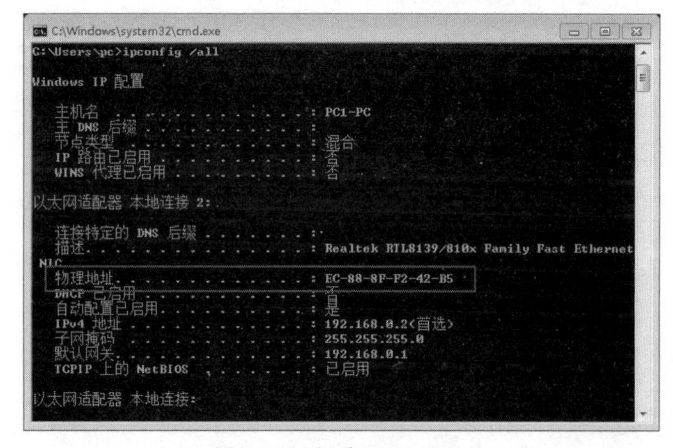

图 4-3 查看 MAC 地址

步骤二：交换机恢复出厂设置，配置交换机管理地址。

```
Switch#set default                                 ！恢复出厂设置
Switch#write                                       ！保存
Switch#reload                                      ！重新启动交换机
Switch>enable                                      ！进入特权模式
Switch#configuration terminal                      ！进入全局配置模式
Switch(config)#interface vlan 1                    ！进入管理 VLAN1
Switch(Config-if-Vlan1)#ip address 192.168.1.1 255.255.255.0
                                                   ！设置 VLAN1 的 IP 地址
Switch(Config-if-Vlan1)#no shutdown                ！开启端口
Switch(Config-if-Vlan1)#exit                       ！退出 VLAN1 接口
Switch(Config)#
```

步骤三：开启端口 1 的 MAC 地址绑定功能。

```
Switch(config)#interface Ethernet 0/0/1            ！进入端口 1
Switch(Config-If-Ethernet0/0/1)#switchport port-security
                                                   ！开启端口安全
Switch(Config-If-Ethernet0/0/1)#
```

步骤四：添加端口静态安全 MAC 地址，默认端口最大安全 MAC 地址数为 1。

```
Switch(Config-If-Ethernet0/0/1)#switchport   port-security   mac-address
EC-88-8F-F2-42-B5                                    ! 在端口 1 上绑定静态 MAC 地址
```

验证配置：

```
Switch#show port-security                            ! 查看端口安全
Switch#show port-security mac-address                ! 查看绑定的 MAC 地址
```

步骤五：使用 ping 命令验证实验结果，如表 4-1 所示。

表 4-1　连通性验证表

PC	端　口	ping	结　果
PC1	0/0/1	192.168.1.1	通
PC1	0/0/2	192.168.1.1	不通
PC2	0/0/1	192.168.1.1	通
PC2	0/0/2	192.168.1.1	通

步骤六：在一个以太网上静态捆绑多个 MAC。

```
Switch(Config-If-Ethernet0/0/1)# switchport port-security maximum 3
                                     ! 设置端口 1 上捆绑的 MAC 地址最大值
Switch(Config-If-Ethernet0/0/1)#  switchport  port-security  mac-address
aa-aa-aa-11-11-11                    ! 在端口 1 上绑定静态 MAC 地址
Switch(Config-If-Ethernet0/0/1)#  switchport  port-security  mac-address
aa-aa-aa-22-22-22                    ! 在端口 1 上绑定静态 MAC 地址
```

小贴士

端口绑定必须是在没有开启 spanning-tree、802.1x，没有进行端口汇聚或端口配置为 Trunk 端口的前提下进行，否则配置将不能成功。

相关知识与技能

物理地址（Medium/Media Access Control，MAC）或称为硬件地址，用来定义网络设备的位置。MAC 地址是烧录在网卡里的。MAC 地址的长度是 48 位（6B），0～23 位叫做组织唯一标志符（Organizationally Unique），是识别局域网结点的标识。24～47 位由厂家自己分配。MAC 地址用 12 个十六进制的数字表示，如图 4-4 所示。

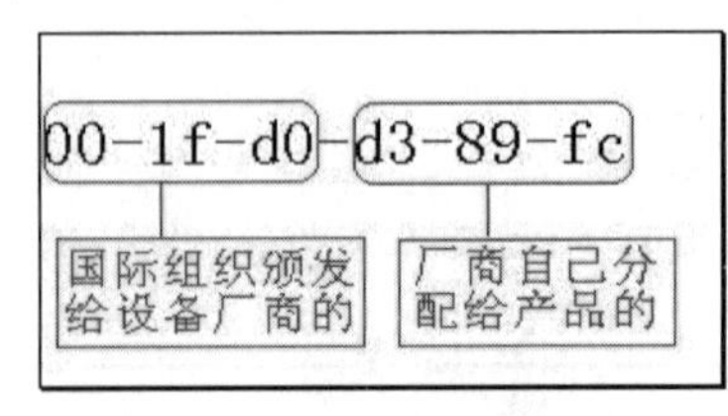

图 4-4　MAC 地址结构图

ipconfig 参数简介：

- ipconfig /all：显示本机 TCP/IP 配置的详细信息；
- ipconfig /release：DHCP 客户端手工释放 IP 地址；
- ipconfig /renew：DHCP 客户端手工向服务器刷新请求；
- ipconfig /flushdns：清除本地 DNS 缓存内容；
- ipconfig /displaydns：显示本地 DNS 内容；

- ipconfig /registerdns：DNS 客户端手工向服务器进行注册；
- ipconfig /showclassid：显示网络适配器的 DHCP 类别信息；
- ipconfig /setclassid：设置网络适配器的 DHCP 类别。

拓展与提高

为了实现园区网络的安全，我们可以使用 MAC 地址绑定的办法对终端设备的接入端口进行限制，但使用手动方式静态输入 MAC 地址进行绑定，在小型的网络尚可实施。如果面对一个终端众多的网络，这种方法显然太烦琐，对网络管理员来说，这无疑是一项异常庞大的工程。因此，我们可以通过一定的设置，实现由交换机通过 MAC 地址表自动转化为配置文件中的绑定项，从而减少网络管理员手动输入的条目，也进一步避免了由此产生的配置文件失误所带来的安全隐患的发生。

动动手：动态实现 MAC 地址与端口绑定。

所需设备：

（1）DCRS-5650 交换机 1 台。

（2）PC 2 台。

（3）Console 线 1 根。

（4）直通线 2 根。

实验拓扑（见图 4-5）：

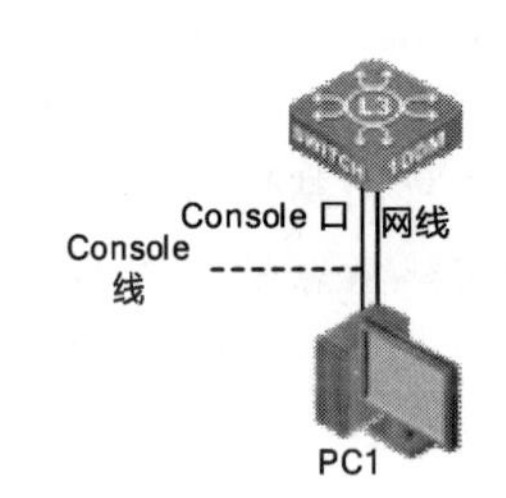

图 4-5　动态绑定实验拓扑

工作过程：

步骤一：获取 PC1 的 MAC 地址。

同任务一，略。

步骤二：交换机恢复出厂设置，配置交换机管理地址。

同任务一，略。

步骤三：启用端口 1 的 MAC 地址绑定功能，动态学习 MAC 并转换。

```
Switch(config)#interface Ethernet 0/0/1                    ！进入端口 1
Switch(Config-If-Ethernet0/0/1)#switchport port-security
                                                           ！开启端口安全
Switch(Config-If-Ethernet0/0/1)# switchport port-security lock
                                                           ！锁定端口
Switch(Config-If-Ethernet0/0/1)# switchport port-security convert
                                                             ！设置 MAC 地址动态转换
Switch(Config-If-Ethernet0/0/1)#exit                       ！退出端口 1
```

验证配置：

```
Switch#show port-security address                          ！查看动态转换的 MAC 地址
```

步骤四：使用 ping 命令验证，如表 4-2 所示。

表 4-2　连通性验证表

PC	端　口	ping	结　果
PC1	0/0/1	192.168.1.1	通
PC1	0/0/2	192.168.1.1	不通
PC2	0/0/1	192.168.1.1	不通
PC2	0/0/2	192.168.1.1	通

小贴士

（1）当动态学习 MAC 无法执行“convert”命令时，需检查 PC 网卡是否和该端口正确连接。此命令执行后可能会出现绑定不成功的错误提示，此时需要使用 no 命令取消锁定操作，并确认端口已经学习到地址后再重新锁定和转换。

（2）端口锁定之后，该端口 MAC 地址学习功能被关闭，不允许其他的 MAC 地址进入该端口。

（3）MAC 地址存储在地址表中有一个老化时间，它是从一个地址记录加入地址表以后开始计时，如果在老化时间内各端口未收到源地址为该 MAC 地址的帧，那么，这些地址将从动态转发地址表（由源 MAC 地址、目的 MAC 地址和它们相对应的交换机的端口组成）中被删除。静态 MAC 地址表不受地址老化时间影响。

思考与练习

通常，交换机支持动态学习 MAC 地址的功能，每个端口可以动态学习多个 MAC 地址，从而实现端口之间已知 MAC 地址数据流的转发。当 MAC 地址老化后，则进行广播处理。也就是说，交换机某端口上学习到 MAC 地址后可以进行转发，如果将连接切换到另外一个端口上，交换机将重新学习该 MAC 地址，从而在新的切换接口上实现数据转发。为了安全和便于管理，需要将 MAC 地址与端口进行绑定，即通过 MAC 地址表的方式进行绑定后，该 MAC 地址的数据流只能从绑定端口进入，不能从其他端口进入，但是不影响其他 MAC 地址的数据流从该端口进入。此时通过 MAC 地址表实现 MAC 地址与端口的绑定与过滤。

命令提示：

```
mac-address-table static address xx-xx-xx-xx-xx-xx vlan 1 interface ethernet0/0/1
mac-address-table blackhole address xx-xx-xx-xx-xx-xx vlan 1
```

任务二　按不同权限使用网络设备

任务描述

网络设备是园区网络硬件设备中的重要组成部分，网络设备的配置和管理是实现网络的正常运作必不可少的一个环节，但如果网络设备没有进行必要的安全设置就有可能给整个网络的安全带来威胁。如果任何用户都拥有特权模式使用权限，就有可能导致管理员以外的用户修改设备的配置，这将给管理员带来很大的麻烦，甚至造成重大损失。因此，为各网络设备设置访问权限是网络安全管理的一个重要环节。

任务分析

（1）使用配置线将路由器通过 Console 口连接到 PC 的 COM 口上。

（2）在 PC 上通过“超级终端”对路由器进行配置管理。

所需设备：

（1）DCR-2655 路由器 1 台。

（2）PC 1 台。

（3）Console 线 1 根。

（4）直通线 1 根。

实验拓扑（见图 4-6）：

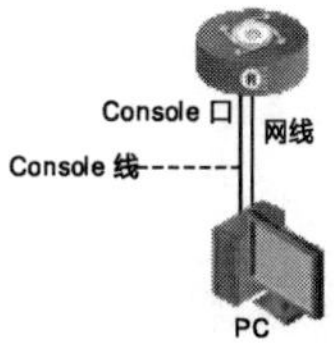

Console 口　网线　Console 线　PC

图 4-6　实验拓扑

任务实施

步骤一：设置特权模式密码。

```
Router-A_config#enable password 0 123456                    !设置特权模式密码
Router-A_config#exit
Router-A#exit
```

验证配置：

```
Router-A>enable
Router-A#Jan  1 01:09:40 Unknown user enter privilege mode from console 0,
level= 15
```

步骤二：设置验证模式。

```
Router-A_config#aaa authentication enable default enable！设置 aaa 认证模式
Router-A_config#exit
Router-A#Jan  1 01:10:39 Configured from console 0 by UNKNOWN
```

验证配置：

```
Router-A#exit
Router-A>enable
password:
Router-A#Jan  1 01:10:46 Unknown user enter privilege mode from console 0,
level
= 15
```

至此，进入特权模式需要密码，设置成功。

步骤三：配置需要通过用户名和密码登录 Console 口。

```
Router-A#config
Router-A_config#username admin password admin         ！设置用户名和密码
Router-A_config#line console 0                        ！进入 Console 口线路
Router-A_config_line#login authentication default     ！设置登录认证列表名
Router-A_config#aaa authentication login default local ！设置 aaa 认证模式
```

验证配置：

```
Router-A>exit                                         ！退出普通用户模式
User Access Verification

Username: admin                                       ！输入用户名
Password:                                             ！输入密码

              Welcome to DCR Multi-Protocol 2626 Series

Router-A>Jan  1 00:05:58 init user
```

步骤四：配置只需要通过输入密码登录 Console 口。

```
Router-A_config#aaa authentication login default line！设置 aaa 认证模式
Router-A_config#line console 0                        ！进入 Console 口线路
Router-A_config_line#password 0 123456                ！设置 Console 口密码
```

验证配置：

```
Router-A>exit                                        ! 退出普通用户模式

Router-A console 0 is now available
Press RETURN to get started
User Access Verification

Password:                                            ! 输入Console口密码

                Welcome to DCR Multi-Protocol 2626 Series

Router-A>Jan  1 00:11:07 init user
```

小贴士

（1）aaa认证模式必须设置，否则权限设置不能生效。

（2）设置需要用户名和密码的方式访问路由器时，需在路由器的数据库中设置用户名和密码。

相关知识与技能

1. 控制台密码

如果用户没有为路由器的控制台设置密码，其他用户就可以访问用户模式，并且，如果没有设置其他模式的密码，别人也就可以轻松进入其他模式。控制台端口是用户最初开始设置新路由器的地方。在路由器的控制台端口上设置密码极为重要，因为这样可以防止其他人连接到路由器并访问用户模式。因为每一个路由器仅有一个控制台端口，所以可以在全局配置中使用line console 0命令。

2. VTY-远程登录密码

虚拟终端连接并非是一个物理连接，而是一个虚拟连接，可以用Telnet或SSH方式远程登录路由器。当然，你需要在路由器上设置一个活动的LAN或WAN接口以便于远程登录工作。因为不同的路由器和交换机拥有不同的VTY端口号，所以应当在配置这些端口之前查看有哪些端口。

3. enable password-启用密码

enable password命令可以防止某人完全获取对路由器的访问权。enable password命令实际上可以用于在路由器的不同安全级别上切换（共有0～15共16个安全级别）。不过，它最常用于从用户模式（级别1）切换到特权模式（级别15）。事实上，如果你处于用户模式，而用户输入入了enable password命令，此命令将假定你进入特权模式。

4. enable secret password-启用加密密码

启用加密密码（enable secret password）与enable password的功能是相同的。但通过使用enable secret，密码就以一种更加安全的加密形式被存储下来。

在很多情况下，许多网络瘫痪是由于缺乏安全密码造成的。因此，作为管理员一定要保障正确设置交换机和路由器的密码。

拓展与提高

如果忘记设备密码或者是之前的管理员离职但没做好交接工作，导致的新管理员不知道设备密码时，就需要掌握删除设备密码的相关知识。

动动手一：清除路由器密码。

先按键盘上的【Ctrl+Break】组合键进入 monitor 模式下，如图 4-7 所示。

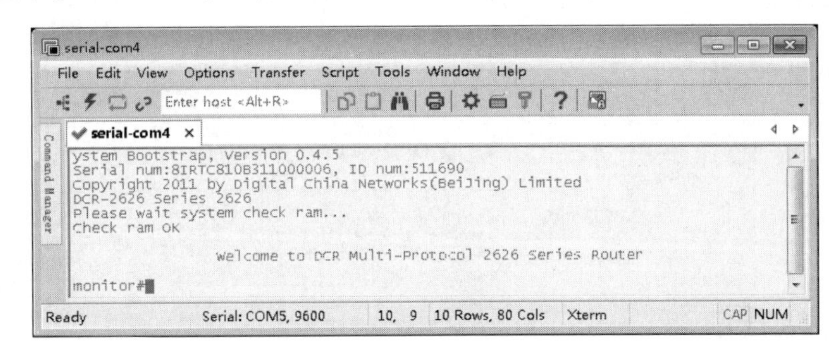

图 4-7 路由器 monitor 模式

```
monitor#delete ?
  WORD  -- file name
  <cr>  -- delete startup-config
monitor#delete
this file will be erased,are you sure?(y/n)y
monitor#reboot
Do you want to reboot the router(y/n)?y
Please wait..

System Bootstrap, Version 0.4.5
Serial num:8IRTC8209C04000166, ID num:509695
Copyright 2006 by Digital China Networks(BeiJing) Limited
DCR-2626 Series 2626
Loading DCR26V1.3.3H.bin......
Start Decompress DCR26V1.3.3H.bin
########################################################################
########################################################################
########################################################################
########################################################################
###################################
Decompress 5472638 byte,Please wait system up..
Digitalchina Internetwork Operating System Software
DCR-2626 Series Software , Version 1.3.3H, RELEASE SOFTWARE
System start up OK
Router console 0 is now available

Press RETURN to get started

Jan  1 00:00:07 init user
Jan  1 00:00:07 Router System started --
Jan  1 00:00:16 Line on Interface Serial0/1, changed to up
```

```
Jan  1 00:00:16 Line on Interface Serial0/2, changed to down
Jan  1 00:00:20 Line protocol on Interface Serial0/1, change state to up

                    Welcome to DCR Multi-Protocol 2626 Series

Router>Jan  1 00:00:46 init user
Router>
```

动动手二：清除交换机特权模式密码。

步骤一：重启交换机，按【Ctrl+B】组合键进入 BootROM 监控模式，如图 4-8 所示。

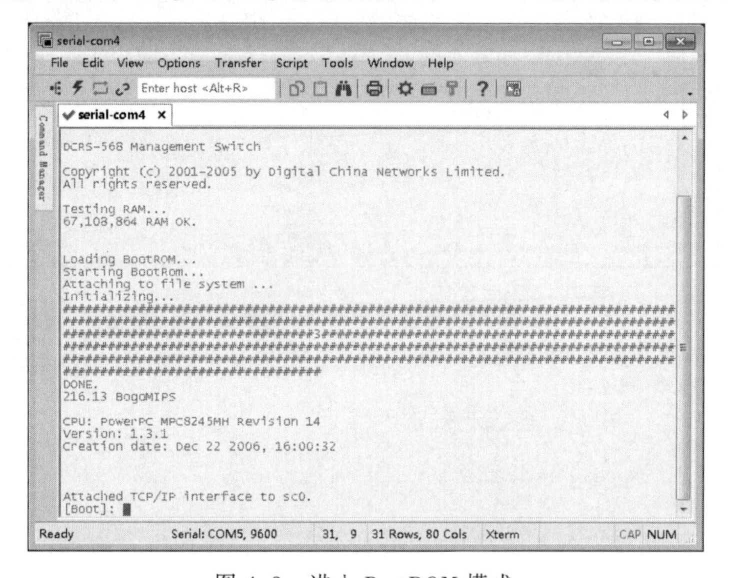

图 4-8　进入 BootROM 模式

步骤二：查询 BootROM 下的帮助命令，如图 4-9 所示。

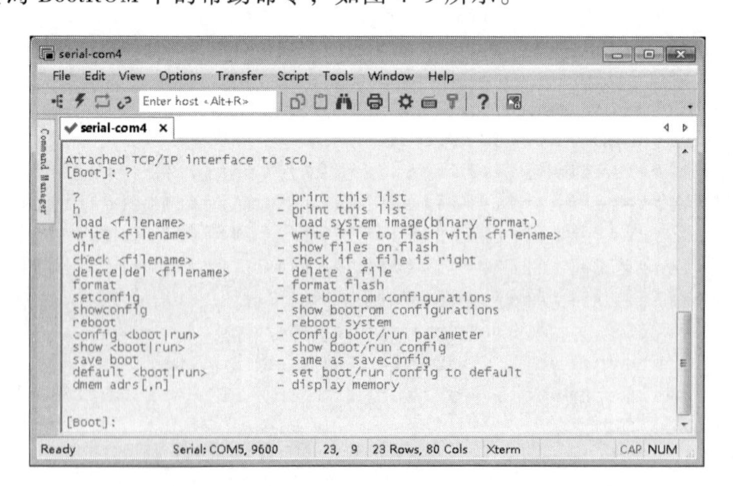

图 4-9　查看命令

步骤三：输入“default boot”，然后重启交换机，密码即可清除。

```
[Boot]: default boot
Network interface configure OK.
```

```
change boot params is OK
 [Boot]: reboot
```

思考与练习

配置交换机的 Telnet 的用户名为 telswitch，密码为 admin123；路由器的 Telnet 的用户名为 telrouter，密码为 admin123，路由器开启 4 条线路。

任务三　实现安全的网络访问控制

任务描述

当某个端口连接含有敏感信息的存储设备或服务器时，可以通过只允许特定 IP 地址连接的方式，保护相应设备中的数据安全。当判定网络攻击来自某个 IP 地址或某段 IP 地址时，也可以设置禁止访问列表来阻止来自该 IP 地址或 IP 地址段的访问。

任务分析

本任务将禁止 IP 为 192.168.1.2 的 PC1 访问 PC2，因此，只需要使用标准访问控制列表将 IP 为 192.168.1.2 的数据包过滤掉。

所需设备：

（1）DCR-2655 路由器 2 台。

（2）PC 2 台。

（3）CR-V35MT 1 条。

（4）CR-V35FC 1 条。

（5）交叉线 2 条。

实验拓扑（见图 4-10）：

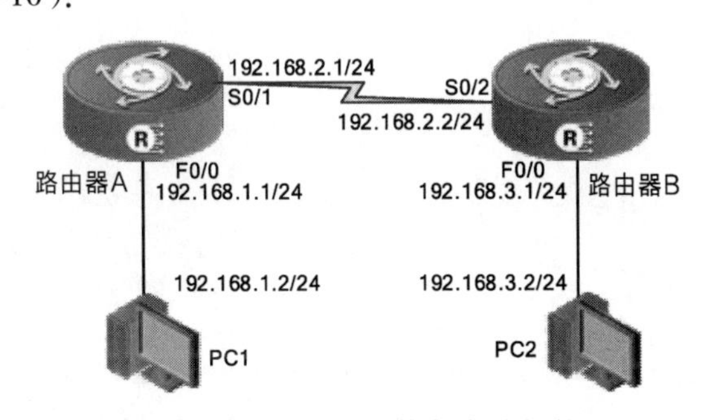

图 4-10　标准访问控制实验拓扑

任务实施

步骤一： 正确连接网线，将 2 台路由器恢复出厂设置。

```
Router>enable                                               ! 进入特权模式
Router#2004-1-1 00:32:10 User DEFAULT enter privilege mode from console 0,
level = 15
Router#delete                                               ! 删除配置文件
```

```
this file will be erased,are you sure?(y/n)y
Router#reboot                                          ！重新启动
Do you want to reboot the router(y/n)?y
Please wait…..
```

步骤二：设置路由器的名称及其接口 IP 地址。

路由器 A：

```
Router>enable                                          ！进入特权模式
Router#config                                          ！进入全局配置模式
Router_config#hostname Router-A                        ！设置路由器名称
Router-A_config#interface fastEthernet 0/0    ！进入快速以太网口 0/0 接口模式
Router-A_config_f0/0#ip address 192.168.1.2 255.255.255.0  ！设置 IP 地址
Router-A_config_f0/0#no shutdown                       ！开启端口
Router-A_config_f0/0#interface serial0/1               ！进入串口 0/1 接口模式
Router-A_config_s0/1#ip address 192.168.2.1 255.255.255.0  ！设置 IP 地址
Router-A_config_s0/1#no shutdown                           ！开启端口
```

路由器 B：

```
Router>enable                                          ！进入特权模式
Router#config                                          ！进入全局配置模式
Router_config#hostname Router-B                        ！设置路由器名称
Router-B_config#interface fastethernet0/0              ！进入快速以太口 0/0 接口模式
Router-B_config_f0/0#ip address 192.168.3.2 255.255.255.0  ！设置 IP 地址
Router-B_config_f0/0#no shutdown                       ！开启端口
Router-B_config_f0/0#interface serial0/2               ！进入串口 0/1 接口模式
Router-B_config_s0/2#ip address 192.168.2.2 255.255.255.0  ！设置 IP 地址
Router-B_config_s0/2#physical-layer speed 64000            ！设置时钟频率
Router-B_config_s0/2#no shutdown                           ！开启端口
```

步骤三：在路由器上配置静态路由。

路由器 A：

```
Router-A_config#ip route 192.168.3.0 255.255.255.0 192.168.2.2
```

路由器 B：

```
Router-B_config#ip route 192.168.1.0 255.255.255.0 192.168.2.1
```

步骤四：在路由器上查看路由表。

路由器 A：

```
Router-A#show ip route
……

C      192.168.1.0/24      is directly connected, FastEthernet0/0
C      192.168.2.0/24      is directly connected, Serial0/1
S      192.168.3.0/24      [1,0] via 192.168.2.2(on Serial0/1)
```

路由器 B：

```
Router-B#show ip route
……

S      192.168.1.0/24      [1,0] via 192.168.2.1(on Serial0/2)
C      192.168.2.0/24      is directly connected, Serial0/2
C      192.168.3.0/24      is directly connected, FastEthernet0/0
```

步骤五：在 PC1 上 ping PC2 测试网络连通性，如图 4-11 所示。

```
C:\Windows\system32\cmd.exe
Microsoft Windows [版本 6.1.7601]
版权所有 (c) 2009 Microsoft Corporation。保留所有权利。

C:\Users\pc>ping 192.168.3.2

正在 Ping 192.168.3.2 具有 32 字节的数据:
来自 192.168.3.2 的回复: 字节=32 时间=22ms TTL=62
来自 192.168.3.2 的回复: 字节=32 时间=21ms TTL=62
来自 192.168.3.2 的回复: 字节=32 时间=22ms TTL=62
来自 192.168.3.2 的回复: 字节=32 时间=22ms TTL=62

192.168.3.2 的 Ping 统计信息:
    数据包: 已发送 = 4，已接收 = 4，丢失 = 0 (0% 丢失)，
往返行程的估计时间(以毫秒为单位):
    最短 = 21ms，最长 = 22ms，平均 = 21ms

C:\Users\pc>
```

图 4-11　测试网络连通性

小贴士

（1）非直连的网段都要配置路由。

（2）以太网接口要接主机或交换机才能实现 UP 状态。

（3）设置串口时要注意 DCE 和 DTE 的问题。

步骤六：在路由器 A 上配置标准访问控制列表，禁止 PC1 访问 PC2。

```
Router-A_config#ip access-list standard denyPC1 ! 建立标准列表 denyPC1
Router-A_config_std_nacl#deny 192.168.1.2 255.255.255.255
                                            ! 拒绝 192.168.1.2 主机
Router-A_config_std_nacl#permit any         ! 允许通过所有 IP 数据报
Router-A_config#interface fastEthernet 0/0  ! 进入接快速以太口 0/0 口模式
Router-A_config_f0/0#ip access-group denyPC1 in ! 绑定 ACL 到端口
```

步骤七：测试列表使用效果，如图 4-12 所示。

```
C:\Windows\system32\cmd.exe
Microsoft Windows [版本 6.1.7601]
版权所有 (c) 2009 Microsoft Corporation。保留所有权利。

C:\Users\pc>ping 192.168.3.2

正在 Ping 192.168.3.2 具有 32 字节的数据:
来自 192.168.1.1 的回复: 无法访问目标网。
来自 192.168.1.1 的回复: 无法访问目标网。
来自 192.168.1.1 的回复: 无法访问目标网。
来自 192.168.1.1 的回复: 无法访问目标网。

192.168.3.2 的 Ping 统计信息:
    数据包: 已发送 = 4，已接收 = 4，丢失 = 0 (0% 丢失)，

C:\Users\pc>ping 192.168.3.1

正在 Ping 192.168.3.1 具有 32 字节的数据:
来自 192.168.1.1 的回复: 无法访问目标网。
来自 192.168.1.1 的回复: 无法访问目标网。
来自 192.168.1.1 的回复: 无法访问目标网。
来自 192.168.1.1 的回复: 无法访问目标网。

192.168.3.1 的 Ping 统计信息:
    数据包: 已发送 = 4，已接收 = 4，丢失 = 0 (0% 丢失)，

C:\Users\pc>
```

图 4-12　测试列表效果

从测试结果看，发现虽然禁止 PC1 访问 PC2 的效果实现了，但是，同时 PC1 访问其他的网络地址也被禁止了，这显然不是想要的结果。在这里就要提到标准访问控制列表配置在什么地方合适的问题，在通过标准访问控制列表进行访问控制时，列表一般配置到离数据源最远、离目标最近的位置，否则有可能将有些可以通过的数据流禁止。

步骤八：删除路由器 A 上配置的访问控制列表。

```
Router-A_config_f0/0#no ip access-group denyPC1 in    ! 删除接口上绑定的 ACL
Router-A_config_f0/0#exit
Router-A_config#no ip access-list standard denyPC1    ! 删除 ACL
```

步骤九：在路由器 B 上配置标准访问控制列表，禁止 PC1 访问 PC2。

```
Router-B_config#ip access-list standard denyPC1 ! 建立访问列表 denyPC1
Router-B_config_std_nacl#deny 192.168.1.2 255.255.255.255
                                                ! 拒绝访问主机 192.168.1.2
Router-B_config_std_nacl#permit any             ! 允许通过所有的 IP 数据包
Router-B_config_std_nacl#exit                   ! 退出列表配置模式
Router-B_config#interface fastethernet0/0       !进入快速以太网口 0/0 接口模式
Router-B_config_f0/0#ip access-group denyPC1 out ! 在接口上绑定 ACL
```

步骤十：测试访问控制列表使用效果，如图 4-13 所示。

从测试结果可以看出，PC1 到 PC2 的访问被禁止，但 PC1 仍能正常对其他网络地址进行访问，如图 4-13 所示。

图 4-13　测试列表效果

步骤十一：验证。

```
Router-B#show ip access-lists                   ! 查看路由器上的列表
Standed IP access list denyPC1
 deny 192.168.1.2 255.255.255.255
 permit any
Router-B#
```

小贴士

（1）标准访问控制列表是基于源地址的。

（2）每条访问控制列表都有隐含的拒绝方式。

（3）标准访问控制列表一般绑定在离目标最近的接口。

（4）注意方向，以该接口为参考点，IN 是流进的方向，OUT 是流出的方向。

（5）检查源地址。

（6）通常允许、拒绝的是完整的协议。

（7）列表从第一条语句开始匹配，所以，如果有多条语句时一定要注意语句的先后顺序。

相关知识与技能

访问控制列表有两种：一种是标准的访问控制列表，另一种是扩展的访问控制列表。访问控制列表（Access Control List，ACL）是应用在路由器接口的指令列表。这些指令列表用来告诉路由器哪些数据包可以收，哪些数据包需要拒绝。至于数据包是被接收还是拒绝，可以由源地址、目的地址、端口号等特定的指示条件来决定。

标准IP访问表的基本格式：

```
Ip access-list standard [list-name][permit|deny][host/any] [sourceaddress]
[source-mask][log]
```

下面对标准IP访问表基本格式中的各项参数进行解释。

1. list-name——列表名称

标准IP访问控制列表的名称由字母和数字组成。

2. permit/deny——允许或拒绝

关键字permit和deny用来表示满足访问表项的报文是允许通过接口，还是要过滤掉。permit表示允许报文通过接口，而deny表示匹配标准IP访问表源地址的报文要被丢弃。

3. source address——源地址

对于标准的IP访问表，源地址是主机或一组主机的IP十进制表示，如198.78.46.8。

4. host/any——主机匹配

host和any分别用于指定单个主机和所有主机。host表示一种精确的匹配，其屏蔽码为0.0.0.0。例如，假定允许从198.78.46.8来的报文，则使用标准的访问控制列表语句如下：

`permit 198.78.46.8 255.255.255.255`（具体配置设备时，按照设备的提示使用屏蔽码wildcard mask或掩码subnetmask）

如果采用关键字host，则也可以用下面的语句来代替：

```
permit  host 198.78.46.8
```

也就是说，host是255.255.255.255通配符屏蔽码的简写。

与此相对照，any是源地址/源地址网络掩码 0.0.0.0/0.0.0.0 的简写。假定要拒绝从源地址192.88.4.8来的报文，并且要允许从其他源地址来的报文，标准的IP访问表可以使用下面的语句实现：

```
deny host 192.88.4.8
permit any
```

注意，这两条语句的顺序。访问表语句的处理顺序是由上到下的。如果将两个语句顺序颠倒，将permit语句放在deny语句的前面，将不能过滤来自主机地址192.88.4.8的报文，因为permit语句将允许所有的报文通过。所以说访问表中的语句顺序是很重要的，因为不合理语句顺序将会在网络中产生安全漏洞，或者使得用户不能很好地利用公司的网络策略。

5. source-mask——源地址网络掩码

神州数码路由器访问控制列表功能所支持的源地址网络掩码与子网屏蔽码的方式是一致的。也就是说，二进制的1表示一个“匹配”条件，二进制的0表示一个“不关心”条件。假设组织机构拥有一个C类网络192.88.4.0，若不使用子网，则当配置网络中的每一个工作站时，使用子网屏蔽码 255.255.255.0。在这种情况下，1 表示一个“匹配”，而 0 表示一个“不关心”的条件。因为源地址网络掩码与子网屏蔽码是一致的，所以匹配源网络地址 192.88.4.0 中的所有报文的源地址网络掩码为 255.255.255.0。

访问控制列表的应用：

- 允许、拒绝数据包通过路由器。
- 允许、拒绝 Telnet 会话的建立。
- 没有设置访问列表时，所有的数据包都会在网络上传输。
- 基于数据包检测的特殊数据通信应用。

拓展与提高

扩展 IP 访问控制列表比标准 IP 访问控制列表具有更多的匹配项，包括协议类型、源地址、目的地址、源端口、目的端口、建立连接的和 IP 优先级等。编号范围是从 100 到 199 的访问控制列表，是扩展 IP 访问控制列表。

动动手一：使用扩展访问控制列表禁止 PC1 访问 PC2。

所需设备：

（1）DCR-2655 路由器 2 台。

（2）PC 2 台。

（3）CR-V35MT 1 条。

（4）CR-V35FC 1 条。

（5）交叉线 2 条。

实验拓扑（图 4-14）：

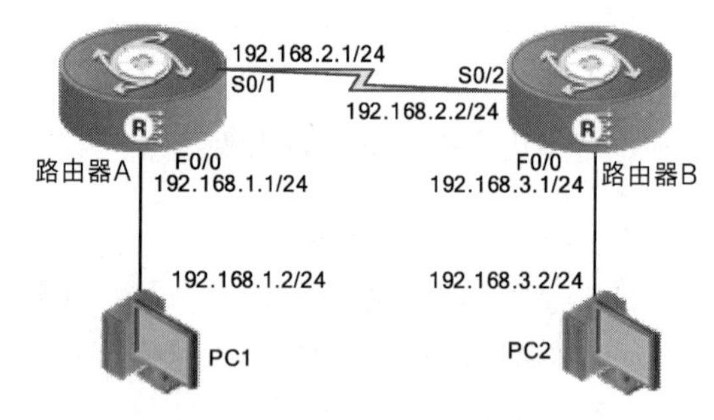

图 4-14　扩展访问控制列表拓扑

工作过程：

步骤一：正确连接网线，将 2 台路由器恢复出厂设置。

```
Router>enable                                          ! 进入特权模式
Router#2004-1-1 00:32:10 User DEFAULT enter privilege mode from console 0,
level = 15
Router#delete                                          ! 删除配置文件
this file will be erased,are you sure?(y/n)y
Router#reboot                                          ! 重新启动
Do you want to reboot the router(y/n)?y
Please wait…..
```

步骤二：设置路由器的名称及其接口 IP 地址。

路由器 A：

```
Router>enable                                           ! 进入特权模式
Router#config                                           ! 进入全局配置模式
Router_config#hostname router-A                         ! 设置路由器名称
Router-A_config#interface fastEthernet 0/0    ! 进入快速以太网口 0/0 接口模式
Router-A_config_f0/0#ip address 192.168.1.2 255.255.255.0  ! 设置 IP 地址
Router-A_config_f0/0#no shutdown                        ! 开启端口
Router-A_config_f0/0#interface serial0/1                ! 进入串口 0/1 接口模式
Router-A_config_s0/1#ip address 192.168.2.1 255.255.255.0  ! 设置 IP 地址
Router-A_config_s0/1#no shutdown                           ! 开启端口
```

路由器 B：

```
Router>enable                                           ! 进入特权模式
Router#config                                           ! 进入全局配置模式
Router_config#hostname router-B                         ! 设置路由器名称
Router-B_config#interface fastethernet0/0               ! 进入快速以太口 0/0 接口模式
Router-B_config_f0/0#ip address 192.168.3.2 255.255.255.0  ! 设置 IP 地址
Router-B_config_f0/0#no shutdown                        ! 开启端口
Router-B_config_f0/0#interface serial0/2                ! 进入串口 0/1 接口模式
Router-B_config_s0/2#ip address 192.168.2.2 255.255.255.0  ! 设置 IP 地址
Router-B_config_s0/2#physical-layer speed 64000            ! 设置时钟频率
Router-B_config_s0/2#no shutdown                           ! 开启端口
```

步骤三：在路由器上配置静态路由。

路由器 A：

```
Router-A_config#ip route 192.168.3.0 255.255.255.0 192.168.2.2
```

路由器 B：

```
Router-B_config#ip route 192.168.1.0 255.255.255.0 192.168.2.1
```

步骤四：在路由器上查看路由表。

路由器 A：

```
routerA#show ip route
……

C     192.168.1.0/24      is directly connected, FastEthernet0/0
C     192.168.2.0/24      is directly connected, Serial0/1
S     192.168.3.0/24      [1,0] via 192.168.2.2(on Serial0/1)
```

路由器 B：

```
Router-B#show ip route
……

S     192.168.1.0/24      [1,0] via 192.168.2.1(on Serial0/2)
C     192.168.2.0/24      is directly connected, Serial0/2
C     192.168.3.0/24      is directly connected, FastEthernet0/0
```

步骤五：在 PC1 上 ping PC2 测试网络连通性，如图 4-15 所示。

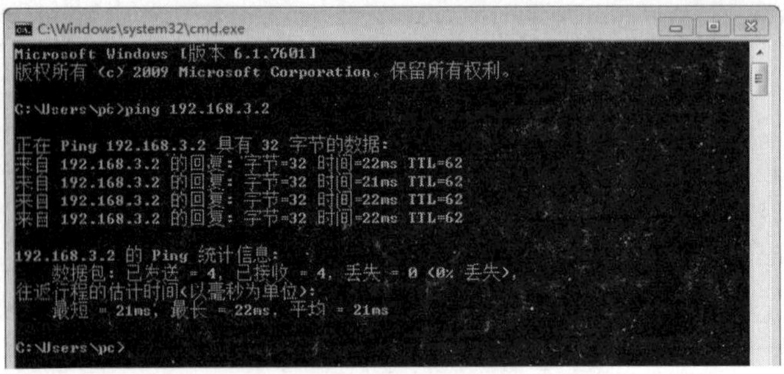

```
C:\Windows\system32\cmd.exe
Microsoft Windows [版本 6.1.7601]
版权所有 (c) 2009 Microsoft Corporation。保留所有权利。

C:\Users\pc>ping 192.168.3.2

正在 Ping 192.168.3.2 具有 32 字节的数据:
来自 192.168.3.2 的回复: 字节=32 时间=22ms TTL=62
来自 192.168.3.2 的回复: 字节=32 时间=21ms TTL=62
来自 192.168.3.2 的回复: 字节=32 时间=22ms TTL=62
来自 192.168.3.2 的回复: 字节=32 时间=22ms TTL=62

192.168.3.2 的 Ping 统计信息:
    数据包: 已发送 = 4, 已接收 = 4, 丢失 = 0 (0% 丢失),
往返行程的估计时间(以毫秒为单位):
    最短 = 21ms, 最长 = 22ms, 平均 = 21ms

C:\Users\pc>
```

图 4-15　测试列表效果

步骤六：在路由器 A 上配置扩展访问控制列表，禁止 PC1 对 PC2 的所有 TCP 连接。

```
Router-A_config#ip access-list extended denyTCP ! 建立扩展列表 denyTCP
Router-A_config_ext_nacl# Deny tcp 192.168.1.2 255.255.255.255 192.168.3.2
255.2552.55.255       ! 禁止主机 192.168.1.2 访问主机 192.168.3.2
Router-A_config_ext_nacl#permit ip any any       ! 允许所有的 IP 数据包通过
Router-A_config_ext_nacl#exit                    ! 退出列表配置模式
Router-A_config#interface fastethernet0/0        !进入快速以太网口 0/0 接口模式
Router-A_config_f0/0#ip access-group denyTCP in  ! 在接口上绑定 ACL
```

查看访问控制列表：

```
Router-A#show ip access-lists                    ! 查看访问控制列表
Extended IP access list denyTCP
Deny tcp 192.168.1.2 255.255.255.255 192.168.3.2 255.2552.55.255
 permit ip any any
Router-A#
```

步骤七：PC1 ping PC2 可以通，因为 ping 不是采用 TCP 连接，而是采用 ICMP 连接。从 PC1 telnet PC2 时由于扩展访问控制列表的作用，PC1 无法连接到 PC2，结果如图 4-16 所示。

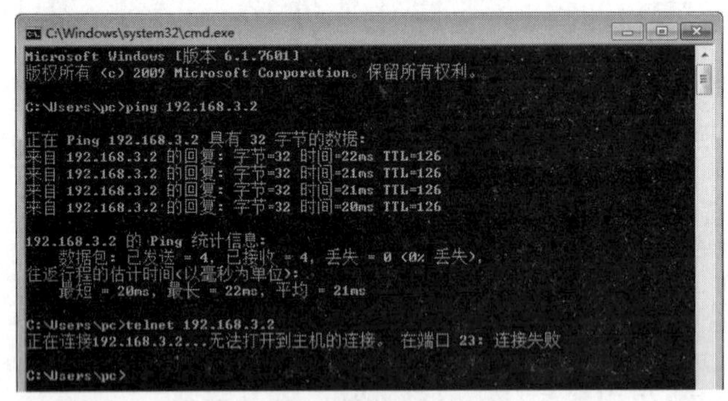

图 4-16　测试列表效果

小贴士

(1) 扩展访问控制列表通常放在离源比较近的地方。

(2) 扩展访问控制列表可以基于源、目标 IP、协议、端口号等条件过滤。

(3) 命令比较长时，可以通过“?”方式查看帮助。

(4) 注意隐藏的 DENY 列表。

(5) 检查源地址和目的地址。

(6) 通常允许、拒绝的是某个特定的协议。

基于时间的访问控制列表是指在标准或扩展的访问列表的基础上增加时间段的应用规则，time-range 时间段分为两种：绝对时间段和周期性时间段。

在周期性（periodic）时间段有一些常见参数：weekdays 表示每周的工作日（周一至周五）、weekend 表示周末（周六和周日）、daily 表示每天。

在绝对（absolute）时间段的表示上一般都是从 XXXX 年 XX 月 XX 日 XX 时 XX 分至 XXXX 年 XX 月 XX 日 XX 时 XX 分。

动动手二：禁止上班时间浏览网页。

假如你是公司网管，为了保证公司上班时间工作效率，公司要求 192.168.1.0 网段上班时间不能访问 IP 地址为 192.168.3.2 的 Web 服务器上的网站，下班以后访问网络不受限制。

工作过程：

步骤一：正确连接网线，将 2 台路由器恢复出厂设置。

```
Router>enable                                      ！进入特权模式
    Router#2004-1-1 00:32:10 User DEFAULT enter privilege mode from console
0, level = 15
Router#delete                                      ！删除配置文件
this file will be erased,are you sure?(y/n)y
Router#reboot                                      ！重新启动
Do you want to reboot the router(y/n)?y
Please wait…..
```

步骤二：设置路由器的名称及其接口 IP 地址。

路由器 A：

```
Router> enable                                ！进入特权模式
Router#config                                 ！进入全局配置模式
Router_config#hostname Router-A               ！设置路由器名称
Router-A_config#interface fastethernet0/0     ！进入快速以太网口 0/0 接口模式
Router-A_config_f0/0#ip address 192.168.1.1 255.255.255.0  ！设置 IP 地址
Router-A_config_f0/0#interface serial0/1        ！进入串口 0/1 接口模式
Router-A_config_s0/1#ip address 192.168.2.1 255.255.255.0  ！设置 IP 地址
Router-A_config_s0/1#no shutdown                ！开启端口
Rrouter-A_config_s0/1#exit                      ！退出接口模式
```

路由器 B：

```
Router>enable                                 ！进入特权模式
Router#config                                 ！进入全局配置模式
Router_config#hostname Router-B               ！设置路由器名称
Router-B_config#interface fastethernet0/0     ！进入快速以太网口 0/0 接口模式
Router-B_config_f0/0#ip address 192.168.3.1 255.255.255.0  ！设置 IP 地址
Router-B_config_f0/0#no shutdown                ！开启端口
Router-B_config_f0/0#interface serial0/2        ！进入串口 0/2 接口模式
Router-B_config_s0/2#ip address 192.168.2.2 255.255.255.0  ！设置 IP 地址
Router-B_config_s0/2#physical-layer speed 64000  ！设置时钟频率
Router-B_config_s0/2#no shutdown              ！开启端口
Router-B_config_s0/2#exit                       ！退出接口模式
```

步骤三：在路由器上配置静态路由。

路由器 A：

```
Router-A_config#ip route 192.168.3.0 255.255.255.0 192.168.2.2
```

路由器 B:

```
Router-B_config#ip route 192.168.1.0 255.255.255.0 192.168.2.1
```

步骤四：在 PC1 上测试与 PC2 的连通性，如图 4-17 所示。

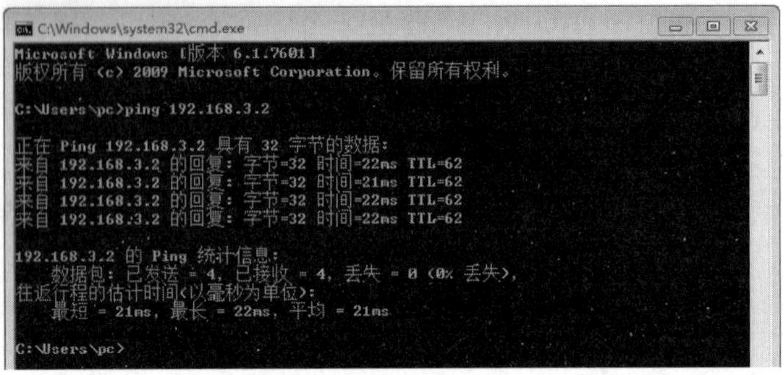

图 4-17　测试列表效果

步骤五：配置禁止访问网页的时间。

```
Router-A_config#time-range shangban                         ! 建立时间表 shangban
Router-A_config_time_range#periodic weekdays 8:00 to 12:00 !设置周期性时间
Router-A_config_time_range#periodic weekdays 13:30 to 17:30!设置周期性时间
Router-A_config_time_range#exit                             ! 退出时间表设置模式
```

步骤六：查看 time-range。

```
Router-A#show time-range                                    ! 查看时间表
time-range entry: shangban (inactive)
       periodic weekdays 08:00 to 12:00
       periodic weekdays 13:30 to 17:30


Router-A#
```

步骤七：配置基于时间的访问控制列表。

```
Router-A_config#ip access-list extended denyWANGYE
! 建立基于时间的访问控制列表 denyWANGYE
Router-A_config_ext_nacl#deny tcp 192.168.1.0 255.255.255.0 192.168.3.2
255.255.255.255 eq 80 time-range shangban
! 拒绝 192.168.1.0 网段在规定时间内访问 192.168.3.2 上的网页
Router-A_config_ext_nacl#permit ip any any        ! 允许所有 IP 数据包通过
Router-A_config_ext_nacl#exit                     ! 退出列表配置模式
```

查看路由器 A 上的访问控制列表。

```
Router-A#show ip access-lists                     ! 查看访问控制列表
Extended IP access list denyWANGYE
 deny   tcp 192.168.1.0 255.255.255.0 192.168.3.2 255.255.255.255 eq www
time-range shangban
 permit ip any any
Router-A#
```

步骤八：将列表绑定到相应端口。

```
Router-A_config#interface fastethernet0/0         ! 进入快速以太口 0/0 接口模式
Router-A_config_f0/0#ip access-group denyWANGYE in
```

动动手三：禁止 PC1 ping PC2。

```
Router-B#config
```

```
Router-B_config#ip acc ext denyPING
Router-B_config_ext_nacl#deny icmp 192.168.3.2 255.255.255.255 192.168.1.2
255.255.255.255 0
Router-B_config_ext_nacl#permit ip any any
Router-B_config_ext_nacl#exit
Router-B_config#interface f0/0
routerB_config_f0/0#ip acc denyPING in

Router-B#show ip access-lists
Extended IP access list denyPING
 deny   icmp 192.168.3.2 255.255.255.255 192.168.1.2 255.255.255.255 0
 permit ip any any
Router-B#
```

验证：PC1 ping PC2 被禁止了，如图 4-18 所示。

```
C:\Windows\system32\cmd.exe
Microsoft Windows [版本 6.1.7601]
版权所有 (c) 2009 Microsoft Corporation。保留所有权利。

C:\Users\pc>ping 192.168.3.2

正在 Ping 192.168.3.2 具有 32 字节的数据:
请求超时。
请求超时。
请求超时。
请求超时。

192.168.3.2 的 Ping 统计信息:
    数据包: 已发送 = 4，已接收 = 0，丢失 = 4 (100% 丢失)，

C:\Users\pc>
```

图 4-18　测试列表效果一

反过来 PC2 ping PC1，可以 ping 通，则表示访问控制列表正确，如图 4-19 所示。

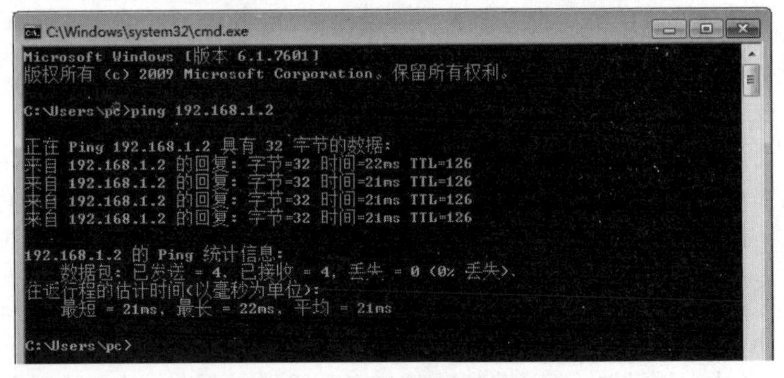

图 4-19　测试列表效果二

思考与练习

在本实验中，采用 2 台 DCR2655 路由器、1 台 DCS-5650 交换机和 4 台 PC 来组建实验环境。用 1 台路由器（RTA）模拟整个园区网，用另一台路由器（RTB）模拟外部网。具体实验环境如图 4-20 所示。

在企业的日常工作中，经常会碰到对企业内部的网络制定各种各样的访问控制，以下几条需求就是模拟现实中常见的实例。

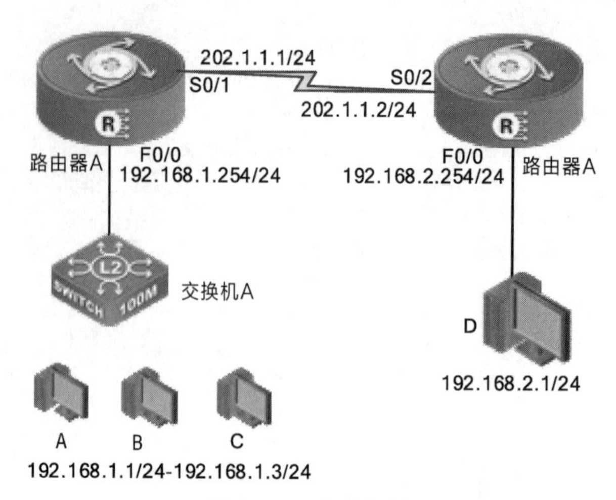

图 4-20　实验拓扑

（1）禁止 C 访问外网（也就是不能访问 D）;

（2）禁止 B 在 8：00～17：00 访问外网（也就是不能访问 D）;

（3）禁止 C 使用 Telnet 方式登录到路由器 RTA;

（4）禁止 D 访问 192.168.0.0 网段（可以认为主机 D 为危险对象）。

任务四　实现路由器之间安全通信

任务描述

假设你是公司的网络管理员，公司为了满足不断增长的业务需求，申请了专线接入，此时客户端路由器与 ISP 进行链路协商时需要进行身份验证，配置路由器保证链路建立，并通过 PAP 认证保证路由器之间的连接安全性。

任务分析

本任务要求实现 2 台路由器之间的安全连接，在任务的完成过程中应注意以下几点：

（1）先进行网络基本配置实现全网连通，即 PC1 能 ping 通 PC2。

（2）封装点对点（PPP）协议。

（3）实现 PAP 方式认证。

（4）aaa 认证方式必须配置，路由器数据库中必须设置好要进行认证的用户名和密码。

所需设备：

（1）DCR-2655 路由器 2 台。

（2）PC 2 台。

（3）CR-V35MT 1 条。

（4）CR-V35FC 1 条。

（5）交叉线 2 条。

实验拓扑（见图 4-21）：

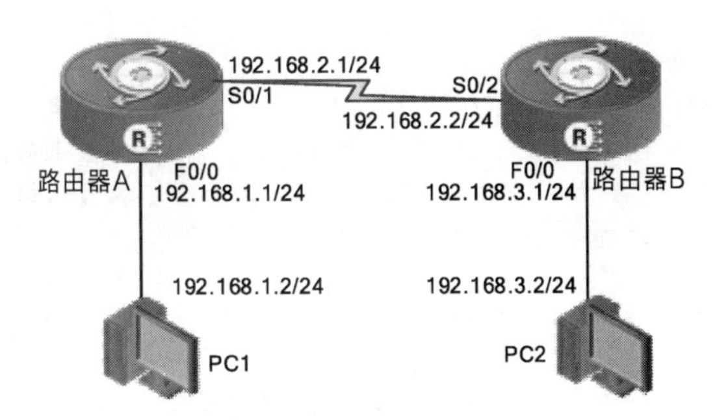

图 4-21 路由安全通信实验拓扑

任务实施

步骤一：正确连接网线，将 2 台路由器恢复出厂设置。

```
Router>enable                          ! 进入特权模式
Router#2004-1-1 00:32:10 User DEFAULT enter privilege mode from console 0,
level = 15
Router#delete                          ! 删除配置文件
this file will be erased,are you sure?(y/n)y
Router#reboot                          ! 重新启动
Do you want to reboot the router(y/n)?y
Please wait…..
```

步骤二：设置路由器的名称及其接口 IP 地址。

路由器 A：

```
router>enable                          ! 进入特权模式
router#config                          ! 进入全局配置模式
router_config#hostname Router-A        ! 设置路由器名称
Router-A_config#username Router-B password digitalb      ! 设置用户名和密码
Router-A_config#interface serial 0/1! 进入串口 0/1 接口模式
Router-A_config_s0/1#ip address 192.168.1.1 255.255.255.0   ! 设置 IP 地址
Router-A_config_s0/1#physical-layer speed 64000          ! 设置时钟频率
Router-A_config_s0/1#no shutdown       ! 开启端口
```

路由器 B：

```
Router>enable                          ! 进入特权模式
Router#config                          ! 进入全局配置模式
Router_config#hostname Router-B        ! 设置路由器名称
Router-B_config#username RouterA password digitala       ! 设置用户名和密码
Router-B_config#interface s0/2         ! 进入串口 0/1 接口模式
Router-B_config_s0/2#ip address 192.168.1.2 255.255.255.0   ! 设置 IP 地址
Router-B_config_s0/2#no shutdown       ! 开启端口
```

步骤三：测试路由器 A 与路由器 B 的连通性。

```
Router-B# ping 192.168.1.1
PING 192.168.1.1 (192.168.1.1): 56 data bytes
!!!!!
--- 192.168.1.1 ping statistics ---
5 packets transmitted, 5 packets received, 0% packet loss
round-trip min/avg/max = 20/20/20 ms
Router-B#
```

步骤四：在路由器 A 上配置 PAP 验证。

```
Router-A_config#interface s0/1                   ! 进入串口 0/1 接口模式
Router-A_config_s0/1#encapsulation ppp           ! 封装点对点协议
Router-A_config_s0/1#ppp authentication pap      ! 设置认证方式为 PAP
Router-A_config_s0/1#ppp pap sent-username Router-A password digitala
                                                 ! 发送认证用的用户名和密码
Router-A_config_s0/1#no shutdown                 ! 开启端口
Router-A_config_s0/1#exit
Router-A_config#aaa authentication ppp default local
                                                 ! 设置 PPP 认证方式为本地用户认证
```

步骤五：在路由器 B 上配置 PAP 验证。

```
Router-B_config#interface s0/2                   ! 进入串口 0/1 接口模式
Router-B_config_s0/2#encapsulation ppp           ! 封装点对点协议
Router-B_config_s0/2#ppp authentication pap      ! 设置认证方式为 PAP
Router-B_config_s0/2#ppp pap sent-username Router-B password digitalb
                                             ! 发送认证用的用户名和密码
Router-B_config_s0/2#exit
Router-B_config#aaa authentication ppp default local
                                             ! 设置 PPP 认证方式为本地用户认证
```

步骤六：查看路由器 B 上的接口信息。

```
Router-B#show ip interface brief                 ! 查看接口信息
Interface                 IP-Address      Method Protocol-Status
Async0/0                  unassigned      manual down
Serial0/1                 unassigned      manual down
Serial0/2                 192.168.1.2     manual up
FastEthernet0/0           unassigned      manual up
FastEthernet0/3           unassigned      manual down
```

步骤七：在路由器 A 上查看配置。

```
Router-A#show interface s0/1                     ! 查看路由器 A 的 s0/1 口信息
Serial0/1 is up, line protocol is up
 Mode=Sync  Speed=64000
  DTR=UP,DSR=UP,RTS=UP,CTS=UP,DCD=UP
  MTU 1500 bytes, BW 64 kbit, DLY 2000 usec
  Interface address is 192.168.1.1/24
  Encapsulation PPP, loopback not set
  Keepalive set(10 sec)
  LCP  Opened
  PAP  Opened,  Message: 'Welcome to Digitalchina Router'
  IPCP Opened
      local IP address: 192.168.1.1  remote IP address: 192.168.1.2
  60 second input rate 44 bits/sec, 0 packets/sec!
  60 second output rate 44 bits/sec, 0 packets/sec!
    7342 packets input, 176838 bytes, 4 unused_rx, 0 no buffer
    0 input errors, 0 CRC, 0 frame, 0 overrun, 0 ignored, 0 abort
    7272 packets output, 105690 bytes, 8 unused_tx, 0 underruns
  error:
    0 clock, 0 grace
  PowerQUICC SCC specific errors:
    0 recv allocb mblk fail     0 recv no buffer
```

```
    0 transmitter queue full    0 transmitter hwqueue_full
```

步骤八：在路由器B上查看配置。

```
Router-B#show interface s0/2              ! 查看路由器B的s0/2接口信息
Serial0/2 is up, line protocol is up
 Mode=Sync DTE
  DTR=UP,DSR=UP,RTS=UP,CTS=UP,DCD=UP
  MTU 1500 bytes, BW 64 kbit, DLY 2000 usec
  Interface address is 192.168.1.2/24
  Encapsulation PPP, loopback not set
  Keepalive set(10 sec)
  LCP  Opened
  PAP  Opened,  Message: 'Welcome to Digitalchina Router'
  IPCP Opened
      local IP address: 192.168.1.2  remote IP address: 192.168.1.1
  60 second input rate 34 bits/sec, 0 packets/sec!
  60 second output rate 38 bits/sec, 0 packets/sec!
    20 packets input, 504 bytes, 6 unused_rx, 0 no buffer
    0 input errors, 0 CRC, 0 frame, 0 overrun, 0 ignored, 0 abort
    21 packets output, 528 bytes, 8 unused_tx, 0 underruns
  error:
    0 clock, 0 grace
  PowerQUICC SCC specific errors:
    0 recv allocb mblk fail     0 recv no buffer
0 transmitter queue full    0 transmitter hwqueue_full
```

步骤九：测试路由器A与路由器B的连通性。

```
Router-A#ping 192.168.1.2
PING 192.168.1.2 (192.168.1.2): 56 data bytes
!!!!!
--- 192.168.1.2 ping statistics ---
5 packets transmitted, 5 packets received, 0% packet loss
round-trip min/avg/max = 20/22/30 ms
```

小贴士

（1）账号密码一定要交叉对应，发送的账号密码要和对方数据库中的账号密码对应。

（2）不要忘记配置DCE端的时钟频率。

相关知识与技能

PPP协议位于OSI七层模型的数据链路层，PPP协议按照功能划分为两个子层：LCP、NCP。LCP主要负责链路的协商、建立、回拨、认证、数据的压缩、多链路捆绑等功能。NCP主要负责和上层的协议进行协商，为网络层协议提供服务。

PPP的认证功能是指在建立PPP链路的过程中进行密码的验证，验证通过则建立连接，验证不通过则拆除链路。

PPP应用范围：PPP是一种多协议成帧机制，它适合于调制解调器、HDLC位序列线路、

SONET 和其他的物理层上使用。它支持错误检测、选项协商、头部压缩以及使用 HDLC 类型帧格式（可选）的可靠传输。

PPP 提供了三类功能：

（1）成帧：可以毫无歧义地分割出每帧的起始和结束。

（2）链路控制：有一个称为 LCP 的链路控制协议，支持同步和异步线路，也支持面向字节的和面向位的编码方式，可用于启动路线、测试线路、协商参数以及关闭线路。

（3）网络控制：具有协商网络层选项的方法，并且协商方法与使用的网络层协议独立。

PPP 工作流程：当用户拨号接入 ISP 时，路由器的调制解调器对拨号做出确认，并建立一条物理连接。PC 向路由器发送一系列的 LCP 分组（封装成多个 PPP 帧）。这些分组及其响应选择一些 PPP 参数，并进行网络层配置。NCP 给新接入的 PC 分配一个临时的 IP 地址，使 PC 成为因特网上的一个主机。通信完毕时，NCP 释放网络层连接，收回原来分配出去的 IP 地址。接着，LCP 释放数据链路层连接，最后释放的是物理层的连接。

PPP 支持两种认证方式密码验证协议（Password Authentication Protocol，PAP）和挑战握手身份认证协议（Challenge Handshake Accthentication Protocol，CHAP）。PAP 是指验证双方通过两次握手完成验证过程，它是一种用于对试图登录到点对点协议服务器上的用户进行身份验证的方法。由被验证方主动发出验证请求，发送的验证包含用户名和密码。由验证方验证后做出回复，通过验证或验证失败。在验证过程中用户名和密码以明文的方式在链路上传输。

拓展与提高

PAP 是一种简单的明文验证方式。网络接入服务器（Network Access Server，NAS）要求用户提供用户名和密码，PAP 以明文方式返回用户信息。很明显，这种验证方式的安全性较差，第三方可以很容易地获取被传送的用户名和密码，并利用这些信息与 NAS 建立连接获取 NAS 提供的所有资源。所以，一旦用户密码被第三方窃取，PAP 无法提供避免受到第三方攻击的保障措施。

CHAP 是一种加密的验证方式，能够避免建立连接时传送用户的真实密码。NAS 向远程用户发送一个挑战（Challenge）密码，其中包括会话 ID 和一个任意生成的挑战字串（Arbitrary Challenge String）。远程客户必须使用 MD5 单向哈希算法（One-way Hashing Algorithm）返回用户名和加密的挑战密码、会话 ID 以及用户密码，其中用户名以非哈希方式发送。

CHAP 对 PAP 进行了改进，不再直接通过链路发送明文密码，而是使用挑战密码以哈希算法对密码进行加密。因为服务器端存有客户的明文密码，所以服务器可以重复客户端进行的操作，并将结果与用户返回的密码进行对照。CHAP 为每一次验证任意生成一个挑战字串来防止受到再现攻击（Replay Attack）。在整个连接过程中，CHAP 将不定时地向客户端重复发送挑战密码，从而避免第三方冒充远程客户进行攻击。

动动手：使用 CHAP 认证方式实现路由器安全通信。

所需设备：

（1）DCR-2655 路由器 2 台。

（2）PC 2 台。

（3）CR-V35MT 1 条。

（4）CR-V35FC 1 条。

（5）交叉线 2 条。

实验拓扑（见图 4-22）：

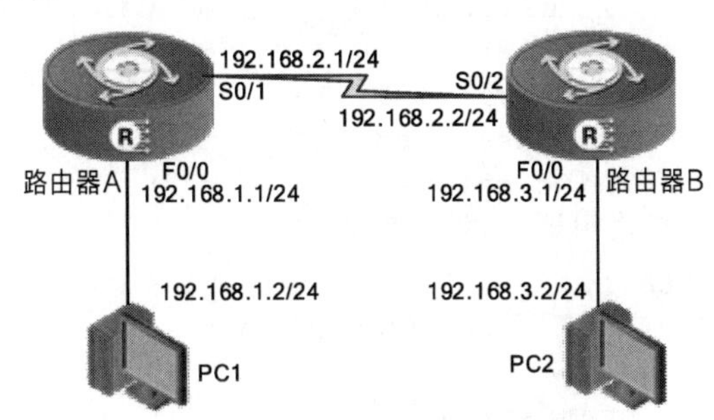

图 4-22　CHAP 验证方式实验拓扑

工作过程：

步骤一：正确连接网线，将 2 台路由器恢复出厂设置。

```
Router>enable                                        ！进入特权模式
Router#2004-1-1 00:32:10 User DEFAULT enter privilege mode from console 0,
level = 15
Router#delete                                        ！删除配置文件
this file will be erased,are you sure?(y/n)y
Router#reboot                                        ！重新启动
Do you want to reboot the router(y/n)?y
Please wait…..
```

步骤二：设置路由器的名称及其接口 IP 地址。

路由器 A：

```
Router>enable                              ！进入特权模式
Router#config                              ！进入全局配置模式
Router_config#hostname Router-A            ！设置路由器名称
Router-A_config#username Router-B password digital    ！设置用户名和密码
Router-A_config#aaa authentication ppp default local
                                           ！设置 PPP 认证方式为本地用户认证
Router-A_config#interface s0/1             ！进入串口 0/1 接口模式
Router-A_config_s0/1#ip address 192.168.1.1 255.255.255.0   ！设置 IP 地址
Router-A_config_s0/1#physical-layer speed 64000     ！设置时钟频率
Router-A_config_s0/1#no shutdown                    ！开启端口
```

路由器 B：

```
Router>enable                           ！进入特权模式
Router#config                           ！进入全局配置模式
Router_config#hostname Router-B         ！设置路由器名称
Router-B_config#username Router-A password digital    ！设置用户名和密码
Router-B_config#aaa authentication ppp default local
                                        ！设置 PPP 认证方式为本地用户认证
Router-B_config#interface s0/2          ！进入串口 0/2 接口模式
Router-B_config_s0/2#ip address 192.168.1.2 255.255.255.0  ！设置 IP 地址
Router-B_config_s0/2#no shutdown        ！开启端口
```

步骤三：查看路由器 A 的接口信息。

```
Router-A#show ip interface brief              ! 查看路由器 A 的接口信息
Interface              IP-Address        Method Protocol-Status
Async0/0               unassigned        manual down
Serial0/1              192.168.1.1       manual up
Serial0/2              unassigned        manual down
FastEthernet0/0        unassigned        manual down
FastEthernet0/3        unassigned        manual down
```

步骤四：测试路由器 A 与路由器 B 的连通性。

```
Router-B#ping 192.168.1.1
PING 192.168.1.1 (192.168.1.1): 56 data bytes
!!!!!
--- 192.168.1.1 ping statistics ---
5 packets transmitted, 5 packets received, 0% packet loss
round-trip min/avg/max = 20/22/30 ms
```

步骤五：在路由器 A 上配置 CHAP 验证。

```
Router-A_config#interface s0/1                       ! 进入串口 0/1 接口模式
Router-A_config_s0/1#encapsulation ppp               ! 封装点对点协议
Router-A_config_s0/1#ppp authentication chap         ! 设置认证方式为 CHAP
Router-A_config_s0/1#ppp chap hostname Router-A      ! 设置发送给对方的用户名
Router-A_config_s0/1#ppp chap password digital       ! 设置发送给对方的密码
```

步骤六：查看路由器 A 的接口信息。

```
Router-A#show ip interface brief
Interface              IP-Address        Method Protocol-Status
Async0/0               unassigned        manual down
Serial0/1              192.168.1.1       manual down
Serial0/2              unassigned        manual down
FastEthernet0/0        unassigned        manual down
FastEthernet0/3        unassigned        manual down
```

步骤七：查看路由器 A 的串口信息。

```
Router-A#show interface s0/1                  ! 查看路由器 A 的 s0/1 接口信息
Serial0/1 is up, line protocol is down
 Mode=Sync DCE Speed=64000
  DTR=UP,DSR=UP,RTS=UP,CTS=UP,DCD=UP
  MTU 1500 bytes, BW 64 kbit, DLY 2000 usec
  Interface address is 192.168.1.1/24
  Encapsulation PPP, loopback not set
  Keepalive set(10 sec)
  LCP  Opened
  CHAP Listening -- waiting for remote host to attempt open,    Message: 'CHAP:
Invalid Response'
  IPCP Listening -- waiting for remote host to attempt open
…
Router-A#
```

步骤八：在路由器 B 上配置 CHAP 验证。

```
Router-B_config#interface s0/2                       ! 进入串口 0/2 接口模式
Router-B_config_s0/2#encapsulation ppp               ! 封装点对点协议
Router-B_config_s0/2#ppp authentication chap         ! 设置认证方式为 CHAP
```

```
Router-B_config_s0/2#ppp chap hostname Router-B    ！设置发送给对方的用户名
Router-B_config_s0/2#ppp chap password digital     ！设置发送给对方的密码
```

步骤九：再次查看路由器 A 的串口信息。

```
Router-A#show interface s0/1                       ！查看路由器 A 的 s0/1 口信息
Serial0/1 is up, line protocol is up
 Mode=Sync DCE Speed=64000
  DTR=UP,DSR=UP,RTS=UP,CTS=UP,DCD=UP
  MTU 1500 bytes, BW 64 kbit, DLY 2000 usec
  Interface address is 192.168.1.1/24
  Encapsulation PPP, loopback not set
  Keepalive set(10 sec)
  LCP  Opened
  CHAP Opened,  Message: ' Welcome to Digitalchina Router'
  IPCP Opened
      local IP address: 192.168.1.1  remote IP address: 192.168.1.2
…
Router-A#
```

小贴士

（1）双方密码一定要一致，发送的账号要和对方数据库中的账号对应。

（2）不要忘记配置 DCE 的时钟频率。

（3）要设置 aaa 验证方法。

思考与练习

（1）在远程接入路由器 A 和中心路由器 B 上封装 PPP，并配置 PAP 单向认证，要求远程接入路由器 A 在中心路由器 B 上进行认证，中心路由器 B 的数据库上的用户名为 ISP，密码为 shenzhou。

（2）在远程接入路由器 A 和中心路由器 B 上封装 PPP，配置 PAP 单向认证，并设置验证方法列表名为 test1，要求中心路由器 B 对远程接入路由器 A 进行认证，中心路由器 B 的数据库上的用户名为 ISP，密码为 shuma。

（3）在远程接入路由器 A 和中心路由器 B 上封装 PPP，配置 PAP 双向认证，并设置验证方法列表名为 test3，要求中心路由器 B 和远程接入路由器 A 进行相互认证，中心路由器 B 的数据库上的用户名为 yonghuA，密码为 shuma；远程接入路由器 A 的数据库上用户名为 ISP，密码为 shenzhou。

（4）在远程接入路由器 A 和中心路由器 B 上封装 PPP，配置 CHAP 双向认证，并设置验证方法列表名为 test4，要求中心路由器 B 和远程接入路由器 A 进行相互认证，中心路由器 B 的数据库上的用户名为 yonghuA，密码为 shuma；远程接入路由器 A 的数据库上用户名为 ISP，密码为 shuma。

任务五　实现 IP 地址不足情况下的 Internet 访问

任务描述

某公司有几百名员工。每位员工都要连接 Internet，而公司只想从 ISP 申请一个公网 IP 地址，为了解决这个问题，公司管理员决定使用静态 NAT 使得公司内部所有员工的主机都能访问外网。

任务分析

公司内部有很多台主机都要访问外网，而公司只向 ISP 申请一个合法的 IP 地址。动态 NAT 能实现多个用户同时公用一个合法的 IP 地址与外部 Internet 进行通信。

所需设备

（1）DCR-2655 路由器 2 台。

（2）CR-V35MT 1 条。

（3）CR-V35FC 1 条。

（4）PC 2 台。

（5）交叉线 2 条。

实验拓扑（见图 4-23）：

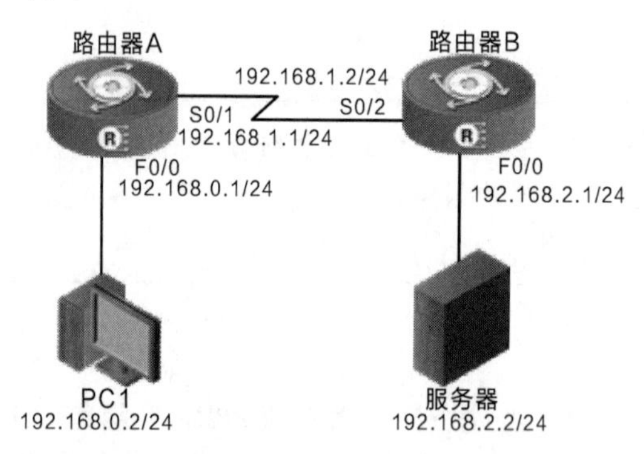

图 4-23 使用动态 NAT 访问 Internet 拓扑

任务实施

步骤一：正确连接网线，将 2 台路由器恢复出厂设置。

```
Router>enable                                              ！进入特权模式
Router#2004-1-1 00:32:10 User DEFAULT enter privilege mode from console 0,
level = 15
Router#delete                                              ！删除配置文件
this file will be erased,are you sure?(y/n)y
Router#reboot                                              ！重新启动
Do you want to reboot the router(y/n)?y
Please wait…..
```

步骤二：设置路由器的名称及其接口 IP 地址。

路由器 A：

```
Router>enable                                              ！进入特权模式
Router#config                                              ！进入全局配置模式
Router_config#hostname Router-A                            ！修改机器名
Router-A_config#interface fastethernet0/0     ！进入快速以太网口 0/0 接口模式
Router-A_config_f0/0#ip address 192.168.0.1 255.255.255.0   ！设置 IP 地址
Router-A_config_f0/0#no shutdown
```

```
Router-A_config_f0/0#exit
Router-A_config#interface s0/1                    ! 进入接口模式
Router-A_config_s0/1#ip address 192.168.1.1 255.255.255.0  ! 配置 IP 地址
Router-A_config_s0/1#physical-layer speed 64000 ! 配置 DCE 时钟频率
Router-A_config_s0/1#no shutdown
Router-A_config_s0/1# ^Z
```

路由器 B:

```
Router>enable
Router#config
Router_config#hostname Router-B
Router-B_config#interface fastethernet0/0      ! 进入快速以太网口 0/0 接口模式
Router-B_config_f0/0#ip address 192.168.2.1 255.255.255.0  ! 设置 IP 地址
Router-B_config_f0/0#no shutdown
Router-B_config_f0/0#exit
Router-B_config#interface s0/2
Router-B_config_s0/2#ip address 192.168.1.2 255.255.255.0
Router-B_config_s0/2#no shutdown
Router-B_config_s0/2#^Z
```

步骤三：配置路由器 A 的 NAT。

```
Router-A#conf
Router-A_config#ip access-list standard 1 ! 定义访问控制列表
Router-A_config_std_nacl#permit 192.168.0.0 255.255.255.0
                                          ! 定义允许转换的源地址范围
Router-A_config_std_nacl#exit
Router-A_config#ip nat pool overld 192.168.1.10 192.168.1.20 255.255.255.0
            ! 定义名为 overld 的转换地址池
Router-A_config#ip nat inside source list 1 pool overld overload
            ! 配置将 ACL 允许的源地址转换成 overld 中的地址，并且做 PAT 的地址复用
Router-A_config#int f0/0
Router-A_config_f0/0#ip nat inside          ! 定义 F0/0 为内部接口
Router-A_config_f0/0#int s0/1
Router-A_config_s0/1#ip nat outside         ! 定义 S1/1 为外部接口
Router-A_config_s0/1#exit
Router-A_config#ip route 0.0.0.0 0.0.0.0 192.168.1.2
                                          !配置路由器 A 的默认路由
```

步骤四：查看路由器 B 的路由表。

```
Router-B#sh ip route
Codes: C - connected, S - static, R - RIP, B - BGP, BC - BGP connected
D - DEIGRP, DEX - external DEIGRP, O - OSPF, OIA - OSPF inter area
ON1 - OSPF NSSA external type 1, ON2 - OSPF NSSA external type 2
OE1 - OSPF external type 1, OE2 - OSPF external type 2
DHCP - DHCP type
VRF ID: 0
C 192.168.1.0/24 is directly connected, Serial0/2
C 192.168.2.0/24 is directly connected, FastEthernet0/0
                                        ! 注意：并没有到 192.168.0.0 的路由
```

步骤五：测试网络连通情况，如图 4-24 所示。

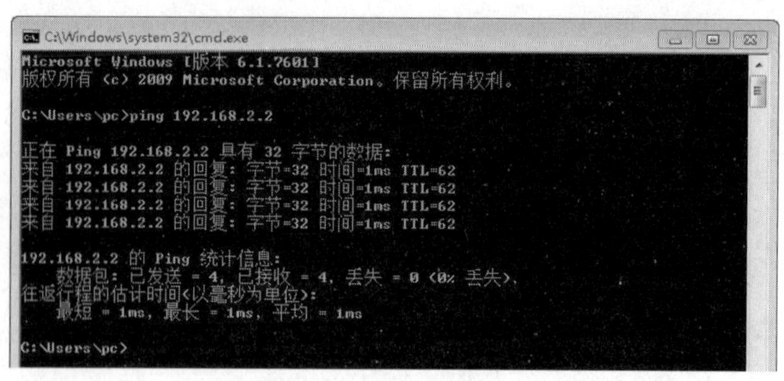

图 4-24　测试效果图

步骤六：查看地址转换表，如图 4-25 所示。

```
Router-A#show ip nat translations
Pro. Dir Inside local          Inside global        Outside local        Outside global

ICMP OUT 192.168.0.2:1         192.168.1.10:8193    192.168.2.2:8193     192.168.2.2:81
93
```

图 4-25　地址转换表

小贴士

（1）注意转换的方向和接口，不要把 inside 和 outside 应用接口弄错。

（2）注意地址池、ACL 的名称。

（3）在 Router—B 中一定不能加向 192.168.0.0 网络的回指路由，否则将无法判断连通性是否由 NAT 的设置成功引起。

相关知识与技能

（1）随着 Internet 技术的飞速发展，使用 Internet 的用户越来越多，因此，IP 地址短缺已成为一个十分突出的问题。网络地址转换（Network Address Translation，NAT）是解决 IP 地址短缺的重要手段。NAT 是指网络地址从一个地址空间转换为另一个地址空间的技术。NAT 将网络划分为内部网络（inside）和外部网络（outside）。NAT 有三种类型，分别是静态 NAT、动态 NAT、动态 NAPT。

（2）NAT 的一些术语：

- 内部本地地址（Inside Local Address）：是指网路内部主机的 IP 地址，该地址通常是未注册的私有 IP 地址。
- 内部全局地址（Inside Global Address）：是指内部本地地址在外部网络表现出的 IP 地址，通常是注册的合法的 IP 地址，是 NAT 对内部本地地址转换后的结果。
- 外部本地地址（outside Local Address）：是指在内部网络中看到的外部网络主机的 IP 地址。
- 外部全局地址（outside Global Address）：是指外部网络主机的 IP 地址。

（3）端口地址转换（Port Address Translation，PAT）技术是把内部地址映射到外部网络的 IP 地址的不同端口上，从而可以实现多对一的映射。PAT 对于节省 IP 地址是最为有效的。

拓展与提高

在静态 NAT 中，内部网络中的每个主机都被永久映射成外部网络中的某个合法地址。静态地址转换将内部本地地址与内部合法地址进行一对一的转换，且需要指定和哪个合法地址进行转换。如果内部网络有 E-mail 或 FTP 等可以为外部用户提供服务的服务器，这些服务器的 IP 地址必须采用静态地址转换，以便外部用户可以使用这些服务。

动态 NAT 首先要定义合法地指池，然后采用动态分配的方法映射到内部网络。

动动手：配置静态 NAT。

所需设备：

（1）DCR-2655 路由器 2 台。

（2）PC 2 台。

（3）CR-V35MT 1 条。

（4）CR-V35FC 1 条。

（5）交叉线 2 条。

实验拓扑（见图 4-26）：

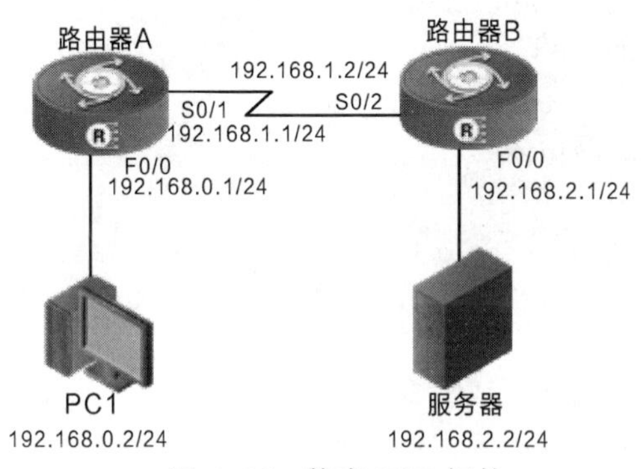

图 4-26　静态 NAT 拓扑

工作过程：

步骤一：正确连接网线，将 2 台路由器恢复出厂设置。

```
Router>enable                                        ! 进入特权模式
Router#2004-1-1 00:32:10 User DEFAULT enter privilege mode from console 0,
level = 15
Router#delete                                        ! 删除配置文件
this file will be erased,are you sure?(y/n)y
Router#reboot                                        ! 重新启动
Do you want to reboot the router(y/n)?y
Please wait…..
```

步骤二：设置路由器的名称及其接口 IP 地址。

路由器 A：

```
Router>enable                                        ! 进入特权模式
Router#config                                        ! 进入全局配置模式
Router_config#hostname Router-A                      ! 修改机器名
Router-A_config#interface fastEthernet 0/0
Router-A_config_f0/0#ip address 192.168.0.1 255.255.255.0
Router-A_config_f0/0#no shutdown
Router-A_config_f0/0#exit
Router-A_config#interface serial 0/1
```

```
Router-A_config_s0/1#ip address 192.168.1.1 255.255.255.0
Router-A_config_s0/1#physical-layer speed 64000
Router-A_config_s0/1#no shutdown
```

路由器B：

```
Router>enable                                         ! 进入特权模式
Router#config                                         ! 进入全局配置模式
Router_config#hostname Router-B                       ! 修改机器名
Router-B_config#interface fastEthernet 0/0
Router-B_config_f0/0#ip address 192.168.2.1 255.255.255.0
Router-B_config_f0/0#no shutdown
Router-B_config_f0/0#exit
Router-B_config#interface serial 0/2
Router-B_config_s0/2#ip address 192.168.1.2 255.255.255.0
Router-B_config_s0/2#no shutdown
```

步骤三：配置路由器A的NAT。

```
Router-A_config#ip nat inside source static 192.168.0.2 192.168.1.1
```

步骤四：查看路由器B的路由表。

```
Router-B#show ip route
Codes: C - connected, S - static, R - RIP, B - BGP, BC - BGP connected
D - DEIGRP, DEX - external DEIGRP, O - OSPF, OIA - OSPF inter area
ON1 - OSPF NSSA external type 1, ON2 - OSPF NSSA external type 2
OE1 - OSPF external type 1, OE2 - OSPF external type 2
DHCP - DHCP type, L1 - IS-IS level-1, L2 - IS-IS level-2
VRF ID: 0
C      192.168.1.0/24      is directly connected, Serial0/2
C      192.168.2.0/24      is directly connected, FastEthernet0/0
```

步骤五：查看地址转换表。

```
Router-A#show ip nat tr
translations    -- Translation entries
Router-A#show ip nat translations
Pro. Dir Inside local    Inside global    Outside local    Outside global
---- --- 192.168.0.2     192.168.1.1      ---         ---
```

步骤六：测试网络连通情况，如图4-27所示。

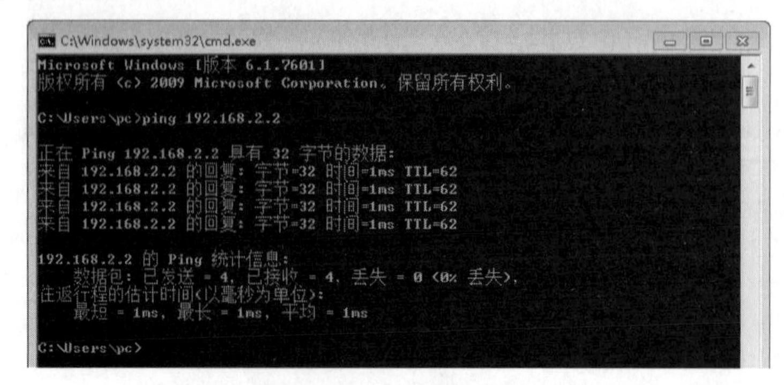

图4-27　测试效果图

思考与练习

利用 NAT 实现内网主机访问外网服务器。

所需设备：

（1）DCR-2655 路由器 2 台。

（2）PC 2 台。

（3）CR-V35MT 1 条。

（4）CR-V35FC 1 条。

（5）交叉线 2 条。

实验拓扑（见图 4-28）：

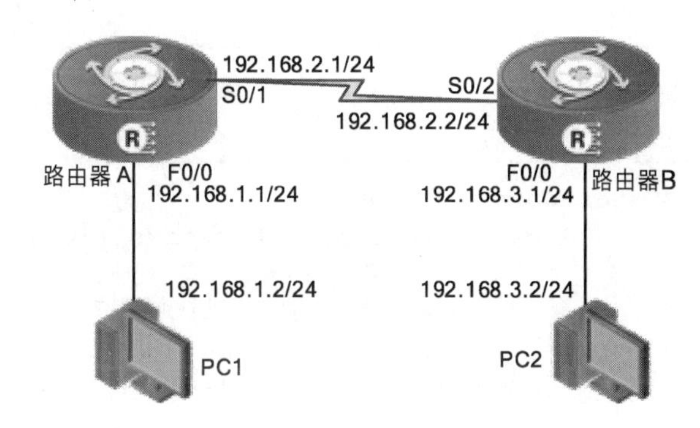

图 4-28　利用 NAT 实现内网主机访问外网服务器拓扑

要求：

根据实验拓扑，利用 NAT 实现内网主机访问外网服务器。

任务六　防火墙基本配置

任务描述

园区由于网络扩大升级或出于安全考虑有可能在园区网络中引入防火墙设备，防火墙可以使用 Telnet、SSH、WebUI 方式进行管理，通过对防火墙的基本配置，用户可以很方便地使用几种方式进行管理。

任务分析

本任务设置防火墙使用 Telnet、SSH、WebUI 方式进行管理，需对防火墙进行相关基础配置。

所需设备：

（1）防火墙设备　1 台。

（2）Console 线　1 条。

（3）交叉网络线　1 条。

（4）PC 1 台。

实验拓扑（见图 4-29）：

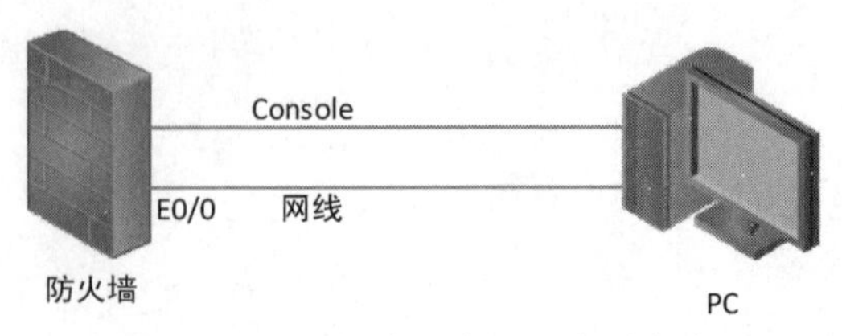

图 4-29　防火墙基本配置实验拓扑

任务实施

步骤一：使用 Console 线缆将防火墙与 PC 的串行接口连接起来，如图 4-29 所示。

步骤二：使用 PC 上的 SecureCRT 软件进行连接，登录防火墙，输入用户名 admin，密码 admin。

```
------------------------------------------------------------------
                    W e l c o m e
            D i g i t a l C h i n a   N e t w o r k s
------------------------------------------------------------------
DigitalChina DCFOS Software Version 4.0
Copyright (c) 2001-2010 by DigitalChina Networks Limited.
login: admin                    !用户名为 admin
password:                       !密码是 admin，默认不显示
DCFW-1800#
```

步骤三：运行 manage telnet 命令开启被连接接口的 Telnet 管理功能。

```
DCFW-1800#configure
DCFW-1800(config)#interface Ethernet 0/0
DCFW-1800(config-if-eth0/0)#manage telnet
```

步骤四：运行 manage ssh 开启 SSH 管理功能。

```
DCFW-1800(config-if-eth0/0)#manage ssh
```

步骤五：从 PC 尝试与防火墙的 Telnet 连接，如图 4-30 和图 4-31 所示。

注：用户口令或密码是默认管理员用户口令或密码，均为 admin，默认出厂时防火墙 E0/0 接口的 IP 地址为 192.168.1.1/24。

图 4-30　Telnet 到防火墙

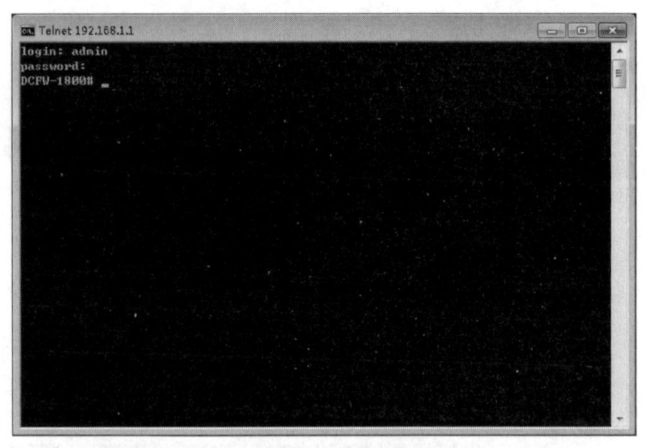

图 4-31　远程连接

步骤六：从 PC 尝试与防火墙的 SSH 连接，如图 4-32 和图 4-33 所示。

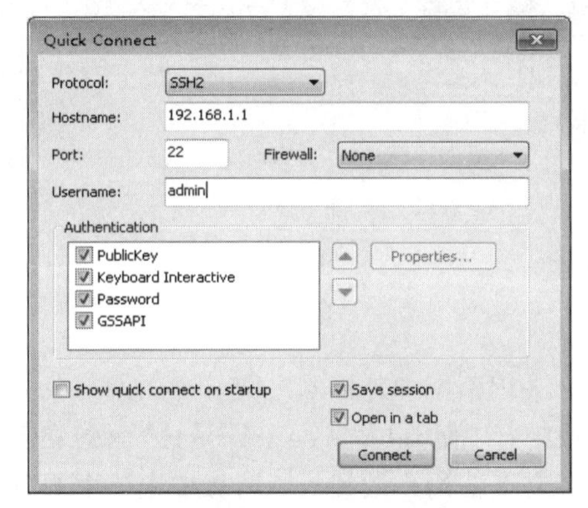

图 4-32　快速连接

图 4-33　输入用户名和密码

小贴士

PC 中已经安装好 SSH 客户端软件。用户口令或密码是默认管理员用户口令或密码：admin。

步骤七：初次使用防火墙时，用户可以通过该 E0/0 接口访问防火墙的 WebUI 页面。

在浏览器地址栏输入“https://192.168.1.1”并按【Enter】键，系统 WebUI 的登录界面如图 4-34 所示。

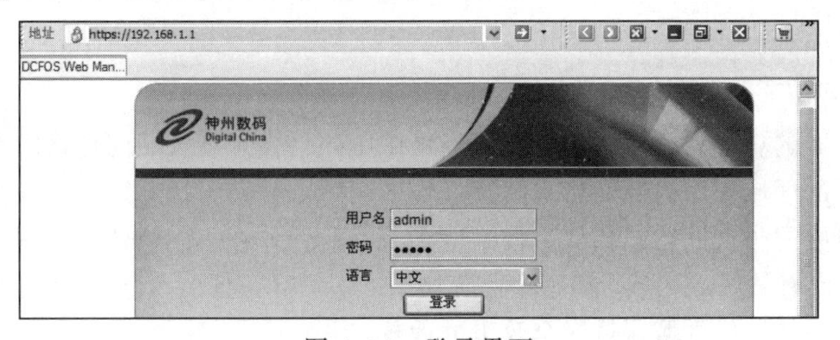

图 4-34　登录界面

登录后的主界面如图 4-35 所示。

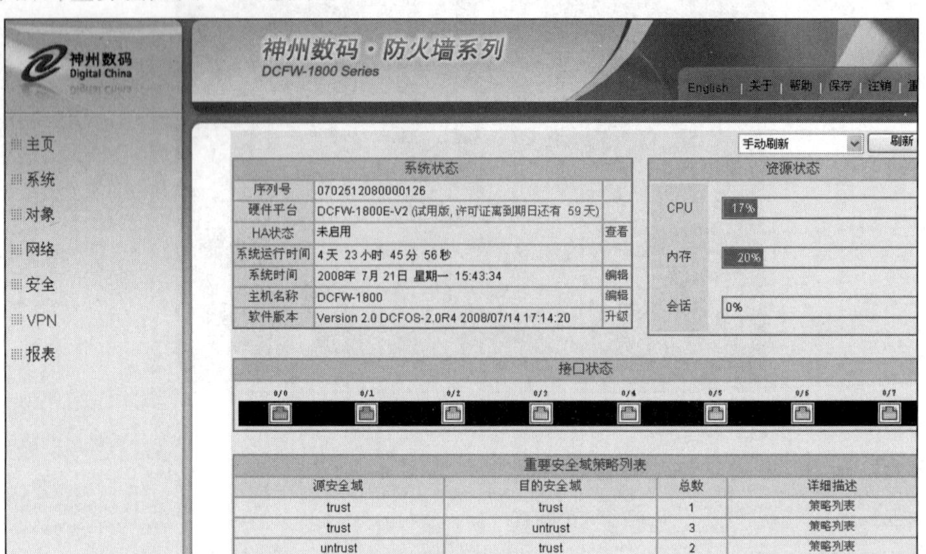

图 4-35　主界面

这里即可进行对防火墙的详细设置。

相关知识与技能

1. 防火墙的定义

防火墙指的是一个由软件和硬件设备组合而成、在内部网和外部网之间、专用网与公共网之间构造的保护屏障。它是一种计算机硬件和软件的结合，使 Internet 与 Intranet 之间建立起一个安全网关（Security Gateway），从而保护内部网免受非法用户的侵入。防火墙主要由服务访问规则、验证工具、包过滤和应用网关 4 个部分组成，是一个位于计算机和它所连接的网络之间的软件或硬件。

2. 防火墙的优点

（1）防火墙能强化安全策略。

（2）防火墙能有效地记录 Internet 上的活动。

（3）防火墙限制暴露用户点。防火墙能够用来隔开网络中的一个网段与另一个网段，能够防止影响一个网段的问题通过整个网络传播。

（4）防火墙是一个安全策略的检查站。所有进出的信息都必须通过防火墙，防火墙便成为安全问题的检查点，使可疑的访问被拒之门外。

3. 防火墙的功能

防火墙最基本的功能就是控制在计算机网络中不同信任程度区域间传送的数据流。例如互联网是不可信任的区域，而内部网络是高度信任的区域。分开管理可以避免安全策略中禁止一些通信，与建筑中的防火墙功能相似。控制信息基本的任务在不同信任的区域。典型的区域包括互联网（一个没有信任的区域）和一个内部网络（一个高信任的区域）。最终目标是提供受控连通性在不同水平的信任区域通过安全政策的运行。

4．典型的防火墙具有以下三个方面的基本特性

（1）内部网络和外部网络之间的所有网络数据流都必须经过防火墙

这是防火墙所处网络的特性，同时也是一个前提。因为只有当防火墙是内、外部网络之间通信的唯一通道时，才可以全面、有效地保护企业内部网络不受侵害。

根据美国国家安全局制定的《信息保障技术框架》，防火墙适用于用户网络系统的边界，属于用户网络边界的安全保护设备。所谓网络边界即是采用不同安全策略的两个网络连接处，比如用户网络和互联网之间的连接、和其他业务往来单位的网络连接、用户内部网络不同部门之间的连接等。使用防火墙的目的就是在网络之间建立一个安全控制点，通过允许、拒绝或重新定向经过防火墙的数据流，实现对进、出内部网络的服务和访问的审计和控制。

（2）只有符合安全策略的数据流才能通过防火墙

防火墙最基本的功能是确保网络流量的合法性，并在此前提下将网络的流量快速地从一条链路转发到另外的链路上去。从最早的防火墙模型开始谈起，原始的防火墙是一台“双穴主机”，即具备两个网络接口，同时拥有两个网络层地址。防火墙将网络上的流量通过相应的网络接口接收过来，按照 OSI 七层结构顺序上传，在适当的协议层进行访问规则和安全审查，然后将符合通过条件的报文从相应的网络接口送出，而对于那些不符合通过条件的报文则予以阻断。因此，从这个角度上来说，防火墙是一个类似于桥接或路由器的、多端口的（网络接口≥2）转发设备，它跨接于多个分离的物理网段之间，并在报文转发过程之中完成对报文的审查工作。

（3）防火墙自身应具有非常强的抗攻击免疫力

这是防火墙之所以能担当企业内部网络安全防护重任的先决条件。防火墙处于网络边缘，它就像一个边界卫士一样，每时每刻都要面对黑客的入侵，这样就要求防火墙自身要具有非常强的抗击入侵本领。操作系统是防火墙的关键，只有自身具有完整信任关系的操作系统才可以谈论系统的安全性。其次就是防火墙自身具有非常低的服务功能，除了专门的防火墙嵌入系统外，再没有其他应用程序在防火墙上运行。当然这些安全性也只能说是相对的。

拓展与提高

1800V2 防火墙默认的管理员是 admin，可以对其进行修改，但不能删除这个管理员。

增加一个管理员的命令是：

```
DCFW-1800(config)#admin  user  user-name
```

执行该命令后，系统创建指定名称的管理员，并且进入管理员配置模式；如果指定的管理员名称已经存在，则直接进入管理员配置模式。

管理员特权为管理员登录设备后拥有的权限。DCFOS 允许的权限有 RX 和 RXW 两种。在管理员配置模式下，输入以下命令配置管理员的特权：

```
DCFW-1800(config-admin)#privilege {RX | RXW}
```

在管理员配置模式下，输入以下命令配置管理员的密码：

```
DCFW-1800(config-admin)#password
```

思考与练习

小蓝是某大学的网络管理员，最近由于学校网络升级，刚刚购置了一台 DCFW-1800S-L-V2 防火墙。安装人员和售后技术工程师走后，小蓝想起应该对管理员的操作加以限制，至少要设

置2个管理员的账号，一个用于设备配置，一个只能用于查看，用以防止非管理员的非法操作。怎样做，能够让小蓝的想法得到很好地实现呢?

任务七　用防火墙隐藏内部网络地址保护内网安全

任务描述

园区考虑到公网地址的有限，从节约成本的角度来讲也不能每台 PC 都配置公网地址访问外网。通过少量公网 IP 地址来满足多数私网 IP 上网，以缓解 IP 地址不足和节约园区成本；另外，通过防火墙隐藏内部网络地址保护内网安全。

任务分析

将内部网络地址隐藏，使得外部用户不能轻易连接到内部网络，需要配置源 NAT 。

所需设备：

(1) 防火墙设备 1台。

(2) 交换机 n 台。

(3) 网线 n 条。

(4) PC n 台。

实验拓扑(见图 4-36)：

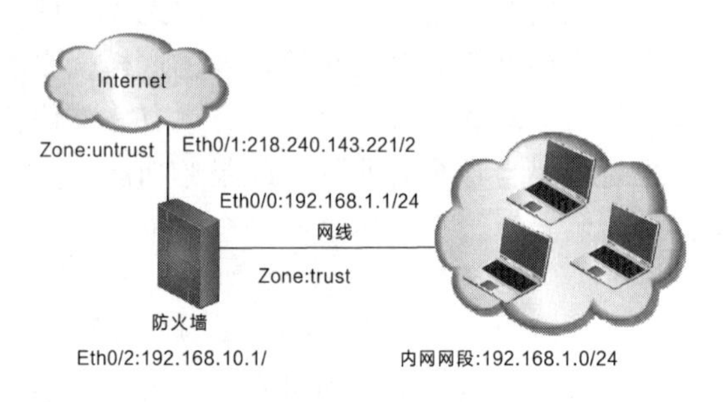

图 4-36　SNAT 实验拓扑

任务实施

步骤一：配置接口。

(1)首先通过防火墙默认 eth0 接口地址 192.168.1.1 登录到防火墙界面进行接口的配置，通过 Web UI 登录防火墙界面，如图 4-37 所示。

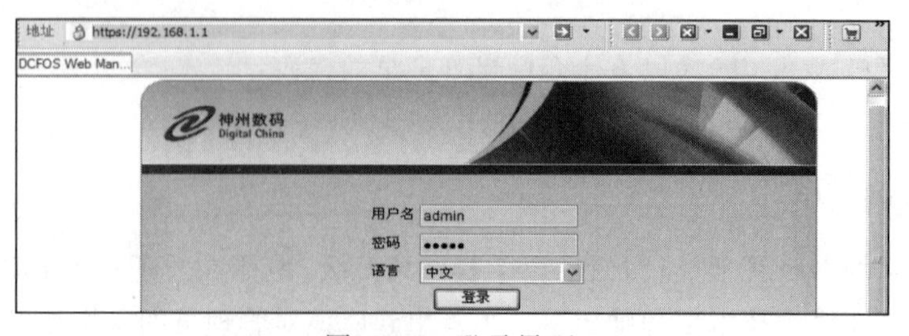

图 4-37　登录界面

（2）输入默认用户名admin、密码admin后，单击“登录”按钮，配置外网接口地址，如图4-38所示。

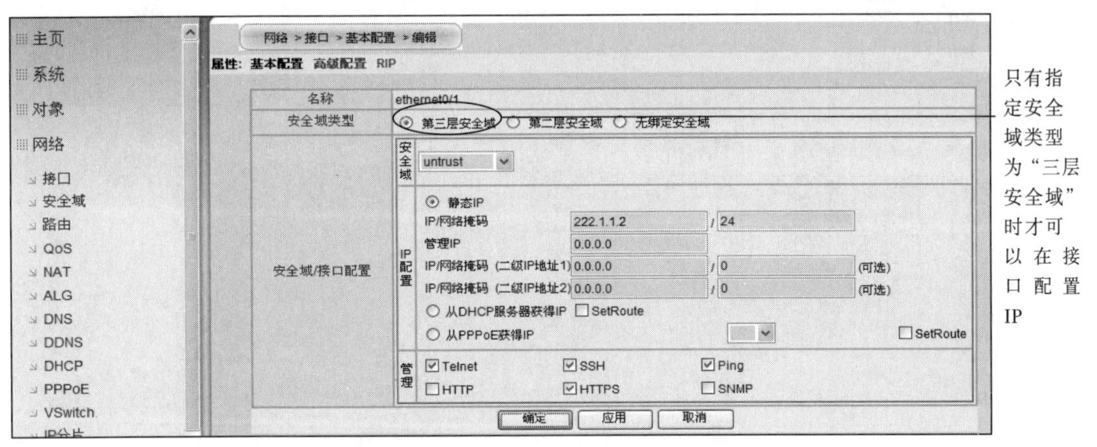

图4-38　设置防火墙基本设置

（3）内网接口地址使用默认IP地址192.168.1.1。

步骤二：添加路由。

添加到外网的默认路由，在目的路由中新建路由条目添加下一条地址，如图4-39所示。

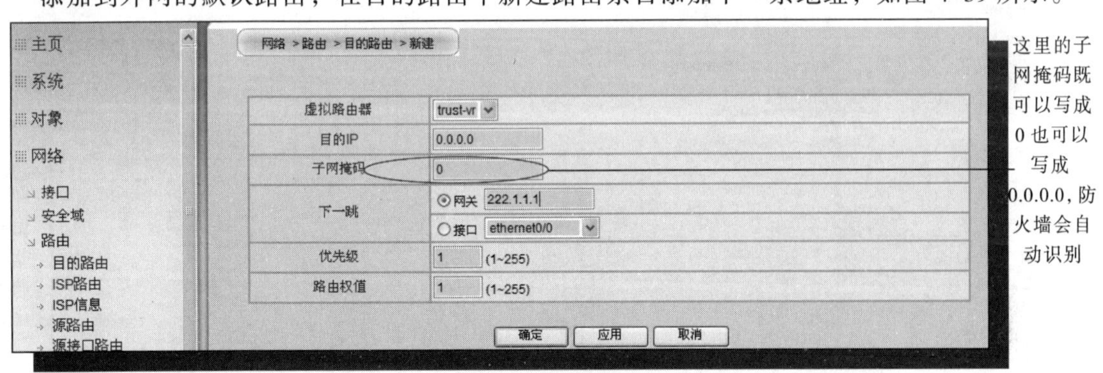

图4-39　设置路由

步骤三：添加SNAT策略。

在“网络/NAT/SNAT”窗口中添加源NAT策略，如图4-40所示。

步骤四：添加安全策略。

在“安全/策略/列出”窗口中，选择好源安全域和目的安全域后，新建策略，如图4-41所示。

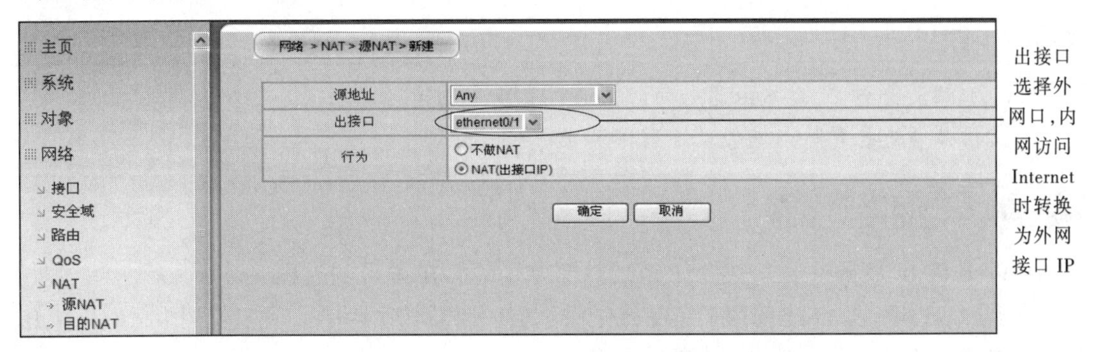

图4-40　设置NAT

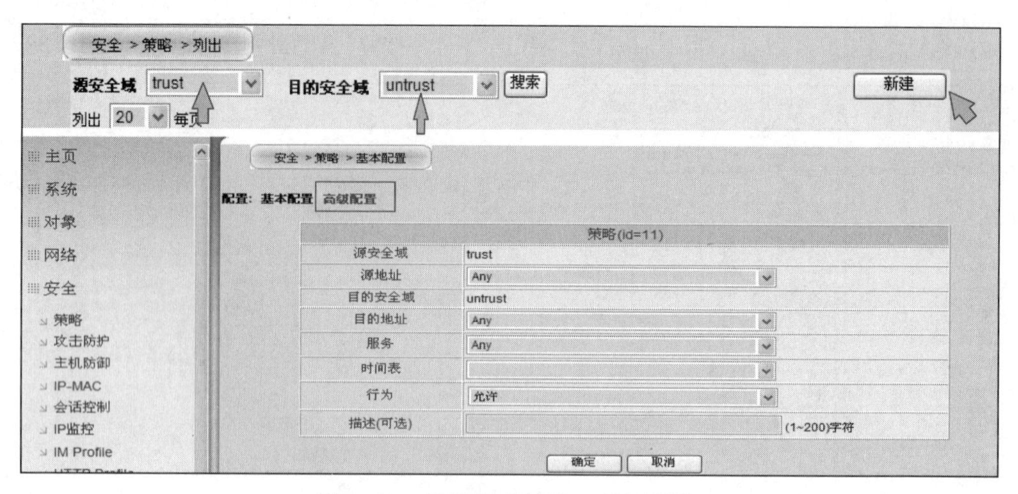

图 4-41　设置安全策略、高级配置

关于 SNAT，我们只需要建立一条内网口安全域到外网口安全域的策略，就可以保证内网能够访问到外网。

如果需要对于策略中各个选项有更多的配置要求，可以单击“高级配置”按钮进行编辑，如图 4-42 所示。

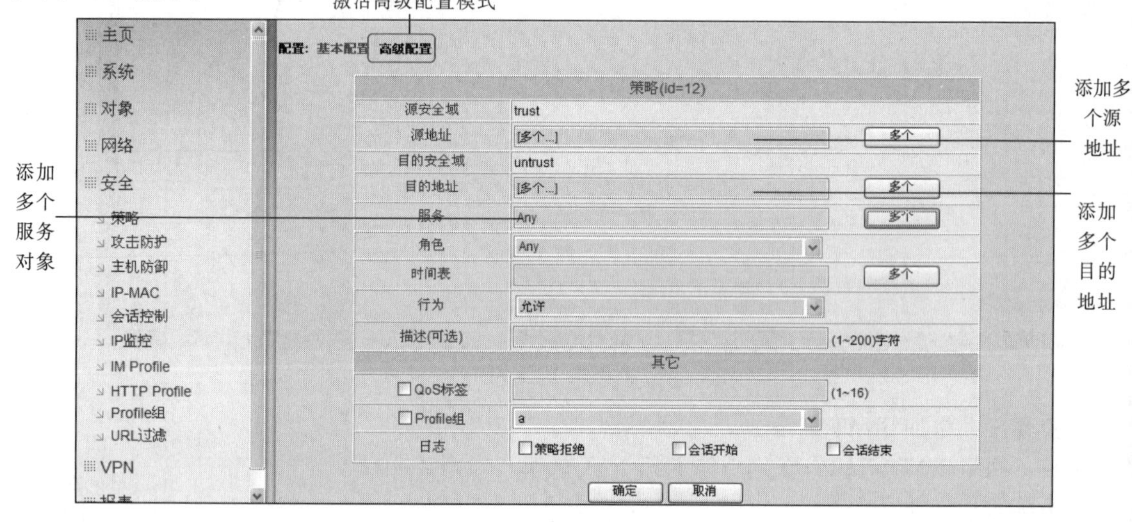

图 4-42　设置高级配置

小贴士

（1）防火墙与 PC、路由器之间都是通过交叉线相连。

（2）必须先配置防火墙管理员账号和 IP。

相关知识与技能

NAT 是将 IP 数据报报头中的 IP 地址转换为另一个 IP 地址的过程。

在实际应用中，NAT 主要用于实现私有网络访问外部网络的功能。通过使用少量的公有 IP 地址代表多数的私有 IP 地址的方式有助于减缓可用 IP 地址空间枯竭的速度；同时给内部网络提供一种“隐私”保护，也可以按照用户的需要提供给外部网络一定的服务。NAT 的主要使用场合有：

- 用少量的公有 IP 地址代表多数的私有 IP 地址访问外部网络；
- 为内部网络提供一种“隐私”保护；
- 根据用户的需要提供给外部网络用户一定的内网服务。

拓展与提高

防火墙上配置了 SNAT 后，内部用户在访问外网时都隐藏了私网地址，如果防火墙内部有一台服务器需要对外网用户开放，就必须在防火墙上配置 DNAT，将数据包在防火墙做目的地址转换，让外网用户访问到该服务器。

由于公网地址有限，一般在申请线路时，运营商分配的只有一个或几个公网地址。但是内部服务器设置成私网地址后，需要将私网地址映射到公网。外网用户才可以通过映射后的公网地址访问到服务器。映射包括两种：一种为端口映射，只是映射需要的服务器端口；一种为 IP 映射，将私网地址和公网地址做一对一的映射。

动动手：防火墙 DNAT 配置。

任务分析

（1）使用外网口 IP 为内网 FTP Server 及 Web ServerB 做端口映射，并允许外网用户访问该 Server 的 FTP 和 Web 服务，其中 Web 服务对外映射的端口为 TCP8000。

（2）允许内网用户通过域名访问 Web ServerB（即通过合法 IP 访问）。

（3）使用合法 IP 218.240.143.220 为 Web ServerA 做 IP 映射，允许内外网用户对该 Server 的 Web 访问。

所需设备：

（1）防火墙设备 1 台。

（2）Console 线 1 条。

（3）网络线 *n* 条。

（4）网络交换机 *n* 台。

（5）PC *n* 台，服务器 *n* 台。

实验拓扑（见图 4-43）：

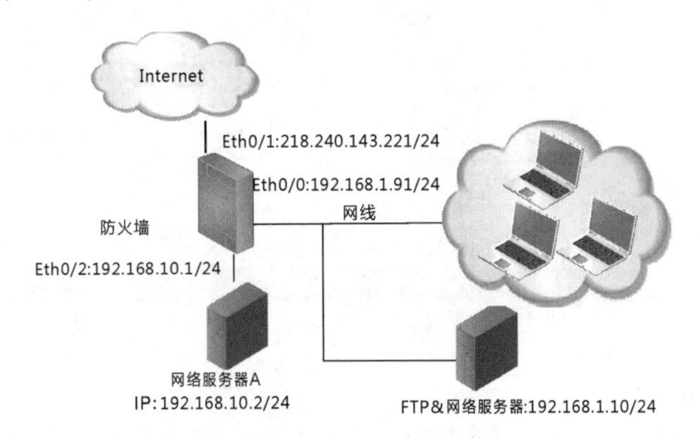

图 4-43　NAT 实验拓扑

工作过程：

1）要求一

外网口IP为内网FTP Server及Web ServerB做端口映射并允许外网用户访问该Server的FTP和Web服务，其中Web服务对外映射的端口为TCP8000。

步骤一：配置准备工作。

（1）设置地址簿，在“对象/地址簿/新建”窗口中设置服务器地址，如图4-44所示。

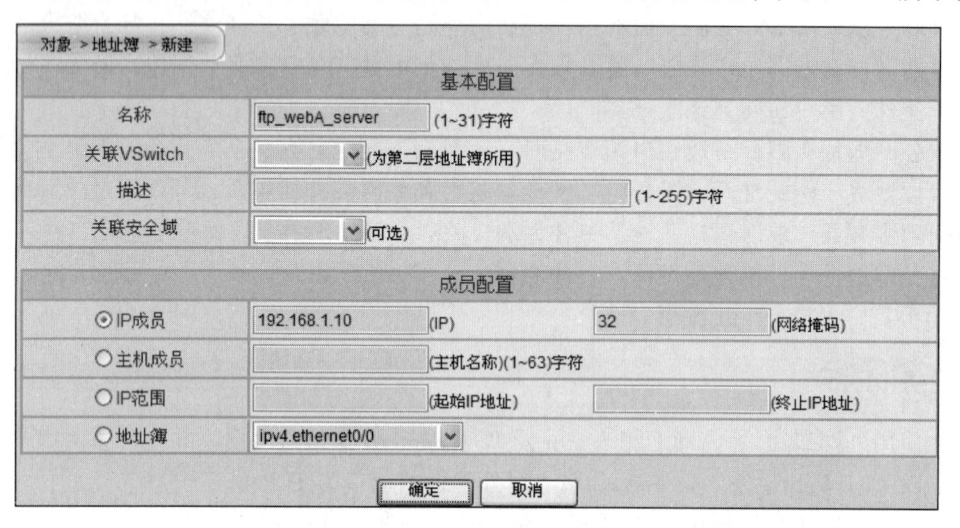
对象 > 地址簿 > 新建

基本配置

名称	ftp_webA_server (1~31)字符
关联VSwitch	(为第二层地址簿所用)
描述	(1~255)字符
关联安全域	(可选)

成员配置

⊙IP成员	192.168.1.10 (IP)	32 (网络掩码)
○主机成员	(主机名称)(1~63)字符	
○IP范围	(起始IP地址)	(终止IP地址)
○地址簿	ipv4.ethernet0/0	

确定 取消

图4-44 设置服务器地址

（2）设置服务簿，防火墙出厂自带一些预定义服务，但是如果我们需要的服务在预定义中不包含时，需要在“对象/服务簿/自定义/新建”窗口中手动定义，如图4-45所示。

对象 > 服务簿 > 自定义 > 新建

基本配置

服务名称	tcp8000 (1~31)字符
描述	(1~255)字符

成员配置

协议	⊙TCP ○UDP ○ICMP ○其它
目的端口	最小值 8000 (0~65535) 最大值 (0~65535)
源端口	最小值 (0~65535) 最大值 (0~65535)
应用类型(TCP/UDP)	HTTP
超时(秒)	(1~65535)

确定 取消

图4-45 自定义服务簿

步骤二：创建目的NAT。

配置目的NAT，为trust区域server映射FTP（TCP21）和HTTP（TCP80）端口，如图4-46～图4-48所示。

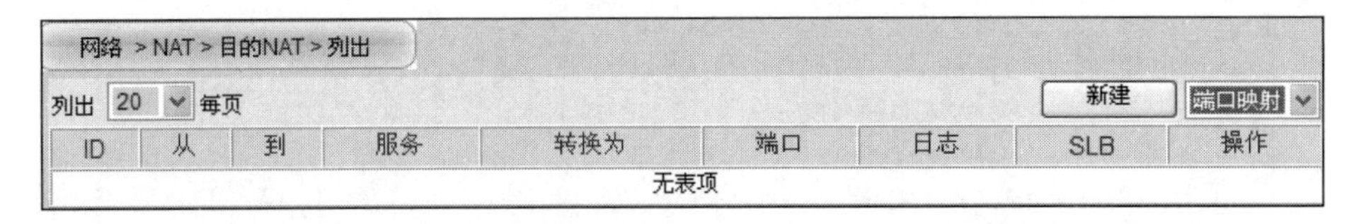

网络 > NAT > 目的NAT > 列出
列出 20 每页
新建
端口映射
ID
从
到
服务
转换为
端口
日志
SLB
操作
无表项

图 4-46　新建端口映射一

网络 > NAT > 目的NAT > 新建
目的地址
ipv4.ethernet0/1
服务
FTP
映射目的地址
ftp_webB_server
映射目的端口
21
(1~65535)
确定
取消

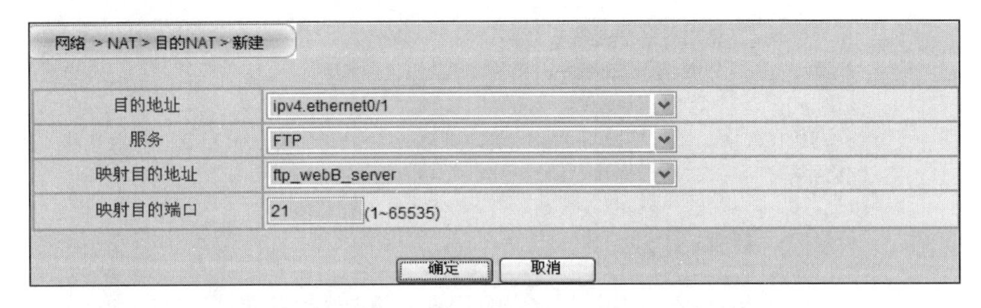

图 4-47　新建端口映射二

网络 > NAT > 目的NAT > 新建
目的地址
ipv4.ethernet0/1
服务
tcp8000
映射目的地址
ftp_webB_server
映射目的端口
80
(1~65535)
确定
取消

图 4-48　新建端口映射三

步骤三：放行安全策略。

创建安全策略，允许 untrust 区域用户访问 trust 区域 server 的 FTP 和 Web 应用，如图 4-49～图 4-51 所示。

关于服务项中，放行的是 FTP 服务和 TCP8000 服务。

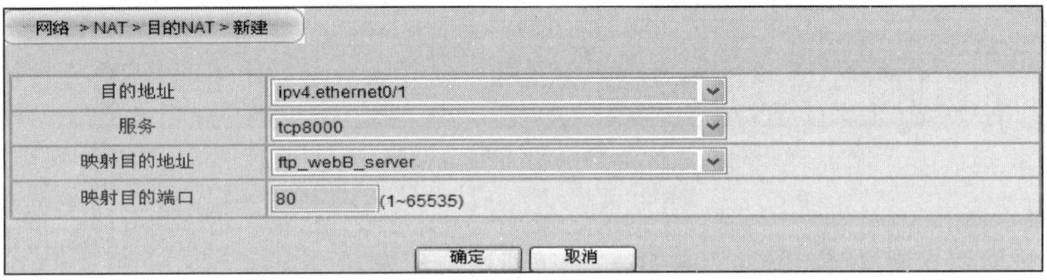

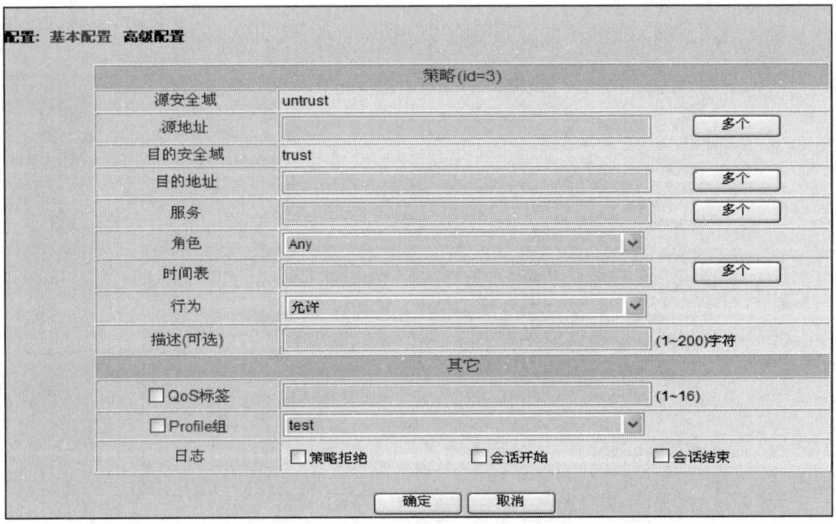

配置：基本配置 高级配置
策略(id=3)
源安全域
untrust
源地址
多个
目的安全域
trust
目的地址
多个
服务
多个
角色
Any
时间表
多个
行为
允许
描述(可选)
(1~200)字符
其它
QoS标签
(1~16)
Profile组
test
日志
策略拒绝
会话开始
会话结束
确定
取消

图 4-49　设置高级配置一

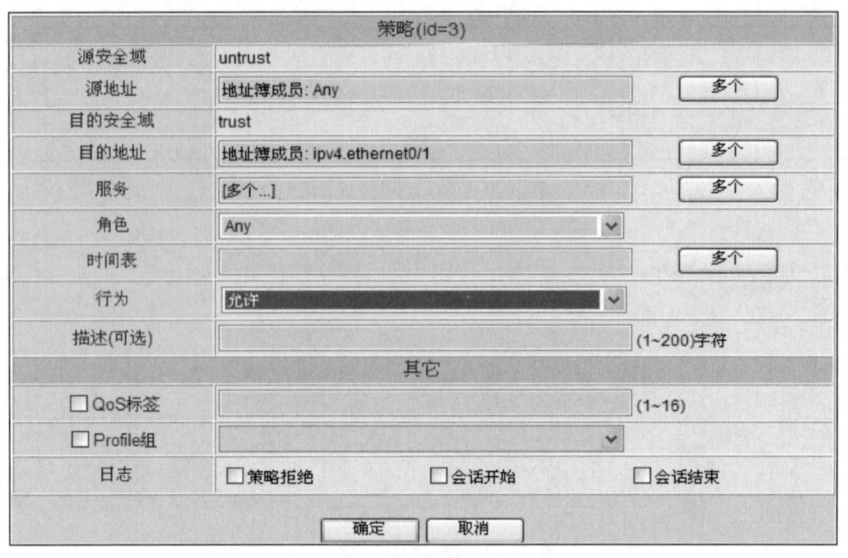

图 4-50　设置高级配置二

图 4-51　设置安全策略

2）要求二

允许内网用户通过域名访问 Web ServerB（即通过合法 IP 访问）。

实现这一步所需要做的就是在之前的配置基础上，增加 trust → trust 的安全策略，如图 4-52 所示。

3）要求三

使用合法 IP218.240.143.220 为 Web ServerA 做 IP 映射，允许内外网用户对该 Server 的 Web 访问。

步骤一：配置准备工作。

（1）将服务器的实际地址使用 web_serverA 表示，如图 4-53 所示。

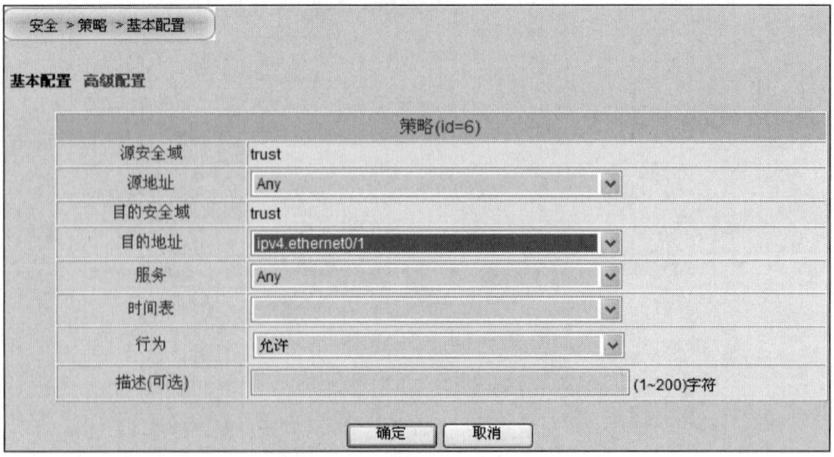

图 4-52　设置策略高级配置

对象 > 地址簿 > 新建
基本配置
名称
web_serverA
(1~31)字符
关联VSwitch
(为第二层地址簿所用)
描述
(1~255)字符
关联安全域
(可选)
成员配置
IP成员
192.168.10.2
(IP)
32
(网络掩码)
主机成员
(主机名称)(1~63)字符
IP范围
(起始IP地址)
(终止IP地址)
地址簿
ftp_webA_server
确定
取消

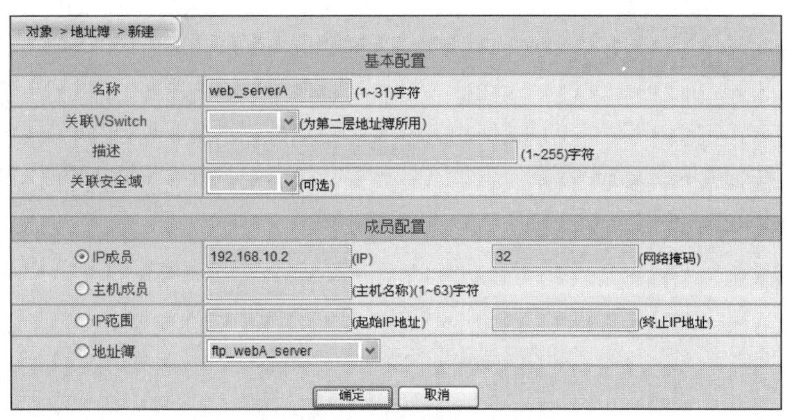

图 4-53　设置实际地址

（2）将服务器的公网地址使用 IP_218.240.143.220 表示，如图 4-54 所示。

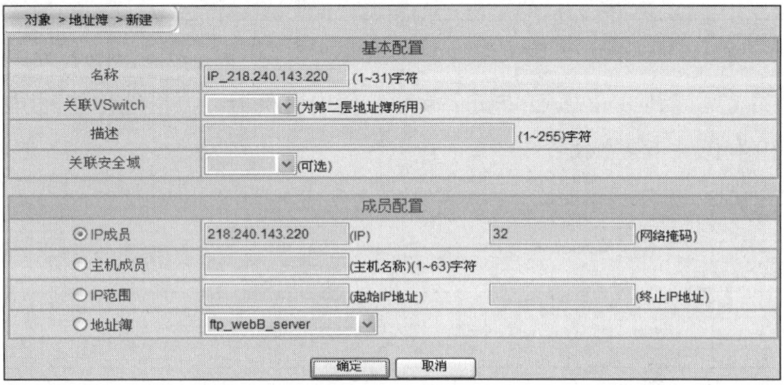

对象 > 地址簿 > 新建
基本配置
名称
IP_218.240.143.220
(1~31)字符
关联VSwitch
(为第二层地址簿所用)
描述
(1~255)字符
关联安全域
(可选)
成员配置
IP成员
218.240.143.220
(IP)
32
(网络掩码)
主机成员
(主机名称)(1~63)字符
IP范围
(起始IP地址)
(终止IP地址)
地址簿
ftp_webB_server
确定
取消

图 4-54　设置公网地址

步骤二：配置目的 NAT。

创建静态 NAT 映射，新建一个 IP 映射，如图 4-55 和图 4-56 所示。

网络 > NAT > 目的NAT > 新建
目的地址
IP_218.240.143.220
映射目的地址
web_serverA
确定
取消

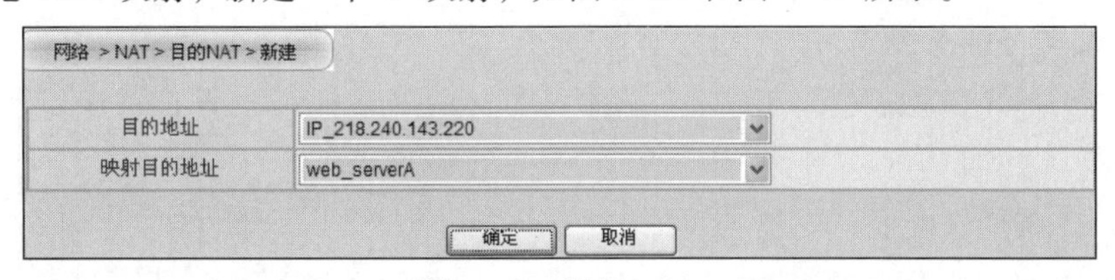

图 4-55　设置 NAT

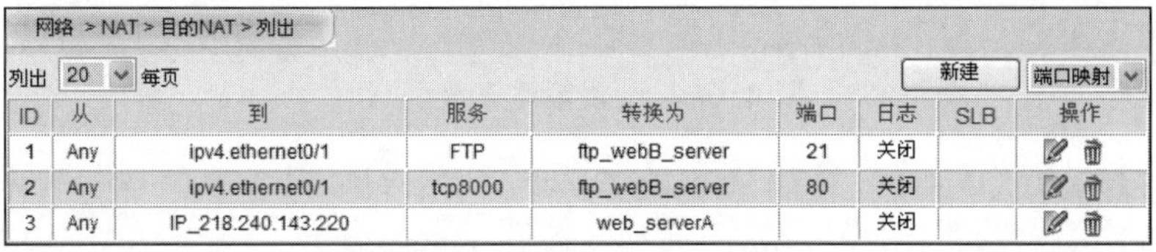

网络 > NAT > 目的NAT > 列出
列出 20 每页
新建
端口映射

ID	从	到	服务	转换为	端口	日志	SLB	操作
1	Any	ipv4.ethernet0/1	FTP	ftp_webB_server	21	关闭		
2	Any	ipv4.ethernet0/1	tcp8000	ftp_webB_server	80	关闭		
3	Any	IP_218.240.143.220		web_serverA		关闭		

图 4-56　设置 NAT 条目

步骤三：放行安全策略。

（1）放行 untrust 区域到 dmz 区域的安全策略，使外网可以访问 dmz 区域服务器，如图 4-57 和图 4-58 所示。

图 4-57　设置安全策略

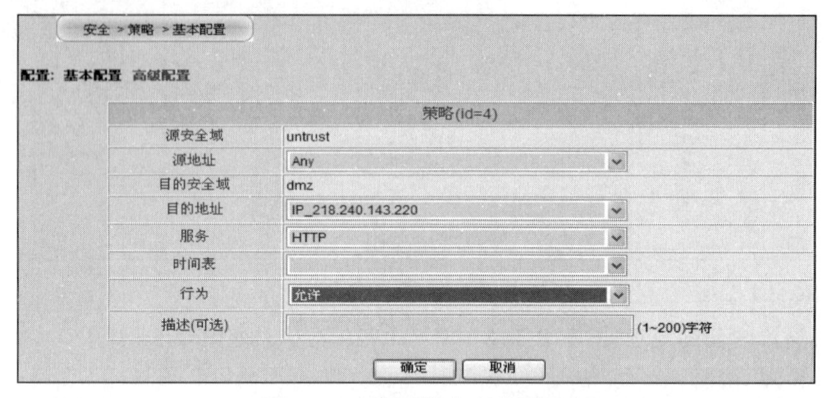

图 4-58　设置策略高级配置

(2) 放行 trust 区域到 dmz 区域的安全策略，使内网机器以公网地址访问 dmz 区域内的服务器，如图 4-59 和图 4-60 所示。

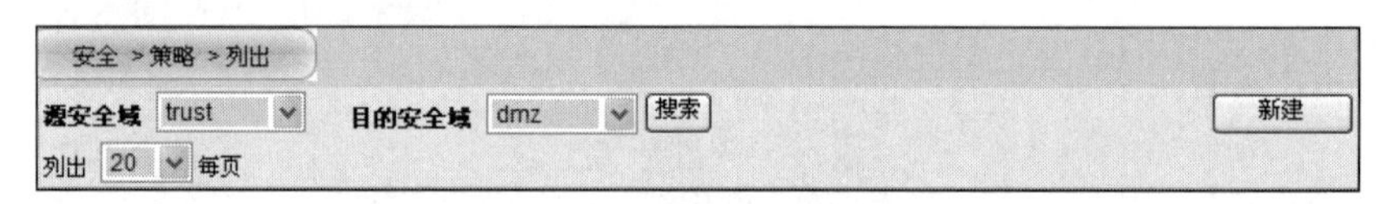

图 4-59　设置安全策略

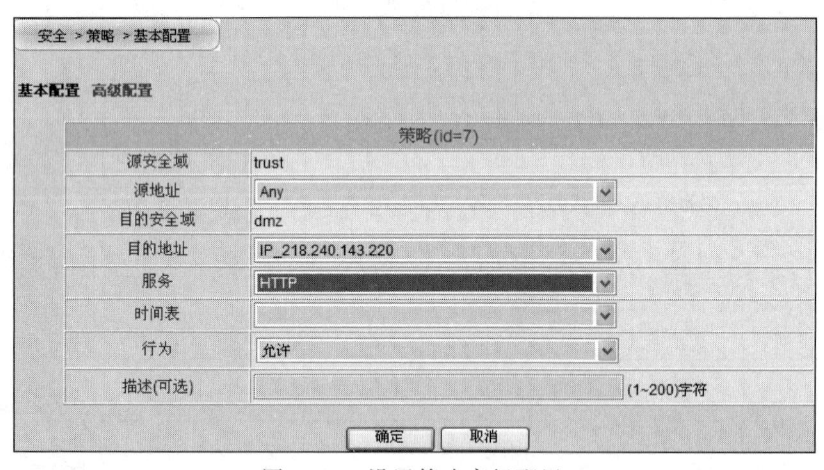

图 4-60　设置策略高级配置

思考与练习

(1) 在防火墙内网口处接 1 台神州数码三层交换机 5650，使三层交换机上设置的几个网段都可以通过防火墙来访问外网。

(2) 请在内网架设 1 台 Web 服务器，使防火墙将该服务器映射到公网，映射端口为 8888。使内、外网用户可以通过公网地址的 8888 端口访问该服务器。

项目实训 某市“数字政务”网络建设

项目描述

某市政府计划实现“数字政务”，主要目的是搭建数字化网络平台，实现电子政务网与各企事业单位的网络互联，并提供统一的网络信息发布平台，实现信息资源共享。本项目的任务是将市政府网络与教育局网络实现对接。将该市的教育资源统一到数字化电子政务平台上，实现教育资源的统一管理。

根据设计要求，网络互联的拓扑结构如图 4-61 所示，请按图示要求完成相关网络设备的连接。

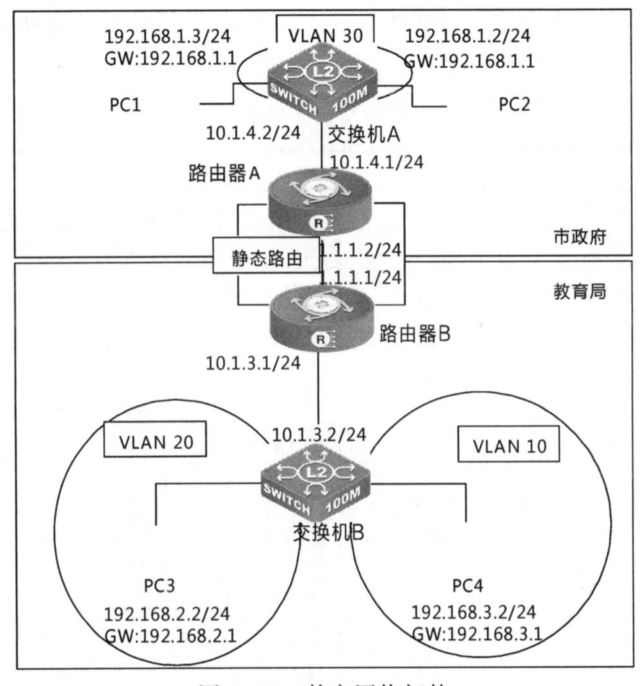

图 4-61 某市网络拓扑

项目要求

（1）按图示结构要求制作连接电缆并正确连接设备。

（2）按拓扑搭建市政府园区网络和教育局园区网络。

（3）按图示要求为网络设备命名，并完成相关基础配置。

（4）配置各设备的远程登录用户名为 admin，密码为 admin123；配置 console 口监控密码为 wsykbc。

（5）市政府与教育局之间采用路由器连接，通过 PPP-PAP 实现安全的连接。

（6）通过静态路由协议实现全网连通。

（7）在 PC1 架设 Web 服务器（Web 服务器 IP 地址为 1.1.1.3）。

（8）在 PC1 和 PC2 上实现端口与 MAC 地址的绑定。

（9）教育局管理者所属 VLAN10 和信息管理处所属 VLAN20 出于安全考虑不能互相访问，但都能够访问市政府网站。

项目提示

完成本项目需认真审题，首先要根据给出的拓扑图完成基本的网络配置，即全网连通，然后参照各知识点去逐步完善网络设计。

项目评价

本项目综合应用到了本项目所学的安全知识，包括计算机的安全接入、通过访问控制列表实现访问控制、设置网络设备权限、路由器的安全连接以及网线制作等非本项目的知识内容，所以必须要将这些知识点掌握熟练。通过本项目的训练，学生将进一步提高动手能力和综合素质。

根据实际情况填写项目实训评价表。

项目实训评价表

	内容		评价		
	学习目标	评价项目	3	2	1
职业能力	根据拓扑正确连接设备	能区分 T568A、T568B 标准			
		能制作美观可用的网线			
		能合理使用网线			
	根据拓扑完成设备命名与基础配置	能正确命名			
		能正确配置相关 IP 地址			
		VLAN 划分合理			
	Telnet 连接成功，Console 口密码设置正确	能进行 Telnet 连接			
		能设置 Console 口密码			
	根据需要设置路由器之间安全连接	能对接口封装链路协议			
		能设置安全验证方式			
	服务器配置正确	服务器能被访问			
	路由设置合理可用	静态路由配置合理			
		网关指定正确			
	设备安全性设置合理	端口绑定成功			
		访问控制列表设置恰当			
通用能力	交流表达能力				
	与人合作能力				
	沟通能力				
	组织能力				
	活动能力				
	解决问题的能力				
	自我提高的能力				
	革新、创新的能力				
综合评价					

项目五 企业网络综合实训

本项目以某公司的真实网络环境作背景，内容涵盖了 Telnet、特权密码、子网划分、VLAN、生成树协议、链路聚合、交换机端口的设置、交换机 ACL、路由器 ACL、PPP、NAT、动态路由 OSPF 等基础知识和路由器 VPN、交换机组播等高级知识，让学生能够将前面所学的知识真正融会贯通，做到理论与实践相结合，同时也能开拓视野，进一步熟悉网络中的高级应用。

能力目标

学完本项目不仅能将前几项目所学的基本知识进行巩固，使学生熟练掌握前几项目所学知识，而且能在本项目中进一步学习到一些网络设备配置方面更高层次的应用，了解 VPN 等知识的应用。

应会内容

- IP 地址划分与设定
- 网络设备安全访问设定
- VLAN 划分、端口聚合、生成树协议与交换机、端口优先级的设定
- 路由安全连接、动态路由协议
- 防火墙 NAT

应知内容

- IPSec VPN 的配置
- QoS、交换机组播

5-1 IPSec VPN 配置管理

任务　中小型企业网络案例

任务描述

某公司由一条马路隔成了南和北两个厂区。南北两厂区之间通过路由器 VPN 专线实现互联。南厂区作为公司互联网出口，南北两个厂区均通过该接口访问互联网。公司的主要服务器放在南厂区防火墙的 DMZ 中。在北厂区中使用两台三层交换机作为双核心，交换机设置链路聚合以提高交换机之间的带宽，另外交换机之间还提供了一条线路作为备份链路，以备聚合链路出现故障时使用。北厂区各大楼划分 VLAN 管理。两厂区之间数据通过 VPN 实现加密传输。优化网络配置，使得整个公司网络高效、稳定、安全。公司需要搭建多种网络服务，提供主页发布、文件共享、邮件收发等常用的功能。

任务分析

1. 网络连接

根据需求分析的描述与下列详细要求完成网络结构的设计与设备的连接，画出完整的网络拓扑结构图。拓扑结构图中需要明确列出设备接线的端口号，以及端口相关的 IP 地址。实际接线与设置必须按照拓扑结构图进行。

完成网络的规划设计后，请按以下要求进行网络的链接与配置：

（1）南厂区使用 1 台防火墙作为网络唯一出口接入互联网，PC1 模拟互联网上的计算机；服务器 SERVER 也接入该防火墙的 Eth0/1 上作为公司网内服务器。

（2）服务器 SERVER 作为服务器主机，所有服务运行在虚拟机中。

（3）北厂区使用 1 台路由器与南厂区路由器通过 VPN（IPSec）技术互联；南厂区的路由器通过 F0/0 口与防火墙相连；北厂区的路由器分别下联两台三层交换机作为汇聚交换机，分别通过三层互联；2 台三层汇聚交换机之间通过两条线路进行链路汇聚通信，另外留有一条线路作为链路备份。

（4）STATION1 和 STATION2 分别接入三层交换机 A 和三层交换机 B；STATION1 划归 VLAN10，STATION2 划归 VLAN20。

（5）根据你的设计估算所需要的耗材数量，准备好领料清单。

（6）根据上述要求完成拓扑设计后，制作线缆完成设备的连接。

（7）打配的跳线使用 T568B 线序，制作的线缆必须稳固耐用。

根据要求画出公司的网络拓扑图，如图 5-1 所示。

小贴士

（1）画图时应标出各设备名、所连端口号。

（2）PC 和路由器相连、交换机和交换机相连必须用交叉线。

（3）线路连接好之后应检查指示灯是否工作正常。

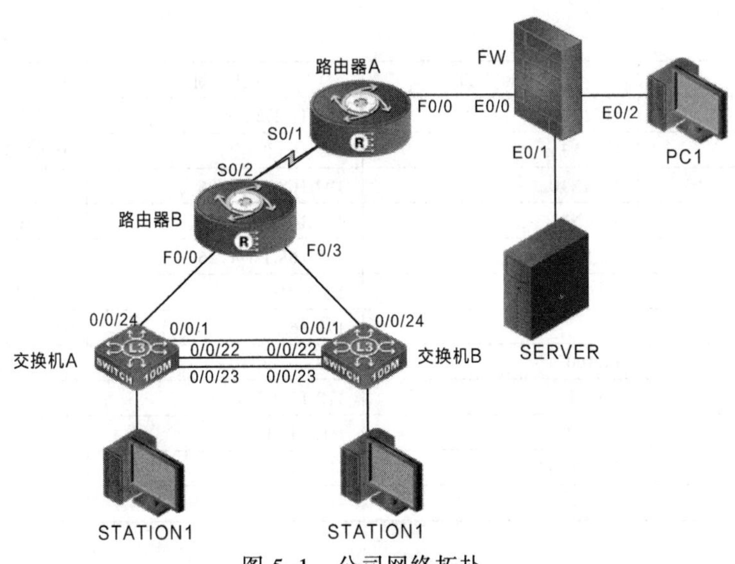

图 5-1　公司网络拓扑

2．网络地址划分

（1）路由器 A 的 S0/1 端口地址 172.16.1.1/30；路由器 B 的 S0/1 端口地址 172.16.1.2/30，作为社区间互联地址。

（2）南厂区使用 172.16.2.0/24 作为内部网络地址段，其中以最后一个有效 IP 作为网关。SERVER 主机使用第一个有效 IP 作为地址。

（3）南厂区防火墙接入互联网地址为 1.1.1.1/30。PC1 模拟互联网中的机器，地址为 1.1.1.2/30。

（4）南厂区路由器 F0/0 端口地址为 172.16.1.5/30；南厂区防火墙 Eth0/0 端口地址为 172.16.1.6/30。

（5）北厂区有 2 栋办公楼，每栋办公楼有 40～50 个用户。请使用 192.168.1.0/24 网段进行子网规划，划分 2 个 VLAN，分别为 VLAN10 和 VLAN20。VLAN10 使用 192.168.1.0/24 网段子网划分后的第一个有效子网。VLAN20 使用 192.168.1.0/24 网段子网划分后的第二个有效子网。使得每栋楼都有一个独立的网段，每个网段的网关使用该网段最后一个有效的网络地址。

（6）三层交换机 A 的 2～10 号端口划归 VLAN10。三层交换机 B 的 2～10 号端口划归 VLAN20，根据你的子网规划，在网络设备中设定 VLAN。

（7）交换机的端口地址（各子网网关的端口地址根据要求设定）：

交换机 A 端口 24 指定网关路由地址为 192.168.2.1/24。

交换机 B 端口 24 指定网关路由地址为 192.168.3.1/24。

（8）路由器 B 以太网端口地址分别是：端口 0/0:192.168.2.2/24、端口 0/3:192.168.3.2/24。

根据要求确定各接口 IP 地址如表 5-1 所示。

表 5-1　IP 地址配置表

设　备	端　口	IP 地址	网　关
ROUTERA	F0/0	172.16.1.5/30	
ROUTERA	S0/1	172.16.1.1/30	
ROUTERB	F0/0	192.168.2.2/24	
ROUTERB	F0/3	192.168.3.2/24	

续表

设　备	端　口	IP 地址	网　关
ROUTERB	S0/2	172.16.1.2/30	
SWITCHA	VLAN1	192.168.2.1/24	192.168.2.2
SWITCHA	VLAN10	192.168.1.126/26	
SWITCHB	VLAN1	192.168.3.1/24	192.168.3.2
SWITCHB	VLAN20	192.168.1.190/26	
PC1		1.1.1.2/30	1.1.1.1
SERVER		172.16.2.1/24	172.16.2.254
DCFWA	Eth0/0	172.16.1.6/30	
DCFWA	Eth0/1	172.16.2.254/24	
DCFWA	Eth0/2	1.1.1.1/30	
STATION1	2 至 10 口	自动获取	自动获取
STATION2	2 至 10 口	自动获取	自动获取

小贴士

（1）划分子网时应看清楚要求。

（2）数制转换应细心，转换后一定要对转换的结果进行检验。

（3）IP 地址的使用以尽量节约为原则。

3．任务要求

（1）设定各设备的名称，格式如：交换机命名为“SWITCHA”和“SWITCHB”；路由器命名为“ROUTERA”和“ROUTERB”。

（2）ROUTERA 设置 Telnet 登录，登录用户名 teluser，密码 admin，防火墙设置 telnet 登录。

（3）为两台三层交换机的特权用户增加密码 super123，密码以加密方式存储。

（4）手动配置两个三层交换机通过 22、23 号端口实现链路聚合。

（5）在两个三层交换机上开启生成树协议，连接两个三层交换机的 1 号端口，设置聚合链路为主链路，1 号端口间链路为备份链路。

（6）为 SWITCHA 的端口 4 设定端口带宽限制，出入口均限速 1Mbit/s。

（7）SWITCHB 的端口 8 上配置广播风暴抑制，允许通过的广播包数为每秒 5000。

（8）配置串口二层链路为 PPP 封装模式，采用 CHAP 认证方式实现双向认证，ROUTERA 上的用户名为 userB，密码为 shenzhou；ROUTERB 上的用户名为 userA，密码为 shenzhou。

（9）利用 OSPF 路由协议实现南北厂区之间的网络互联。

（10）在 ROUTERB 中配置 DHCP 服务，并在交换机上配置 DHCP 中继，使得北厂区中接入不同 VLAN 的机器能够获取正确的 IP 地址、网关与 DNS。分配获取的 IP 地址范围为各 VLAN 全部可用的 IP（网关除外），租约期为 3 天。

（11）配置 ROUTERA，禁止 VLAN20 访问互联网。

（12）在 ROUTERA 和 ROUTERB 上分别配置建立 VPN 通道，要求使用 IPSec 协议的 ISAKMP 策略算法保护数据，配置预共享密钥，建立 IPSEC 隧道的报文使用 MD5 加密，IPSEC 变换集合定义为“ah-md5-hmas esp-3des”。两台路由器串口互联，ROUTERA 作为 DCE 端。

（13）为保证内部网络安全，防止互联网的机器窥探内部网络，利用防火墙隐藏内部网络地址使得外网用户不能直接访问园区网内的机器。

（14）通过配置防火墙实现内部地址能通过网络地址转换方式访问互联网。

（15）在防火墙中使用合法 IP 1.1.1.1 为服务器 SERVER 配置 IP 映射，允许内外网用户通过外网 IP 对该服务器的 Web 访问。

（16）震荡波病毒常用的协议端口为：TCP 协议 5554 和 445，请配置三层交换机以防止病毒在局域网内肆虐。

（17）配置 Qos 策略，保证南厂区中的虚拟服务器能获得 1Mbit/s 以上的网络带宽。

（18）在 SWITCHB 上使用 DVMRP 方式开启组播，让 VLAN10 和 VLAN20 之间可以传送组播包。

（19）STATION2 中已经搭建好 TFTP 服务。将所有网络设备的配置文件通过 TFTP 服务备份到 STATION2 的 TFTP 服务器根目录中。

所需设备：

（1）DCRS-5650 交换机 2 台。

（2）DCR-2655 路由器 2 台。

（3）DCFW-1800 防火墙 1 台。

（4）PC 4 台。

（5）Console 线 3 根。

（6）CR-V35MT 1 条。

（7）CR-V35FC 1 条。

实验拓扑（见图 5-2）：

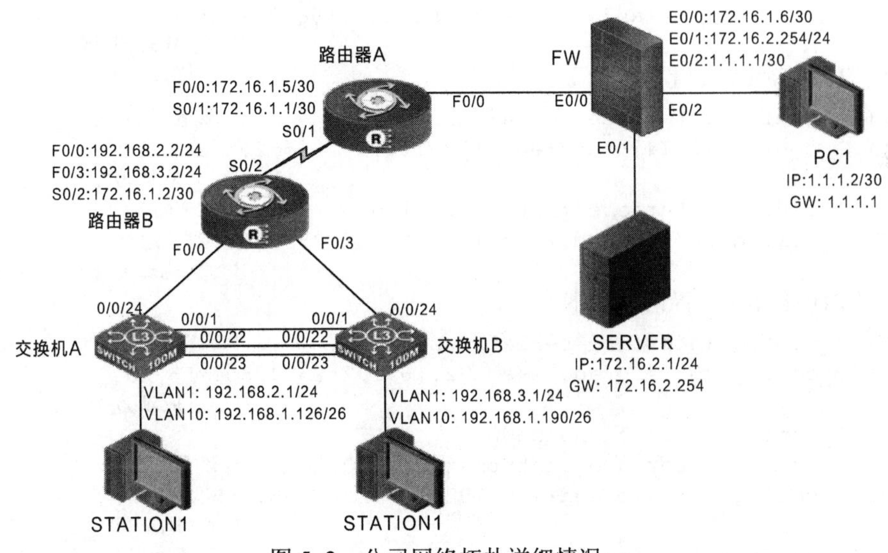

图 5-2　公司网络拓扑详细情况

任务实施

步骤一：设备的命名。

任务要求：路由器和交换机分别改名为 ROUTERA、ROUTERB、SWITCHA、SWITCHB。

设置交换机和路由器的名字，要求进入全局配置模式下，语句如下所示。

交换机A：

```
DCRS-5650-28(config)#hostname SWITCHA                ！设置交换机A名为SWITCHA
```

交换机B：

```
DCRS-5650-28(config)#hostname SWITCHB                ！设置交换机B名为SWITCHB
```

路由器A：

```
Router_config#hostname ROUTERA                       ！设置路由器A名为ROUTERA
```

路由器B：

```
Router_config#hostname ROUTERB                       ！设置路由器B名为ROUTERB
```

防火墙：

```
DCFW-1800(config)#hostname DCFWA                     ！设置防火墙名为DCFWA
```

步骤二：IP地址的设定。

交换机SWITCHA设置语句如下：

```
SWITCHA(config)#interface vlan 10                    ！设置VLAN 10
SWITCHA(Config-if-Vlan10)#ip address 192.168.1.126 255.255.255.192
                                                     ！IP地址为192.168.1.126/26
SWITCHA(config)#interface vlan 1                     ！设置VLAN 1
SWITCHA(Config-if-Vlan30)#ip address 192.168.2.1 255.255.255.0
                                                     ！IP地址为192.168.2.1/24
```

交换机SWITCHB设置语句如下：

```
SWITCHB(config)#interface vlan 20                    ！设置VLAN 20
SWITCHB(Config-if-Vlan10)#ip address 192.168.1.190 255.255.255.192
                                                     ！IP地址为192.168.1.190/26
SWITCHB(config)#interface vlan 1                     ！设置VLAN 10
SWITCHB(Config-if-Vlan30)#ip address 192.168.3.1 255.255.255.0
                                                     ！IP地址为192.168.3.1/24
```

路由器ROUTERA设置语句如下：

```
ROUTERA_config#interface serial 0/1                  ！设置S0/1
ROUTERA_config_s0/1#ip address 172.16.1.1 255.255.255.252
                                                     ！IP地址为172.16.1.1/30
ROUTERA_config#interface fastEthernet 0/0            ！设置F0/0
ROUTERA_config_f0/0#ip address 172.16.1.5 255.255.255.252
                                                     ！IP地址为172.16.1.5/30
```

路由器ROUTERB设置语句如下：

```
ROUTERB_config#interface serial 0/2                  ！设置S0/2
ROUTERB_config_s0/1#ip address 172.16.1.2 255.255.255.252
                                                     ！IP地址为172.16.1.2/30
ROUTERB_config_s0/1#no shutdown
ROUTERB_config#interface fastEthernet 0/0            ！设置F0/0
ROUTERB_config_f0/0#ip address 192.168.2.2 255.255.255.0
                                                     ！IP地址为192.168.2.2/24
ROUTERB_config#interface fastEthernet 0/3            ！设置F0/3
ROUTERB_config_f0/3#ip address 192.168.3.2 255.255.255.0
                                                     ！IP地址为192.168.3.2/24
```

防火墙DCFWA设置语句如下：

```
DCFWA(config)# interface eth0/0
DCFWA(config-if-eth0/0)#zone trust               ！将eth0/0接口加入trust安全域
DCFWA(config-if-eth0/0)#ip add 172.16.1.6/30
```

小贴士

（1）IP 地址的设置是网络的基础，要求迅速准确设置好 IP 地址，尤其是子网掩码的换算，如 IP 地址为 10.1.6.1/29 能迅速将子网掩码计算出来为 255.255.255.248。

（2）CR-V35FC 所连的接口为 DCE，需要配置时钟频率，CR-V35MT 所连的接口为 DTE 端，直接用肉眼观察确定 DCE 端和 DTE 端即公头为 DTE 端，母头为 DCE 端。

（3）查看接口状态，如果接口是 DOWN，通常是线缆故障；如果协议是 DOWN，通常时钟频率没有匹配，或者两端封装协议不一致。

步骤三：Telnet 和特权密码的设定。

任务要求：ROUTERA 设置 telnet 登录，登录用户名 teluser，密码 admin。为两台三层交换机的特权用户增加密码 super123，密码以加密方式存储。

ROUTERA 命名和配置 telnet 登录：

```
ROUTERA_config#username teluser password 0 admin   ! 增加telnet用户名和密码
ROUTERA_config#aaa authentication login default local
                                                   ! 使用本地用户信息进行认证
```

SWITCHA 配置 enable 密码：

```
SWITCHA(config)#enable password 8 super123         ! 设定交换机的enable密码
```

SWITCHB 配置 enable 密码：

```
SWITCHB(config)#enable password 8 super123         ! 设定交换机的enable密码
```

DCFWA 配置 Telnet 登录：

```
DCFWA(config)#interface Ethernet 0/0
DCFWA(config-if-eth0/0)#manage telnet
```

小贴士

（1）应区别密码以明文或加密方式存储。

（2）aaa 认证必须开启否则不生效。

步骤四：交换机 VLAN 划分、配置聚合端口。

任务要求：三层交换机 A 的 2～10 号端口划归 VLAN10。三层交换机 B 的 2～10 号端口划归 VLAN20，根据子网规划，在网络设备中设定 VLAN。手动配置两个三层交换机通过 22、23 号端口实现链路聚合。

SWITCHA 划分 VLAN、E0/0/22-23 设为聚合端口：

```
SWITCHA(config)#vlan 10                          ! 创建VLAN10
SWITCHA(Config-Vlan10)#switchport interface ethernet 0/0/2-10
                                                 ! 把e2-e10端口加入VLAN10
SWITCHA(Config-Vlan10)#exit                      ! 退出VLAN模式
SWITCHA(config)#port-group 1                     ! 创建port-group
SWITCHA(Config)#interface ethernet 0/0/22-23               ! 进入端口22、23
SWITCHA(Config-If-Port-Range)#port-group 1 mode on
                                  ! 强制端口加入port channel，不启动LACP协议
SWITCHA(Config-If-Port-Range)#interface port-channel 1    ! 进入聚合端口
SWITCHA(Config-If-Port-Channel)#switchport mode trunk
                                  ! 将聚合端口设置为骨干端口
```

SWITCHB 划分 VLAN、E0/0/22-23 设为聚合端口：

```
SWITCHA(config)#vlan 20                                          ! 创建VLAN20
SWITCHB(Config-Vlan20)#switchport interface ethernet0/0/2-10
                                   ! 把e2-e10端口加入vlan20
SWITCHB(Config-Vlan20)#exit                                      ! 退出VLAN模式
SWITCHB(config)#port-group 1                                     ! 创建port-group
SWITCHB(Config)#interface ethernet0/0/22-23                      ! 进入端口22、23
SWITCHB(Config-If-Port-Range)#port-group 1 mode on
                                   ! 强制端口加入port channel，不启动LACP协议
SWITCHB(Config-If-Port-Range)#interface port-channel 1           ! 进入聚合端口
SWITCHB(Config-If-Port-Channel)#switchport mode trunk
                                   ! 将聚合端口设置为骨干端口
```

小贴士

（1）为使 port channel 正常工作，port channel 的成员端口必须具备以下相同的属性：

① 端口均为全双工模式。

② 端口速率相同。

③ 端口类型必须一样，比如同为以太口或同为光纤口。

④ 端口同为 access 端口并且属于用一个 VLAN 或同为 trunk 端口。

⑤ 如果端口为 trunk，则其 Allowed VLAN 和 Native VLAN 属性也应该相同。

（2）支持任意两个交换机物理端口的汇聚，最大组数为 6 个，组内最多的端口数为 8 个。

（3）一些命令不能在 port-channel 上的端口使用，包括：arp、bandwidth、ip、ip-forward 等。

（4）在使用强制生成端口聚合组时，由于汇聚是手动配置触发的，如果由于端口的 VLAN 信息不一致导致汇聚失败的话，汇聚组一直会停留在没有汇聚的状态，必须通过往该 gorup 增加和删除端口来触发端口再次汇聚，如果 VLAN 信息还是不一致仍然不能汇聚成功。直到 VLAN 信息都一致并且有增加和删除端口触发汇聚的情况下端口才能汇聚成功。

（5）检查对端交换机的对应端口是否配置端口聚合组，且要查看配置方式是否相同，如果本端是手工方式则对端也应该配置成手工方式，如果本端是 LACP 动态生成则对端也应是 LACP 动态生成，否则端口聚合组不能正常工作；还有一点要注意的是如果两端收发的都是 LACP 协议，至少有一端是 ACTIVE 的，否则两端都不会发起 LACP 数据报。

（6）port-channel 一旦形成之后，所有对于端口的设置只能在 port-channel 端口上进行。

（7）LACP 必须和 Security 和 802.1X 的端口互斥，如果端口已经配置上述两种协议，就不允许被起用 LACP。

步骤五：利用生成树协议避免环路的产生。

任务要求：在 2 个三层交换机上开启生成树协议，连接 2 个三层交换机的 1 号端口，设置交换机 A 为根交换机，聚合链路为主链路，1 号端口间链路为备份链路。

SWITCHA 开启生成树协议，设置交换机优先级：

```
SWITCHA(config)#spanning-tree
SWITCHA(config)#spanning-tree mst 0 priority 4096
```

SWITCHA 开启生成树协议，设置聚合端口优先级：

```
SWITCHB(config)#spanning-tree
SWITCHB(Config-If-Port-Channel1)#spanning-tree mst 0 port-priority 16
```

小贴士

（1）交换机的优先级值取值范围为 0 ~ 61440 之间的 4096 的倍数，交换机默认的优先级为 32768，交换机网桥优先级值越小，优先级越高。

（2）交换机端口优先级值取值范围为 0 ~ 240 之间的 16 的倍数，端口默认优先级为 128，端口优先级值越小，优先级越高。

步骤六：路由器封装 PPP 协议并使用双向 CHAP 认证。

任务要求：配置串口二层链路为 PPP 封装模式，采用 CHAP 认证方式实现双向认证，ROUTERA 上的用户名为 userB，密码为 digital；ROUTERB 上的用户名为 userA，密码为 digital。

ROUTERA 基本配置：

```
ROUTERA_config#username userB password digital      ! 设置用户名和密码
ROUTERA_config#aaa authentication ppp default local
                                                ! 设置 PPP 认证方式为本地用户认证
ROUTERA_config#interface s0/1                       ! 进入串口 0/1 接口模式
ROUTERA_config_s0/1#no shutdown                     ! 开启端口
ROUTERA_config_s0/1#encapsulation ppp               ! 封装点对点协议
ROUTERA_config_s0/1#ppp authentication chap         ! 设置认证方式为 CHAP
ROUTERA_config_s0/1#ppp chap hostname userA         ! 设置发送给对方的用户名
ROUTERA_config_s0/1#ppp chap password digital       ! 设置发送给对方的密码
```

ROUTERB 基本配置：

```
ROUTERB_config#username userA password digital      ! 设置用户名和密码
ROUTERB_config#aaa authentication ppp default local
                                                ! 设置 PPP 认证方式为本地用户认证
ROUTERB_config#interface s0/2                       ! 进入串口 0/2 接口模式
ROUTERB_config_s0/2#no shutdown                     ! 开启端口
ROUTERB_config_s0/2#encapsulation ppp               ! 封装点对点协议
ROUTERB_config_s0/2#ppp authentication chap         ! 设置认证方式为 CHAP
ROUTERB_config_s0/2#ppp chap hostname userB         ! 设置发送给对方的用户名
ROUTERB_config_s0/2#ppp chap password digital       ! 设置发送给对方的密码
```

步骤七：在路由器 ROUTERB 上配置 DHCP 服务。

任务要求：在 ROUTERB 中配置 DHCP 服务，并在交换机上配置 DHCP 中继，使得北厂区中接入不同 VLAN 的机器能够获取正确的 IP 地址、网关与 DNS。分配获取的 IP 地址范围为各 VLAN 全部可用的 IP（网关除外），租约期为 3 天。

ROUTERB 上配置 DHCP 服务器：

```
ROUTERB_config#ip dhcpd enable                      ! 启动 DHCP 服务
ROUTERB_config#ip dhcpd pool vlan10                 ! 定义地址池
ROUTERB_config_dhcp#network 192.168.1.64 255.255.255.192! 定义网络号
ROUTERB_config_dhcp#default-router 192.168.1.126    !定义分配给客户端的默认网关
ROUTERB_config_dhcp#dns-server 172.16.2.2           ! 定义客户端 DNS
ROUTERB_config_dhcp#range 192.168.1.65 192.168.1.125        ! 定义地址池范围
ROUTERB_config_dhcp#lease 3                         ! 定义租约期为 3 天
ROUTERB_config#ip dhcpd pool vlan20                 ! 定义地址池
ROUTERB_config_dhcp#network 192.168.1.128 255.255.255.192   ! 定义网络号
ROUTERB_config_dhcp#default-router 192.168.1.190            ! 定义默认网关
ROUTERB_config_dhcp#dns-server 172.16.2.2           ! 定义客户端 DNS
ROUTERB_config_dhcp#range 192.168.1.129 192.168.1.189       ! 定义地址池范围
ROUTERB_config_dhcp#lease 3                         ! 定义租约期为 3 天
```

在 SWITCHA 上配置 DHCP 中继：

```
SWITCHA(config)#ip forward-protocol udp bootps
                                        ！配置 DHCP 中继转发 DHCP 广播报文
SWITCHA(Config-if-Vlan10)#ip helper-address 192.168.2.2
                                        ！设定中继的 DHCP 服务器地址
```

在 SWITCHB 上配置 DHCP 中继：

```
SWITCHB(config)#ip forward-p udp bootps     ！配置 DHCP 中继转发 DHCP 广播报文
SWITCHB(Config-if-Vlan20)#ip helper-ad 192.168.3.2   ！设定中继的 DHCP 服务器地址
```

小贴士

（1）路由器与 PC 相连应使用交叉线。

（2）应启动 DHCP 服务。

（3）中继配置时应区分 bootps 和 bootpc。

步骤八：OSPF 路由。

任务要求：利用 OSPF 路由协议实现两社区之间的网络互联，并把直连接口以外部路由方式送进全网 OSPF 路由协议。

ROUTERA 配置 OSPF 路由：

```
ROUTERA_config#router ospf 1                          ！启动 OSPF 进程，进程号为 1
ROUTERA_config_ospf_1#network 172.16.1.0 255.255.255.252 area 0
                                                      ！声明 ROUTERA 的直连网段
ROUTERA_config_ospf_1#network 172.16.1.4 255.255.255.252 area 0
                                                      ！声明 ROUTERA 的直连网段
```

ROUTERB 配置 OSPF 路由：

```
ROUTERB_config#router ospf 1                          ！启动 OSPF 进程，进程号为 1
ROUTERB_config_ospf_1#network 172.16.1.0 255.255.255.252 area 0
                                                      ！声明 ROUTERB 的直连网段
ROUTERB_config_ospf_1#network 192.168.2.0 255.255.255.0 area 0
                                                      ！声明 ROUTERB 的直连网段
ROUTERB_config_ospf_1#network 192.168.3.0 255.255.255.0 area 0
                                                      ！声明 ROUTERB 的直连网段
```

SWITCHA 配置 OSPF 路由：

```
SWITCHA(config)#router ospf 1                         ！启动 OSPF 进程，进程号为 1
SWITCHA(config-router)#network 192.168.1.64/26 area 0
                                                      ！声明 SWITCHA 的直连网段
SWITCHA(config-router)#network 192.168.2.0/24 area 0
                                                      ！声明 SWITCHA 的直连网段
```

SWITCHB 配置 OSPF 路由：

```
SWITCHB(config)#router ospf 1                         ！启动 OSPF 进程，进程号为 1
SWITCHB(config-router)#network 192.168.1.128/26 area 0
                                                      ！声明 SWITCHB 的直连网段
SWITCHB(config-router)#network 192.168.3.0/24 area 0
                                                      ！声明 SWITCHB 的直连网段
```

步骤九：设置 ACL 预防震荡波病毒。

任务要求：震荡波病毒常用的协议端口为：TCP 协议 5554 和 445，请配置三层交换机以防止病毒在局域网内肆虐。

SWITCHA：

```
SWITCHA(config)#ip access-list extended gongji  ！定义名为gongji的扩展访问列表
SWITCHA(Config-IP-Ext-Nacl-gongji)#deny  tcp  any_source  any_destination
d-port 445                                           ！关闭445端口
SWITCHA(Config-IP-Ext-Nacl-gongji)#deny tcp any_source any_destination d-
port 5554                                            ！关闭5554端口
SWITCHA(Config-IP-Ext-Nacl-gongji)#permit  ip  any_source  any_destination
                                                     ！允许通过所有IP数据包
SWITCHA(Config-IP-Ext-Nacl-gongji)#exit              ！退回全局配置模式
SWITCHA(config)#firewall enable                      ！配置访问控制列表功能开启
SWITCHA(config)#fire default permit                  ！默认动作为全部允许通过
SWITCHA(config)#interface e0/0/1-24                  ！进入接口模式
SWITCHA(Config-If-Ethernet0/0/24)#ip access-group gongji in
                                                     ！绑定ACL到各端口
```

SWITCHB：

```
SWITCHB(config)#ip access-list extended gongji
                                         ！定义名为gongji的扩展访问列表
SWITCHB(Config-IP-Ext-Nacl-gongji)#deny tcp any_source any_destination d
445                                      ！关闭445端口
SWITCHB(Config-IP-Ext-Nacl-gongji)#deny tcp any_source any_destination d
5554                                     ！关闭5554端口
SWITCHB(Config-IP-Ext-Nacl-gongji)#permit  ip  any_source  any_destination
                                         ！默认允许通过所有IP数据包
SWITCHB(Config-IP-Ext-Nacl-gongji)#exit  ！退回全局配置模式
SWITCHB(config)#firewall enable          ！配置访问控制列表功能开启
SWITCHB(config)#firewall default permit  ！默认动作为全部允许通过
SWITCHB(config)#interface e0/0/1-24      ！进入接口模式
SWITCHB(Config-If-Ethernet0/0/24)#ip access-group gongji in
                                         ！绑定ACL到各端口
```

任务要求：配置ROUTERA，禁止VLAN20访问互联网。

```
ROUTERA_config#ip access-list extended denyvlan20
                                         ！定义名为denyvlan20的扩展访问列表
ROUTERA_Config -Ext-Nacl#deny ip 192.16.1.128 0.0.0.63 any
                                         ！拒绝VLAN20的IP地址访问外网
ROUTERA_Config -Ext-Nacl#permit ip any_source any_destination
                                         ！允许通过所有IP数据包
ROUTERA_config#interface f0/0            ！进入接口模式
ROUTERA_Config-If#ip ac denyvlan20 out   ！绑定ACL到各端口
```

小贴士

（1）有些端口对于网络应用来说是非常有用的，例如UDP69端口是TFTP端口号，如果为了防范病毒而关闭了该端口，则TFTP也不能够使用，因此在关闭端口的时候，注意该端口的其他用途。

（2）标准访问控制列表是基于源地址的，扩展访问控制列表是基于协议、源地址、目的地址、端口号。

（3）每条访问控制列表都有隐含的拒绝。

（4）标准访问控制列表一般绑定在离目标近的接口，扩展访问控制列表一般绑定在离源近的接口。

（5）注意方向，以该接口为参考点，IN是流进的方向；OUT是流出的方向。

步骤十：配置 NAT。

任务要求：通过配置防火墙实现内部地址能通过网络地址转换方式访问互联网。

（1）首先通过防火墙 eth0/0 接口地址 172.16.1.6 登录到防火墙界面进行接口的配置。通过 WebUI 登录防火墙界面，如图 5-3 所示。

图 5-3　登录界面

（2）输入用户名 admin，密码 admin 后单击“登录”按钮，配置外网接口地址，如图 5-4 所示。

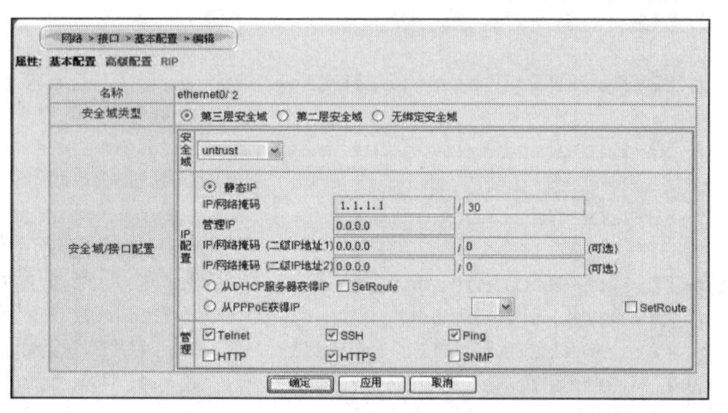

图 5-4　设置防火墙基本配置

（3）添加到外网的默认路由，在目的路由中新建路由条目中添加下一条地址，如图 5-5 所示。

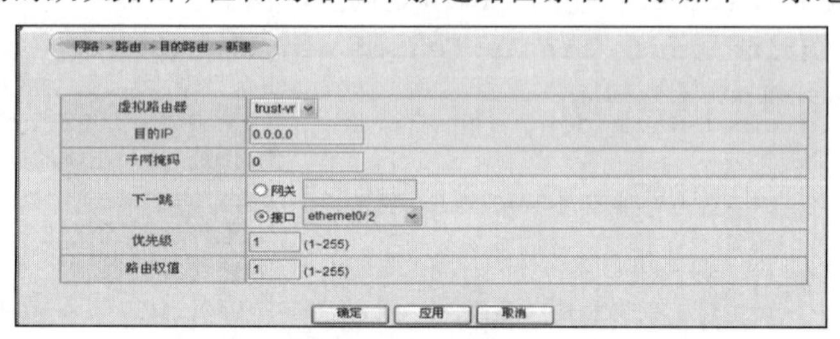

图 5-5　设置路由

（4）在网络/NAT/SNAT 中添加源 NAT 策略，如图 5-6 所示。

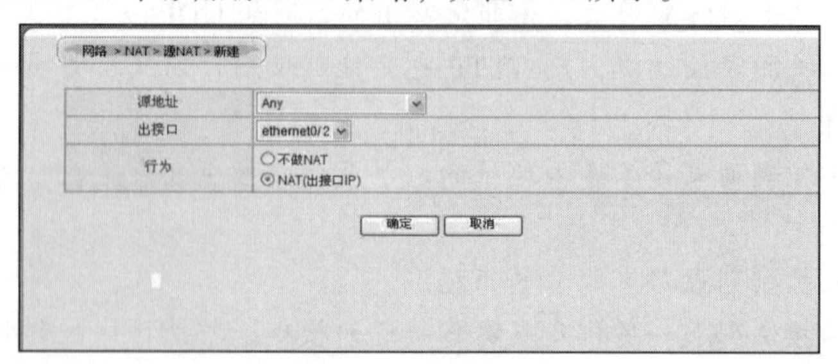

图 5-6　设置 NAT

（5）在安全/策略中，选择好源安全域和目的安全域后，新建策略，如图 5-7 和图 5-8 所示。

图 5-7　设置安全策略

任务要求：在防火墙中使用合法 IP 1.1.1.1 为 SERVER 配置 IP 映射，允许内外网用户对该 Server 的 Web 进行访问。

（1）将服务器的实际地址用 SERVER 来表示，如图 5-9 所示。

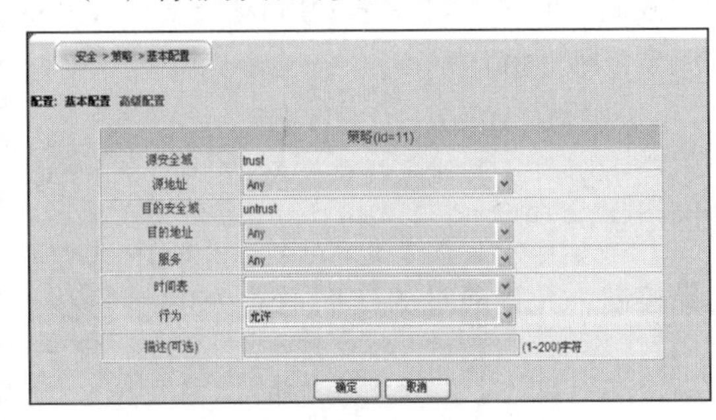

图 5-8　设置高级配置

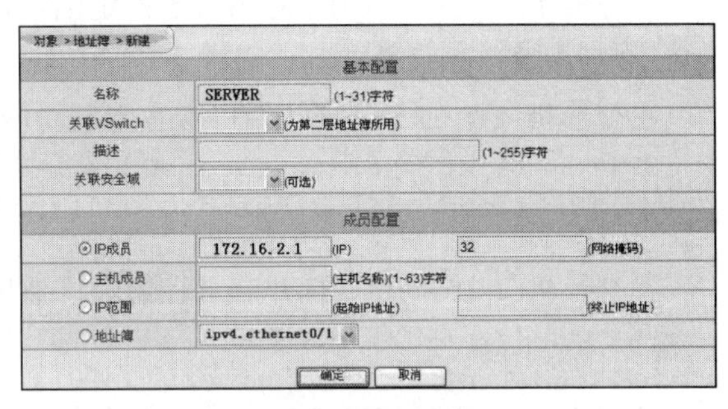

图 5-9　设置地址簿一

（2）将服务器的公网地址使用 IP_1.1.1.1 来表示，如图 5-10 所示。

（3）创建静态 NAT 条目，新建一个 IP 映射，如图 5-11 所示。

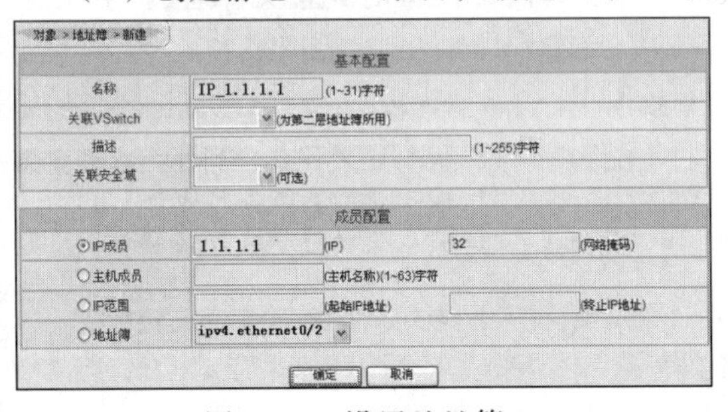

图 5-10　设置地址簿二

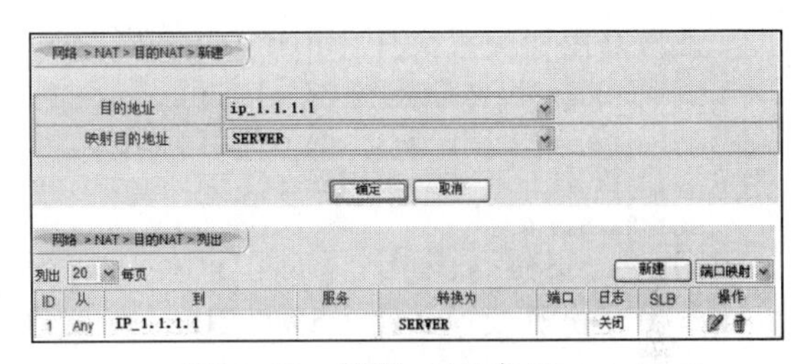

图 5-11　设置 NAT 条目

（4）放行 untrust 区域到 dmz 区域的安全策略，使外网可以访问 dmz 区域服务器，如图 5-12 所示。

（5）放行 trust 区域到 dmz 区域的安全策略，使内网机器能通过公网地址访问 dmz 区域内的服务器，如图 5-13 所示。

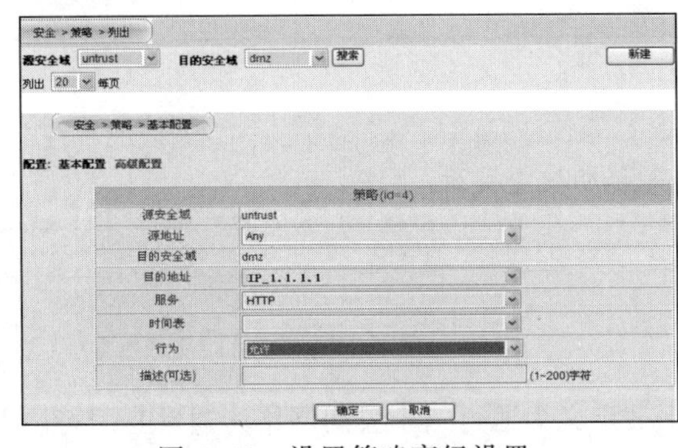

图 5-12　设置策略高级设置一

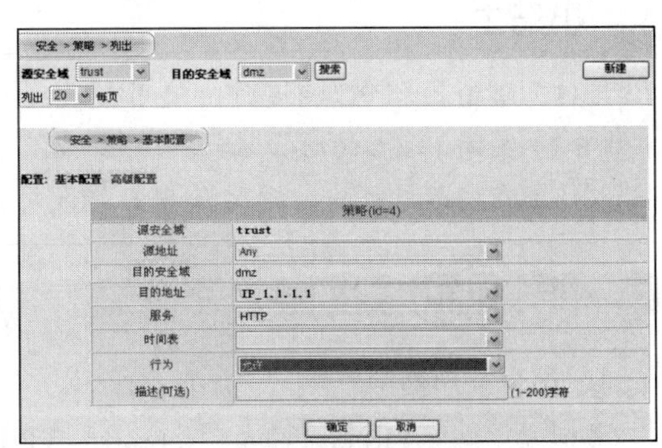

图 5-13　设置策略高级设置二

小贴士

(1)注意转换的方向和接口。
(2)注意需要配置默认路由。

步骤十一:交换机限制。

任务要求:为SWITCHA的端口5设定端口带宽限制,出入口均限速1Mbit/s。SWITCHB的端口10上配置广播风暴抑制,允许通过的广播包数为每秒2500。

在交换机A上的5口打开端口带宽限制功能,出入限速1Mbit/s。

```
SWITCHA(config)#interface e0/0/5                     ! 进入接口模式
SWITCHA(Config-If-Ethernet0/0/5)#bandwidth control 1 both
                                                     ! 设置带宽限制为出入 1Mbit/s
```

在交换机B上的10口打开流量控制和广播风暴控制,允许通过的广播报文2500个每秒。

```
SWITCHB(config)#interface e0/0/10                    ! 进入接口模式
SWITCHB(Config-If-Ethernet0/0/10)#flow control       ! 打开流控功能
SWITCHB(Config-If-Ethernet0/0/10)#rate-suppression broadcast 2500
                                                     ! 限制广播报文为每秒 2500 个
```

步骤十二:备份配置文件。

任务要求:STATION2中已经搭建好TFTP服务。将所有网络设备的配置文件通过TFTP服务备份到STATION2的TFTP服务器根目录中。

备份路由器配置文件(ROUTERB同ROUTERA略):

```
ROUTERA#copy startup-config tftp:                    ! 将配置文件备份到 TFTP 服务器
Remote-server ip address[]?192.168.1.129             ! 输入 TFTP 服务器地址
Destination file name[startup-config]?ROUTERA        ! 输入要保存的文件名称
ROUTERA#
TFTP:successfully send 3 blocks ,1493 bytes          ! 看到此行表示备份成功
```

备份交换机配置文件(SWITCHA同SWITCHB略):

```
SWITCHA#copy startup-config tftp://192.168.1.129/SWITCHA
                                   ! 将配置文件备份到 TFTP 服务器保存名为 SWITCHA
Confirm copy file[Y/N]:y                             ! 确认复制
Begin to send file, please wait...                   ! 开始发送文件,请等待
File transfer complete.                              ! 文件传输完毕
close tftp client.                                   ! 关闭 TFTP 客户端
```

小贴士

(1)路由器和PC相连时,使用交叉线。
(2)关闭PC上的防火墙。
(3)在实际工作中,通常使用日期或功能等标明配置文件。

相关知识与技能

1. 虚拟专用网简介

虚拟专用网(Virtual Private Network,VPN)被定义为通过一个公用网络(通常是因特网)建立一个临时的、安全的连接,是一条穿过混乱的公用网络的安全、稳定的隧道。使用这条隧

道可以对数据进行加密，达到安全使用互联网的目的。虚拟专用网是对企业内部网的扩展，它可以帮助远程用户、公司分支机构、商业伙伴及供应商同公司的内部网建立可信的安全连接，并保证数据的安全传输。虚拟专用网可用于不断增长的移动用户的全球因特网接入，以实现安全连接；可用于实现企业网站之间安全通信的虚拟专用线路；还可用于经济有效地连接到商业伙伴和用户的安全外联网虚拟专用网。VPN 可以提供的功能有：防火墙功能、认证、加密、隧道化。

2. 服务质量简介

服务质量（Quality of Service，QoS）对于网络业务来说包括传输的带宽、传送的时延、数据的丢包率等。在网络中可以通过保证传输的带宽、降低传送的时延、降低数据的丢包率以及时延抖动等措施来提高服务质量。QoS 是网络的一种安全机制，是用来解决网络延迟和阻塞等问题的一种技术。在正常情况下，如果网络只用于特定的无时间限制的应用系统，并不需要 QoS，比如 Web 应用，E-mail 设置等，但是对关键应用和多媒体应用就十分必要。当网络过载或拥塞时，QoS 能确保重要业务量不受延迟或丢弃，同时保证网络的高效运行。网络资源总是有限的，只要存在抢夺网络资源的情况，就会出现服务质量的要求。服务质量是相对网络业务而言的，在保证某类业务的服务质量的同时，可能就是在损害其他业务的服务质量。例如，在网络总带宽固定的情况下，如果某类业务占用的带宽越多，那么其他业务能使用的带宽就越少，可能会影响其他业务的使用。因此，网络管理者需要根据各种业务的特点来对网络资源进行合理的规划和分配，从而使网络资源得到高效利用。

3. 策略路由简介

策略路由是一种比基于目标网络进行路由更加灵活的数据包路由转发机制。应用了策略路由，路由器将通过路由图决定如何对需要路由的数据包进行处理，路由图决定了一个数据包的下一跳转发路由器。

应用策略路由，必须要指定策略路由使用的路由图，并且要创建路由图。一个路由图由很多条策略组成，每个策略都定义了 1 个或多个的匹配规则和对应操作。一个接口应用策略路由后，将对该接口接收到的所有包进行检查，不符合路由图任何一个策略的数据包将按照通常的路由转发进行处理，符合路由图中某个策略的数据包就按照该策略中定义的操作进行处理。策略路由可以使数据包按照用户指定的策略进行转发。对于某些管理目的，如 QoS 需求或 VPN 拓扑结构，要求某些路由必须经过特定的路径，就可以使用策略路由。例如，一个策略可以指定从某个网络发出的数据包只能转发到某个特定的接口。

4. 数据传输方式简介

IP 网络数据传输包括三种方式，即单播、组播和广播方式。

- 单播（Unicast）传输：在发送者和每一接收者之间实现点对点网络连接。如果一个发送者同时给多个接收者传输相同的数据，也必须相应地复制多份相同的数据包。如果有大量主机希望获得数据包的同一备份时，将导致发送者负担沉重、延迟长、网络拥塞；为保证一定的服务质量需增加硬件和带宽。
- 组播（Multicast）传输：在发送者和每一接收者之间实现点对多点网络连接。如果一台发送者同时给多个的接收者传输相同的数据，也只需复制一份的相同数据包。它提高了数据传送效率。减少了骨干网络出现拥塞的可能性。

• 广播（Broadcast）传输：是指在IP子网内广播数据包，所有在子网内部的主机都将收到这些数据包。广播意味着网络向子网每一个主机都投递一份数据包，不论这些主机是否乐于接收该数据包。所以广播的使用范围非常小，只在本地子网内有效，通过路由器和交换机网络设备控制广播传输。

拓展与提高

1. 配置路由器 IPSec VPN

任务说明：在ROUTERA和ROUTERB上分别配置建立VPN通道，要求使用IPSec协议的ISAKMP策略算法保护数据，配置预共享密钥，建立IPSEC隧道的报文使用MD5加密，IPSec变换集合定义为“ah-md5-hmas　esp-3des”。两台路由器串口互联，ROUTERA作为DCE端。

路由器ROUTERA设置语句如下：

```
ROUTERA_config#ip access-list extended 101      ! 定义名为101的扩展访问列表
ROUTERA_Config-Ext-Nacl#permit  ip  172.16.2.0  255.255.255.0  192.168.1.0
255.255.255.0                                   ! 定义受保护数据
ROUTERA_config#crypto isakmp policy 10          ! 定义ISAKMP策略，优先级为10
ROUTERA_config_isakmp#authentication pre-share  ! 指定预共享密钥为认证方法
ROUTERA_config_isakmp#hash md5                  ! 指定MD5为协商的哈希算法
ROUTERA_config_isakmp#exi
ROUTERA_config#crypto isakmp key digital 172.16.1.2
                 ! 配置预共享密钥为digital的远端IP地址为172.16.1.2
ROUTERA_config#crypto ipsec transform-set one   ! 定义名称为one的变换集
ROUTERA_config_crypto_trans#transform-type esp-3des ah-md5-hmac
                 ! 设置变换类型为esp-3des ah-md5-hmac
ROUTERA_config_crypto_trans#exit
ROUTERA_config#crypto map my 10 ipsec-isakmp
              ! 创建一个名为my序号为10指定通信为ipsec-isakmp的加密映射表
ROUTERA_config_crypto_map#set transform-set one!指定加密映射表使用的变换集合
ROUTERA_config_crypto_map#set peer 172.16.1.2 ! 在加密映射表中指定IPSec对端
ROUTERA_config_crypto_map#match address 101 !为加密映射表指定一个扩展访问列表
ROUTERA_config#interface s0/1                   ! 进入s0/1接口模式
ROUTERA_config_s0/1#physical-layer speed 64000  ! 设定DCE时钟频率为64000
ROUTERA_config_s0/1#crypto map my    ! 将预先定义好的加密映射表集合运用到接口上
```

路由器ROUTERB设置语句如下：

```
ROUTERB_config#ip access-list extended 101      ! 定义名为101的扩展访问列表
ROUTERB_Config-Ext-Nacl#permit  ip  192.168.1.0  255.255.255.0  172.16.2.0
255.255.255.0                                   ! 定义受保护数据
ROUTERB_config#crypto isakmp policy 10          ! 定义ISAKMP策略，优先级为10
ROUTERB_config_isakmp#authentication pre-share  ! 指定预共享密钥为认证方法
ROUTERB_config_isakmp#hash md5                  ! 指定MD5为协商的哈希算法
ROUTERB_config_isakmp#exi
ROUTERB_config#crypto isakmp key digital 172.16.1.1
                 ! 配置预共享密钥为digital 远端IP地址为172.16.1.1
```

```
ROUTERB_config#crypto ipsec transform-set one    ！定义名称为 one 的变换集
ROUTERB_config_crypto_trans#transform-type esp-3des ah-md5-hmac
                  ！设置变换类型为 esp-3des ah-md5-hmac
ROUTERB_config_crypto_trans#exit
ROUTERB_config#crypto map my 10
                  ！创建一个名为 my 序号为 10 指定通信为 ipsec-isakmp 的加密映射表
ROUTERB_config_crypto_map#set transform-set one！指定加密映射表使用的变换集合
ROUTERB_config_crypto_map#set peer 172.16.1.1   ！在加密映射表中指定 IPSec 对端
ROUTERB_config_crypto_map#match address 101  ！为加密映射表指定一个扩展访问列表
ROUTERB_config#interface s0/2               ！进入 s0/1 接口模式
ROUTERB_config_s0/2#crypto map my    ！将预先定义好的加密映射表集合运用到接口上
```

小贴士

变换集合可以指定一个或两个 IPSec 安全协议（或 ESP、或 AH、或两者都有），并且指定和选定的安全协议一起使用哪种算法。如果想要提供数据机密性，那么可以使用 ESP 加密变换。如果想要提供对外部 IP 报头以及数据的验证，那么可以使用 AH 变换。如果使用一个 ESP 加密变换，那么可以考虑使用 ESP 验证变换或 AH 变换来提供变换集合的验证服务。如果想要具有数据验证功能（或使用 ESP 或使用 AH），可以选择 MD5 或 SHA 验证算法。SHA 算法比 MD5 要健壮，但速度更慢。

加密变换配置态在执行了 crypto ipsec transform-set 命令以后，就将进入加密变换配置态。在这种状态下，可以将模式改变到隧道模式或传输模式（目前神州数码路由器只支持 tunnel 模式）。在做完这些改变以后，键入“exit”可返回到全局配置态下。

2. 配置 QoS 策略

任务要求：配置 QoS 策略，保证南厂区中的虚拟服务器能获得 1Mbit/s 以上的网络带宽。

```
ROUTERA_config#ip access-list standard qos      ！定义名为 qos 的访问控制列表
ROUTERA_config_std_nacl# permit 172.16.2.2 255.255.255.255
ROUTERA_config_std_nacl#exit
ROUTERA_config#class-map server match access-group qos
                              ！定义名为 server 的类表匹配的列表为 qos
ROUTERA_config#policy-map qulity          ！定义名为 qulity 的策略表
ROUTERA_config_pmap#class server bandwidth 1024
                                ！关联类表 server 设定带宽为 1Mbit/s
ROUTERA_config_pmap#interface f0/3              ！进入接口模式
ROUTERA_config_f0/3#fair-queue                  ！开启公平队列
ROUTERA_config_f0/3#service-policy qulity       ！将策略表绑定到接口
```

小贴士

（1）策略在应用前要先在接口开启公平队列，否则应用不能生效。

（2）应先根据实际要求确定合适的 QoS 排队算法。

3. 交换机组播设置

任务要求：在交换机上使用 DVMRP 方式开启组播，让 VLAN10 和 VLAN20 之间可以传送组播包。

SWITCHA 开启组播：

```
SWITCHA(config)#ip dvmrp multicast-routing        ! 开启组播协议
SWITCHA(config)#interface vlan 1                  ! 进入 VLAN1 接口
SWITCHA(Config-if-Vlan1)#ip dvmrp enable          ! 在 VLAN 接口上开启 DVMRP 协议
SWITCHA(Config-if-Vlan1)#interface vlan 10        ! 进入 VLAN10 接口
SWITCHA(Config-if-Vlan10)#ip dvmrp enable         ! 在 VLAN 接口上开启 DVMRP 协议
```

SWITCHB 开启组播：

```
SWITCHB(config)#ip dvmrp multicast-routing        ! 开启组播协议
SWITCHB(config)#interface vlan 1                  ! 进入 VLAN1 接口
SWITCHB(Config-if-Vlan1)#ip dvmrp enable          ! 在 VLAN 接口上开启 DVMRP 协议
SWITCHB(Config-if-Vlan1)#interface vlan 20        ! 进入 VLAN20 接口
SWITCHB(Config-if-Vlan20)#ip dvmrp enable         ! 在 VLAN 接口上开启 DVMRP 协议
```

小贴士

DVMRP 的一些重要特性是：

（1）用于决定反向路径检查的路由交换以距离向量为基础（方式与 RIP 相似）。

（2）路由交换更新周期性的发生（默认为 60 秒）。

（3）TTL 上限=32 跳（而 RIP 是 16）。

（4）路由更新包括掩码，支持 CIDR。

思考与练习

将上述任务重新配置，并将各设备的配置文件捕获成 TXT 格式，按照设备名保存。

项目实训　高校网络建设

项目描述

新校区刚刚落成，需要你协助搭建校园的网络环境。请根据客户的功能要求，利用 2 台三层交换机和 3 台路由器搭建校园内部网络。

学校计划将 1 台三层交换机提供给实验室计算机接入使用，请将其命名为 Classroom。使用 1 台路由器模拟防火墙，将其命名为 Firewall。另 1 台三层交换机作为非军事区的管理交换机，将其命名为 DMZ。非军事区在内部网络和外部网络之间构造了一个安全地带，更加有效地保护了内部网络。学校能通过电信网和教育网两种方式接入因特网。现利用 1 台路由接入到电信网，将其命名为 TelCom。利用另 1 台路由器接入到教育网，将其命名为 Edu。按拓扑结构图制作网线连接各设备，Firewall 与 TelCom 之间，以及 Firewall 与 Edu 之间使用串口线连接。

网络互联的拓扑结构如图 5-14 所示，请按图 5-14 要求完成相关网络设备的连接并完成相关的项目要求。

网络地址规划：

（1）教学楼内有多媒体实验室、网络实验室、程序实验室和办公室4种房间需要接入网络，每种房间最多有50个信息点。计划利用192.168.37.0/24划分多个子网（可以使用第一个子网和最后一个子网）以便对每个房间的网络进行管理。每个子网的网关使用最后一个有效地址。将你的设计方案按照表5-2的格式，输入在答卷对应表中。

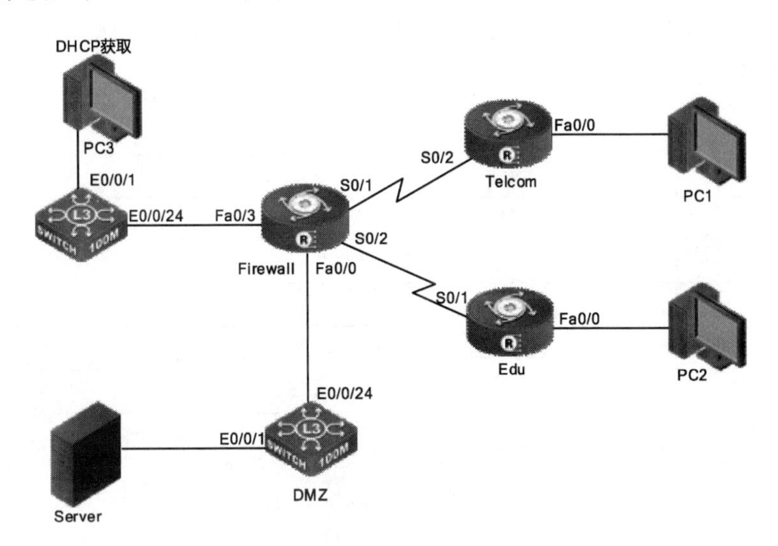

图5-14　网络连接效果图

表5-2　教学楼子网规划表

房　间	地址范围	子网掩码	网关地址
多媒体实验室			
网络实验室			
程序实验室			
办公室			

（2）实验室交换机与防火墙之间使用10.1.2.0/30网段连接。

（3）DMZ区域使用172.16.53.0/24作为接入网段，最后一个有效地址作为网关接口。DMZ交换机与防火墙之间使用10.1.2.4/30网段连接。

（4）电信路由TelCom的以太网端口设置地址为61.145.126.79/24。电信路由与防火墙之间使用10.1.2.8/30网段连接。

（5）教育网路由Edu的以太网端口设置地址为202.192.168.43/24。教育网路由与防火墙之间使用10.1.2.12/30网段连接。

项目要求

（1）根据网络结构图完成连接。

（2）在2台三层交换机上为特权用户增加密码：enablepass，密码以加密方式存储。

（3）在各三层交换机和路由器上设置 telnet 登录，登录用户名为 test，密码为 test，密码以明文方式存储，路由器中的登录验证方法名为系统默认名称，此方法使用本地数据库验证，在路由器 Firewall 上为特权用户添加密码：eablepass，用户级别为最高级，密码以明文方式存储。

（4）在实验室交换机中创建各个实验室的 VLAN，并将 1～20 端口平均分配给各个实验室使用。请将你划分 VLAN 的情况按照表 5-3 的格式，输入在答卷对应表中，并按照你的设计在交换机中完成配置。

表 5-3　教学楼交换机 VLAN 划分

功 能 描 述	VLAN 号	VLAN 描述	端 口 范 围
多媒体实验室		MMLab	
网络实验室		NetLab	
程序实验室		PgLab	
办公室		Office	
上连接口		to-Firewall	

（5）实验室交换机的每个端口只能接入一台计算机。发现违规就丢弃未定义地址的包。

（6）网络内部使用 DHCP 分配各实验室的 IP 地址，在实验室交换机按照以上划分的 VLAN 地址范围配置 DHCP。让连接到实验室交换机的计算机能从 DHCP 服务器分配到有效合适的地址。

（7）在 DMZ 交换机关闭 TCP 端口 135、139，关闭 UDP 端口 137、138。

（8）DMZ 交换机除上连端口外，各个端口只能连接计算机，不能连接其他交互设备。

（9）在 Firewall 上配置过滤，不能访问迅腾公司（60.28.14.158）、猫猫网（60.217.241.7）和寻宝网（123.129.244.180）的网页。

（10）在 Telcom 上配置 NAT，使内部网络可以通过电信出口访问互联网。

（11）在 Server 上配置 Web 服务器，用来发布选手制作的网站。在 Edu 路由器上配置端口映射，使得教育网中的用户可以通过 202.192.168.43 访问建设完成的网站。

（12）完成配置后将各设备的配置文件捕获成 TXT 格式，并保存。

项目提示

完成本项目需熟练掌握网络设备的基础配置，实现本项目的要点是先框架后细节，即将基础通用设置先完成，然后再实现细节要求。

项目评价

本项目综合应用到了教程中比较重视的基础知识，包括了从第一单元至第四单元的知识内容，网络设备的学习基础是关键，所以必须要将这些知识点掌握熟练。通过本项目的训练，对学生巩固基础，提高动手能力和综合素质都有很好的帮助与促进。

根据实际情况填写项目实训评价表。

项目实训评价表

<table>
<tr><td rowspan="2"></td><td colspan="2">内　　容</td><td colspan="3">评　　价</td></tr>
<tr><td>学 习 目 标</td><td>评 价 项 目</td><td>3</td><td>2</td><td>1</td></tr>
<tr><td rowspan="23">职业能力</td><td rowspan="3">根据拓扑正确连接设备</td><td>能区分 T568A、T568B 标准</td><td rowspan="3"></td><td rowspan="3"></td><td rowspan="3"></td></tr>
<tr><td>能制作美观可用的网线</td></tr>
<tr><td>能合理使用网线</td></tr>
<tr><td rowspan="3">根据拓扑完成设备命名与基础配置</td><td>能正确命名</td><td rowspan="3"></td><td rowspan="3"></td><td rowspan="3"></td></tr>
<tr><td>能正确配置相关 IP 地址</td></tr>
<tr><td>VLAN 划分合理</td></tr>
<tr><td rowspan="2">Telnet 连接成功，Console 口密码设置正确</td><td>能进行 Telnet 连接</td><td rowspan="2"></td><td rowspan="2"></td><td rowspan="2"></td></tr>
<tr><td>能设置 Console 口密码</td></tr>
<tr><td rowspan="3">根据需要设置路由器之间安全连接</td><td>能对接口封装链路协议</td><td rowspan="3"></td><td rowspan="3"></td><td rowspan="3"></td></tr>
<tr><td>能设置安全验证方式</td></tr>
<tr><td>验证方法名设置正确</td></tr>
<tr><td rowspan="2">路由设置合理可用</td><td>动态路由配置合理</td><td rowspan="2"></td><td rowspan="2"></td><td rowspan="2"></td></tr>
<tr><td>网关指定正确</td></tr>
<tr><td rowspan="2">DHCP 配置合理</td><td>客户端能正确获取到 IP 地址、网关和 DNS</td><td rowspan="2"></td><td rowspan="2"></td><td rowspan="2"></td></tr>
<tr><td>租约时间配置正确</td></tr>
<tr><td rowspan="3">设备安全性设置合理</td><td>端口绑定成功</td><td rowspan="3"></td><td rowspan="3"></td><td rowspan="3"></td></tr>
<tr><td>最大安全地址数配置正确</td></tr>
<tr><td>访问控制列表设置恰当</td></tr>
<tr><td rowspan="4">合理使用地址转换</td><td>服务器能被访问</td><td rowspan="4"></td><td rowspan="4"></td><td rowspan="4"></td></tr>
<tr><td>接口映射正确</td></tr>
<tr><td>inside、outside 指定合理</td></tr>
<tr><td>能查看到地址映射表中的转换条目</td></tr>
<tr><td>正确保存配置文件</td><td>能捕获配置文件</td><td></td><td></td><td></td></tr>
<tr><td rowspan="8">通用能力</td><td colspan="2">交流表达能力</td><td></td><td></td><td></td></tr>
<tr><td colspan="2">与人合作能力</td><td></td><td></td><td></td></tr>
<tr><td colspan="2">沟通能力</td><td></td><td></td><td></td></tr>
<tr><td colspan="2">组织能力</td><td></td><td></td><td></td></tr>
<tr><td colspan="2">活动能力</td><td></td><td></td><td></td></tr>
<tr><td colspan="2">解决问题的能力</td><td></td><td></td><td></td></tr>
<tr><td colspan="2">自我提高的能力</td><td></td><td></td><td></td></tr>
<tr><td colspan="2">革新、创新的能力</td><td></td><td></td><td></td></tr>
<tr><td colspan="3">综 合 评 价</td><td colspan="3"></td></tr>
</table>

参 考 文 献

[1] 张文库，周玫娜. 网络设备安装与调试：神码版[M]. 北京：电子工业出版社，2018.
[2] 张文库. 企业网搭建及应用：神码版[M]. 3版. 北京：电子工业出版社，2013.
[3] 梁广民，王隆杰. 思科网络实验室路由、交换实验指南[M]. 2版. 北京：电子工业出版社，2013.
[4] 谢希仁. 计算机网络[M]. 7版. 北京：电子工业出版社，2017.
[5] 徐国庆. 职业教育项目课程开发指南[M]. 上海：华东师范大学出版社，2009.
[6] 赵志群. 职业教育工学结合一体化课程开发指南[M]. 北京：清华大学出版社，2009.